# MONOGRAPHIEN AUS DEM GESAMTGEBIET DER PHYSIOLOGIE DER PFLANZEN UND DER TIERE

HERAUSGEGEBEN VON

**M. GILDEMEISTER**-LEIPZIG · **R. GOLDSCHMIDT**-BERLIN
**C. NEUBERG**-BERLIN · **J. PARNAS**-LEMBERG · **W. RUHLAND**-LEIPZIG

REDIGIERT VON **R. GOLDSCHMIDT**

ELFTER BAND

## DAS PROBLEM DER ZELLTEILUNG PHYSIOLOGISCH BETRACHTET

VON

ALEXANDER GURWITSCH

BERLIN
VERLAG VON JULIUS SPRINGER
1926

# DAS PROBLEM DER ZELLTEILUNG PHYSIOLOGISCH BETRACHTET

VON

ALEXANDER GURWITSCH
PROFESSOR DER HISTOLOGIE AN DER
ERSTEN UNIVERSITÄT IN MOSKAU

UNTER MITWIRKUNG VON

LYDIA GURWITSCH

MIT 74 ABBILDUNGEN

BERLIN
VERLAG VON JULIUS SPRINGER
1926

ISBN-13: 978-3-642-88805-2 e-ISBN-13: 978-3-642-90660-2
DOI: 10.1007/978-3-642-90660-2



Softcover reprint of the hardcover 1st edition 1926

# Vorwort.

Das Wort „Problem“ wurde mit Absicht auf den Titel des Buches gesetzt. Es lag mir daran, neben einem nach Möglichkeit abgerundeten Bilde des heutigen Standes unserer Kenntnisse der Physiologie der Zellteilung, auch die mannigfachen noch schwebenden Fragen zur Sprache zu bringen, die sich schon heute in einer der Forschung zugänglichen Form formulieren lassen, resp. konkrete Probleme für die nächste Zukunft geben.

Daß eigene (und meiner Mitarbeiter) Untersuchungen einen so ungebührend großen Raum einnehmen, liegt daran, daß die Physiologie der Zellteilung bisher auffallend wenig gepflegt und durch die morphologische Richtung völlig in den Hintergrund gedrängt wurde. Unsere eigenen Ermittelungen sind auch dementsprechend elementarer Natur, so daß sie ohne jede direkte Beziehung zu den morphologischen Einzelheiten des Prozesses stehen.

Moskau, im Februar 1926.

**Der Verfasser.**

# Inhaltsverzeichnis.

## Berichtigung.

Auf S. 173, 4. Zeile von unten fehlt der Hinweis: Vgl. Abb. 74, S. 205.

# Einleitung.

Die Zellteilung gehört zu denjenigen Sonderproblemen der Wissenschaft, die neben ihrem speziellen faktischen und sogar praktischem Interesse eine Anzahl allgemeiner, tieferer Fragestellungen wachrufen, die unmittelbar in die Kernprobleme der Wissenschaft eingreifen. Der Forscher, der dieses Gebiet in abgerundeter Weise darzustellen wagt, kann daher nicht umhin, auch seine Grundanschauungen auf dem Gesamtgebiete seiner Wissenschaft zu revidieren und zum Ausdruck zu bringen. Ist ja die Zellteilung nur ein Sonderfall der Vermehrung, die von allen Problemen der Biologie, dasjenige des Verhältnisses zwischen Psychischem und Physischem vielleicht ausgenommen, unserem Auffassungsvermögen am meisten Schwierigkeiten bereitet.

Daß ein Individuum durch Teilung zwei neue, mit ihm im wesentlichen übereinstimmende Individuen erzeugt, ist ein Problem, dessen enorme Schwierigkeit in dem Inhalte all dessen enthalten ist, was wir mit dem Begriff eines organischen Individuums verknüpfen. Man kann sich die Tatsache der Zweiteilung resp. Reproduktion eines Individuums verständlich machen und sogar Modelle zu deren Erläuterung ersinnen, wenn man sich der Fiktion hergibt, die Zweiteilung sei eine doppelte Reproduktion eines Systems mit einem bestimmten Gleichgewichtszustande, etwa nach Analogie mit einer Halbierung eines Flüssigkeitstropfens, die bestimmten Störungen des ursprünglichen Gleichgewichtszustandes desselben nachfolgt und zur Bildung zweier Tropfen mit Wiederherstellung des ursprünglichen Gleichgewichtes führt. Diese Analogie, die tatsächlich öfters ins Feld geführt wird, könnte einigermaßen zutreffen, wenn Organismen als „explizite"[1]) Systeme betrachtet werden könnten.

[1]) Der Ausdruck „explizit" wie seine Antithese „implizit" wird hier in einem Sinne gebraucht, der sich, wenn auch in freier Weise, dem Sprachgebrauche der Analyse anlehnt. Eine „explizite" Funktion besagt nämlich, daß alle Beziehungen zwischen der abhängigen Variablen und dem Argument in ihrer Form bereits zutage liegen, herausgelesen werden können; eine „implizite" Funktion enthält dagegen in bezug auf die gesuchten Beziehungen ein Problem, das erst gelöst werden muß.

Es wäre dies mit der Behauptung gleichbedeutend, die kommenden Zustände und Ereignisse im Organismus seien in eindeutiger Weise mit seinem augenblicklichen Zustande verknüpft, könnten m. a. W. aus letzterem herausgelesen werden. Es wäre aber daran nur in dem Falle zu denken, wenn die Organismen gewissermaßen „reaktionslose" resp. von den Einwirkungen der Umwelt entweder unbeeinflußbare oder nur in nichtreversibler Weise zu schädigende Systeme wären. Wir wissen aber allzu gut, daß es dem nicht so ist, daß das wunderbar mannigfaltige und schier unbegrenzte Reaktions- resp. Regulationsvermögen der Organismen geradezu als vornehmste Charakteristik derselben gelten kann, daß dieselben m. a. W. ein exquisites Beispiel von „impliziten" Systemen bieten.

Ein Organismus darf daher keinesfalls als ein durch einen bestimmten Gleichgewichtszustand charakterisiertes System betrachtet werden. Der ständige und meist stetige Zustandswechsel der für den Lebenslauf charakteristisch ist, kann nur in einer gedanklich konstruierten „Lebenslinie" seinen kurzen adäquaten Ausdruck finden. Will man aber die Teilung eines Individuums einfach einer Bifurkation der Lebenslinie gleichsetzen, so trifft man wiederum nur einen Teil der Wahrheit, da der Teilungsakt fast ausnahmslos einen Stetigkeitsbruch der bisherigen (Mutter) Lebenslinie in den Tochterindividuen resp. das Entfalten neuer Potenzen zur Folge hat.

Die Antinomie, die in der Frage, wieweit die nachfolgenden Generationen im Mutterindividuum enthalten sind, wurzelt, findet sich demnach, wenn auch in einem schwachen Widerschein, im Problem der Zellvermehrung wieder.

Es kommt noch eine weitere Schwierigkeit hinzu, da die in ihrer ursprünglichen Form durchaus eindeutige, keiner Einschränkung bedürftige Definition eines wirklich autonomen, frei lebenden Individuums bei ihrer Anwendung auf Zellen sofort ihre Klarheit und Eindeutigkeit einbüßt. Die Zellen sind zwar auch Individuen, aber nur solche „in gewissem Grade", und diese letztere, notwendig werdende Restriktion ist es eben, die die Sachlage verdunkelt und mit einer Antinomie droht. Solange als wir nicht eine ganz bestimmte Ansicht über die Beziehungen zwischen den Zellen und einem vielzelligen Organismus zu unserer eigenen gemacht haben, können wir auch nicht ins klare über die biologische Wertigkeit der Zellteilung kommen.

Sofern eine Körperzelle als Individuum, d. h. ein im großen und ganzen autonomes System in Betracht kommt, ist jede Teilung mit dem Abschlusse eines Lebenszyklus und Beginn eines neuen gleichbedeutend. Wir hätten demnach ein genaues Gegenstück zur Vermehrung frei lebender Individuen.

Soweit aber die Zelle nur ein mehr oder weniger konventionell ausgesonderter Bezirk oder Bestandteil eines Organismus ist, besteht ein eigenartiges Bindeglied zwischen den einzelnen Lebenszyklen eines Zellgeschlechts (wie wir die Gesamtheit der durch direkte Abkommenschaft miteinander verknüpfter Zellen bezeichnen können). Jedes Zellgeschlecht evolutioniert im allgemeinen im Laufe der Embryogenese. (Der Begriff „Evolution" nach Analogie mit der phylogenetischen Evolution genommen.)

Es tritt daher sofort die Frage auf: Kann überhaupt eine Tochterzelle der Mutterzelle völlig, d. h. nicht nur explizite (phänomenologisch), sondern auch implizite (in der Gesamtheit ihrer Potenzen) gleichen?

Diese Frage mag auf den ersten Blick gegenstandslos erscheinen, da ja die Embryonalentwicklung allgemein als stetiger Vorgang gedacht wird, was auch für die Eigenschaften der nachfolgenden Zellgenerationen bindend zu sein scheint. Wenn wir aber andererseits von den formalen (Größenunterschieden) zwischen dem ungefurchten Ei und den Blastomeren der 2—3 ersten Generationen absehen, so finden wir in vielen Eiarten eine eigenartige Superposition der Eigenschaften des ungefurchten Eies auf die Blastomeren, die uns zur Schlußfolgerung auf eine Identität derselben mit dem Ei in bezug auf die implizierten Eigenschaften schließen läßt[1]). Wir haben die allbekannten Erscheinungen der Ganzbildung aus isolierten Blastomeren im Auge.

Die zweite Frage lautet: Erfolgt die Embryogenese stufenweise durch Vermittlung der aufeinanderfolgenden, oder stetig, ohne Rücksicht auf die dazwischen einherlaufenden Zellteilungen?

Die weitgehenden Konsequenzen sowohl aus der einen wie aus der anderen Lösung der Alternative sind offensichtig.

---

[1]) Allerdings bis auf eine: Die Gesamtzahl der Zellgenerationen von Halbembryonen steht um eins derjenigen der normalen nach.

Sollte ersteres zutreffen, so wäre es damit gleichbedeutend, daß jede Zelle nur einer bestimmten, im allgemeinen wohl sehr geringen Evolutionsetappe fähig ist und ihren individuellen Zyklus schnell alternd abschließt, die Tochterzellen dagegen in einem bestimmten Verjüngungszustande den ihrigen beginnen und dadurch ihrerseits die Gesamtevolution einen Schritt weiter bringen. Die Teilungen wären demnach von weittragenden Folgen für die Zelle.

Das Umgekehrte müßte natürlich für die zweite Eventualität gelten, was aber die weitere wichtige Konsequenz nach sich ziehen müßte, daß die Teilung sich in den stetigen Entwicklungsgang ohne jede Ablenkung desselben gewissermaßen einfügt.

Die erste Eventualität verlegt das Schwergewicht auf die Zellen, die zweite auf den Organismus als Ganzes.

Sollte die Embryogenese in dem Maße, wie es aus der ersten Eventualität folgt, an die Zellteilungen gebunden sein, so müßte man wohl, sofern man sich in der üblichen Denkweise bewegt, eine strenge zeitlich-räumliche Regelung und Gebundenheit der Zellteilungen erwarten. Es ist aber kein allzu großes Wagnis, mit der herkömmlichen Auffassung zu brechen, indem man den Begriff des cellulären Präzisionsmaßes bei der embryogenetischen Formgestaltung einführt.

Wenn man z. B. die Frage aufwirft, ob einem bestimmten, typisch konfigurierten vielzelligen Gebilde, etwa einem Organ oder dessen Anlage, eine bestimmte, fixe Zellenzahl und Zellenanordnung eindeutig beigeordnet sind, und zwar so, daß man aus einer genauen Kenntnis der Form und Größe des ersteren ebenso genaue Angaben über letztere machen könnte, so dürften wohl keine Zweifel darüber aufkommen, daß es nur ausnahmsweise der Fall ist. Einzelne Organe der Wirbeltiere und Wirbellosen (vorwiegend Sinnesorgane, z. B. Chordotonalorgane der Insekten, das Corti'sche Organ) dürften wohl dieser Anforderung genügen und könnten daher als cellulär „präzisiert" bezeichnet werden[1]). Die Netzhaut und das Zentralnervensystem, um nur diese zwei Beispiele zu nehmen, besitzen dagegen keinesfalls ein ähnliches Präzisionsmaß, sind vielmehr in der Anzahl und Anordnung ihrer Zellen

[1]) Es sei in diesem Zusammenhange der Organismen mit fixer Zellenzahl (verschiedener Rotatorien, Nematoden usw. [vgl. die Arbeiten von Martini. Zeitschr. f. Anatomie u. Entwicklungsgeschichte 1924]) gedacht.

nur in den allgemeinsten Zügen eindeutig charakterisiert, was von mir schon vor Jahren als „Normierung“ bezeichnet wurde[1]).

Wir dürften daher sehr wohl, die wenigen Fälle der zellulärpräzisierten Organismen resp. Organe ausgenommen, die Embryogenese, allerdings bis zu einem bestimmten Grade, an die Zellteilungen binden, ohne letztere streng zeitlich-räumlich determiniert sein zu lassen. Wir gelangen aber bei dieser Konstruktion in das gleiche Fahrwasser, zu welchem auch die zweite Alternative führt. Wir können dasselbe als die dualistische Auffassung der Lebensprozesse bezeichnen.

Die kurze Rekapitulation dieser, von mir schon mehrmals dargelegten Auffassung, läßt sich, soweit dieselbe für unser spezielles Problem notwendig ist, in folgenden Sätzen zusammenfassen[2]):

Da die Zellen eines mehrzelligen Organismus keinesfalls völlig abgeschlossene Systeme sein können und gewisse Beziehungen zwischen dem binnenzelligen Getriebe und dem Ganzen, zunächst rein formal, d. h. ohne Setzung eines bestimmten kausalen Verhältnisses beider, zugegeben werden muß, so stehen wir vor einer folgenden Alternative: 1. Es besteht allein eine gegenseitige Beeinflussung, eine Wechselwirkung zwischen den Zellen, oder, neben dieser auch 2. eine Beeinflussung der Zellen durch Faktoren, die in gewissen, erst näher zu definierenden Beziehungen zum Ganzen steht. Daß die objektive, unvoreingenommene Analyse des Tatbestandes der zweiten Eventualität recht gibt, mag hier in apodiktischer Form, ohne nähere Beweisführung behauptet werden.

Der adäquate Weg, um die in 2. formulierte Aussage in eine konkrete Form zu kleiden, ist folgender: Es werden die elementaren (cellulären) Prozesse und Leistungen sowohl ohne als auch mit Bezugnahme auf das Ganze analysiert. Es wird sich dabei ergeben, daß für manche derselben intracelluläre Bezugssysteme gefunden werden können, für andere dagegen nicht. Oder anders ausgedrückt: In der notwendig werdenden Definition der Be-

[1]) Vgl.: Über Zufall, Normierung und Determination in der Ontogenese. Roux' Arch. f. Entwicklungsmech. d. Organismen Bd. 30. 1911. —

[2]) Der Vererbungsmechanismus der Form. Ibid. Bd. 39. 1914. — Versuch einer synthetischen Biologie. Schaxels Beiträge zur theor. Biologie. 1923. Berlin.

zugsachsen dürfen für manche Fälle bestimmte, nur dem Ganzen entnommene Parameter nicht fehlen. Die Gesamtheit der Parameter letzterer Kategorie, in ein bestimmtes einheitliches System geordnet, gibt uns eine positive, konkrete Charakteristik des Ganzen, als eines Entwicklungsfaktors.

Die bisherigen, in diesem Sinne durchgeführten Untersuchungen haben gezeigt, daß die adäquate Form, in die unsere Kenntnisse über die Leistungen dieses Ganzheitsfaktors gekleidet werden können, der Feldbegriff ist, der dem physikalischen Gedankengange entlehnt wurde. Wir können demnach ganz allgemein sagen, daß die Zellen in der Entfaltung ihrer eigenen Potenzen durch die Eigenschaften des Feldes beeinflußt werden, in welchem sie sich befinden. Dieser Satz könnte auch für die Zellteilungen gelten, sofern dieselben ein Entwicklungsfaktor sind.

Wir kommen demnach zu einer Auffassung des Zustandekommens der Zellteilung, die ein konkretes Problem von grundlegender Bedeutung setzt, welches in zwei Etappen zerfällt: 1. Gehören die Zellteilungen ebenfalls zu den dualistisch bedingten Entwicklungsfaktoren? Diese Frage ist berechtigt, weil es ja auch denkbar wäre, daß die Gesamtheit der die Zellteilung veranlassenden Faktoren der Zelle selbst angehören, oder aber umgekehrt, daß die Teilungen durch die Feldwirkung allein in eindeutiger Weise ausgelöst werden könnten, resp. die Zellverfassung als mitbestimmender Faktor nicht in Betracht käme.

Sollte die erste Frage bejaht werden, so entsteht die weitere: Welcher Art die „mitogene“ Feldwirkung ist und in welchen Beziehungen dieselbe zu den übrigen Feldleistungen steht?

Mit der Erledigung dieser Fragen wäre nur der erste Teil des Problems der Zellteilung erschöpft. Die Zelle käme dabei als Bestandteil oder Element eines größeren Ganzen in Betracht. Die Duplizität des Zellbegriffs bringt es aber mit sich, daß das Problem der Zellteilung auch von einer anderen Seite angefaßt werden muß, indem man die Analyse des Lebenszyklus einer Zelle von den im Vorangehenden entwickelten Gesichtspunkten aus vornimmt.

Die geschichtliche Entwicklung der Cytologie trägt die Schuld, daß dem Zellbegriff ein derartiges Maß von Unklarheiten und Widersprüchen anhaftet, daß die Aussagen über „die Zelle“, sobald sie den sicheren Boden des rein Deskriptiven verlassen, sich in Widersprüche verwickeln und nur selten Anspruch auf wirkliche Vertiefung unserer Erkenntnis machen können. Der Umfang dessen, was wir über „die Zelle“ im allgemeinen mit Begründung aussagen können, ist sehr gering, da ja eine schematische Zelle, von der aus wir etwa ausgehen könnten, eine vollständig irreale Fiktion ist. Eine Extrapolierung einer an einer bestimmten Zellenart gewonnenen Erkenntnis auf andere Zellen kann nur ein bestimmtes Maß von Wahrscheinlichkeit beanspruchen, das allerdings innerhalb weitester Grenzen schwankt, da manche derartige Aussagen an der Grenze der Sicherheit stehen, andere dagegen sich beinahe apodiktisch verbieten. Zu letzterer Kategorie gehört speziell die uns vor allem interessierende Zellleistung — die Zellteilung. Die Aussage: „Die Zelle“ besäße ein Teilungsvermögen, ist ja direkt falsch, da für viele Zellarten unsere Erfahrung hier in genügend gesicherter Weise im negativen Sinne entschieden hat.

Die Tatsache des Versagens der Zellen des erwachsenen Organismus in dieser Hinsicht ist ein Problem, dessen Analyse zu den lohnendsten Aufgaben der Biologie gehört, aber leider bisher noch ein völlig unbebautes Gebiet ist. Es leuchtet ein, daß, bevor wir uns eine Idee darüber bilden können, warum eine Zelle in der Teilung versagt, wir gewisse Kenntnisse über die Umstände und den Mechanismus des positiven Aktes selbst erlangen müssen. Wir können uns dabei nicht versagen, unsere Erfahrungen und Angaben derart zu formulieren, daß sie für alle teilungsfähige Zellarten gelten, müssen demnach trotz aller Bedenken eine schematische „teilungsfähige“ Zelle fingieren.

Der mitotische Prozeß greift derart tief in die ganze Zellorganisation und Struktur und verursacht so weitgehende, dabei zum größten Teil reversible Umwälzungen derselben, daß die Aussagen und Vorstellungen allgemeiner Art, die wir uns vor allem über die fingierte schematische Zelle bilden müssen, sich in erster Linie auf die Probleme der Zellorganisation in räumlicher Hinsicht resp. der Zellstrukturen beziehen. Wir müssen uns daher vor allem über die Auffassung der letzteren einigen.

Von eigentlichen spezifischen Zellstrukturen kann natürlich nur sofern die Rede sein, als es sich um Anordnungen der Zellbausteine oder Stoffe im Raume handelt, die an speziellere Bedingungen als in den homogenen Kolloiden gebunden sind resp. nicht unmittelbar aus den für letztere geltenden Gesetzlichkeiten folgen. So wäre z. B. für ein Hydrosol eine vorwiegende Gruppierung oder Orientierung der Emulsions- resp. Suspensionsteilchen nach bestimmten Richtungen oder Achsen als eine spezifische Struktur zu bezeichnen, ähnlich auch für Anordnungen der Strukturelemente, wie Granula, Fibrillen usw., die bei der Gelatinierung eines Kolloids entstehen.

Es versteht sich natürlich von selbst, daß die gegebene Charakteristik spezifischer Plasmastrukturen sowohl für das mikroskopische als auch für das submikroskopische Gebiet die gleiche Geltung beansprucht. Wir wollen demnach auch für Kolloide von submikroskopischer Dispersität den Begriff spezifischer Strukturen in dem Sinne einführen, daß wir darunter die Anordnung der Submikronen oder Amikronen nach bestimmten Achsen oder Gesetzlichkeiten, die nicht in der Beschaffenheit der betreffenden Kolloide selbst vorgesehen sind, bezeichnen.

Das Problem der Entstehung und namentlich der Erhaltung der Plasmastrukturen ist recht verschieden, je nachdem ob es sich um solche innerhalb der Hydrosole oder Hydrogele handelt. Letzterenfalls haben wir an lokale Adsorptions- resp. Gelatinisations- oder irreversible Koagulationsprozesse zu denken, die in keiner Hinsicht eine Sonderstellung im Vergleich zu den in beliebigen Sollösungen experimentell zu erzeugenden Phasenänderungen beanspruchen können. Auch bietet die Stabilität eines einmal erzeugten Kongelats oder Koagulats an sich (d. h. abgesehen von dem Stoffwechsel desselben) kein Problem, welches spezielle Anforderungen an den Biologen zu stellen hätte. Ein eigenartiges Problem für den Biologen ist umgekehrt die relative Labilität mancher Gelgebilde resp. Reversibilität mancher Kongelationsvorgänge. Die Morphologie der Mitose bietet uns die meisten Belege in dieser Hinsicht, da die Entstehung und Auflösung der Chromosomen und wohl auch der achromatischen Figur als klassische Beispiele von vollständig reversiblen Kongelationen gelten können.

Wir können schon aus diesen einfachen Überlegungen die wichtige Folgerung ziehen, daß die erste Vorbedingung für die Teilungsfähigkeit der Zelle jedenfalls ein bedeutendes Maß von Labilität ihrer Phasenzustände ist. Ziehen wir die Ermittelungen von Ružička[1]) und seiner Schule in Betracht, die unter dem Namen der Hysteresis gewisse Erscheinungen des Plasmaalterns geschildert haben, die in nächster Beziehung zur leichten und vollständigen Reversibilität resp. des Phasenwechsels stehen, so dürften wir vielleicht wagen, die allgemeine Erscheinung des Versagens der Zellteilungen in alternden Zellen in der Hysteresis ihres Plasmas zu suchen.

Wir wissen aber andererseits, daß, abgesehen von dem allgemeinen allmählichen Erlöschen der Teilungen gegen Abschluß der Embryogenese, wir im Verhalten verschiedener Zellarten des erwachsenen Organismus eine Scheidegrenze zwischen denjenigen, die ein Teilungs- resp. Regenerationsvermögen potentiell bewahren und solchen, die ihre Teilungsfähigkeit völlig einbüßen, ziehen müssen.

Bleiben wir in bezug auf erstere zunächst darüber im unklaren, ob der Teilungsstillstand auf der inneren Verfassung der Zellen oder dem Fehlen eines äußeren Impulses (etwa eines Feldes) beruht, so können wir auf Grund der Gesamtheit unserer Erfahrungen wohl kaum zweifeln, daß es sich bei letzteren Zellkategorien um ein wirkliches Unvermögen zur Teilung handelt. Auch hier wäre die Möglichkeit als Forschungsproblem in Erwägung zu ziehen, ob nicht die Einbuße der leichten Reversibilität der Phasenzustände daran die Schuld trage? Dieser mögliche Zusammenhang gewinnt an Wahrscheinlichkeit, wenn wir den Umstand berücksichtigen, daß es sich um Zellen mit offenbar sehr feiner und präziser Regelung ihrer funktionellen Abläufe und wohl auch, was natürlich damit eng zusammenhängt, mit entsprechender Präzision und Stabilität ihrer Strukturen handelt. Es gehören in diese Klasse offenbar nur die Nervenzellen und die spezifischen Sinneszellen, nicht aber die gewiß einseitig morphologisch differenzierten Muskel- resp. verschiedene andere Gewebszellen.

Was nun das Problem der spezifischen Strukturen in den Hydrosolen betrifft, so werden wir zu ihrer Erörterung am ehesten von einer Fragestellung ausgehen, die ehemals im Vordergrunde des Interesses stand, zu heftiger Polemik Veranlassung gab und schließlich mit dem Aufblühen der Kolloidchemie zu einem Schein-

[1]) Ružička: Roux' Arch. f. Entwicklungsmech. d. Organismen. 1924.

problem degradiert und gewissermaßen ad acta gelegt wurde. Wir meinen damit die alte Streitfrage über den Aggregatzustand des Plasmas. In dieser Fassung ist die Fragestellung natürlich naiv und wurde von der Kolloidchemie in der Tat leicht und definitiv erledigt. Die Argumente, die hier seinerzeit pro und contra angeführt wurden, und in noch höherem Maße die mit denselben verknüpften theoretischen Anschauungen verdienen aber, wie wir gleich sehen werden, unsere volle Beachtung.

„Das Protoplasma könne keinesfalls flüssig sein, weil es keine flüssigen Strukturen geben könnte, das Lebensgetriebe und namentlich der Vererbungsmechanismus sei aber in einem strukturlosen Substrat undenkbar.“ In diesen Worten ließen sich wohl die Anschauungen der zahlreichen Vertreter des „festen Protoplasmas“ aus dem Ende des verflossenen Jahrhunderts zum Ausdruck bringen (z. B. M. Heidenhain).

„Das Protoplasma sei flüssig, dem Bedürfnis nach Strukturen sei aber darin Rechnung getragen, daß dasselbe zweiphasig, und zwar schaumig gebaut ist“ (Bütschli, Rhumbler). „Setzt man eine Semipermeabilität der Wabenwände, so fände man darin eine volle Gewähr dafür, daß innerhalb einer Zelle, in verschiedenen voneinander abgeschlossenen Waben gleichzeitig die verschiedensten, einander durchkreuzenden chemischen Abläufe stattfinden könnten“ [Hofmeister[1])]. Letztere, aus dem Jahre 1901 stammende Hypothese führt uns unmittelbar in die Gegenwart, da sie noch jetzt weitgehenden Anklang findet (vgl. z. B. Höber: Physikalische Chemie. 5. Aufl.).

Obwohl die „Flüssigkeitstheorie“ seinerzeit einen, wie es scheint berechtigten Sieg davontrug, scheint es uns, daß die Anhänger des festen Aggregatzustandes des Plasmas in einer, und zwar grundlegenden Hinsicht viel tiefer in das Problem blickten, obwohl sie in der Grundlage ihrer konkreten Formulierung auf einem Irrwege standen. Das Problem der Struktur des Plasmas ist viel zu tief, und die Anforderungen, die wir an eine solche stellen müssen, viel zu groß, um mit einem etwas simplistischen Bilde einer Wabenstruktur abgetan zu werden. Der Grundirrtum, der jeden Fortschritt auf diesem Wege hemmt, liegt aber, wie wir glauben, in der unberechtigten Setzung, es könnten

1) Chemische Organisation der Zelle. Braunschweig 1901.

Strukturen nur der festen Phase und keinesfalls auch Flüssigkeiten eigen sein.

Nicht minder verhängnisvoll erscheint uns auch der als selbstverständlich hingenommene Satz, es könnte sich überhaupt nur um Strukturen handeln, die auch sonst in Kolloiden auftreten, d. h. um regellose Verteilung der dispersen Phase in den Suspensoiden resp. Emulsoiden, resp. um Auftreten von Granulis, Waben oder Fäden bei Gelatinierung resp. Koagulation der Sole.

Wir berühren damit ein Problem, welches für die ganze nachfolgende Betrachtung von grundlegender Bedeutung sein wird und daher schon an dieser Stelle in seinen allgemeinsten Zügen besprochen werden muß. Die Frage lautet: welche Plasmastrukturen sind für Erhaltung des Lebens resp. Funktion der betreffenden Zelle unentbehrlich?

Es haben bereits unsere älteren Versuche mit gewaltsamer Zentrifugierung verschiedener Eiplasmen gezeigt, wie weitgehend die Zerstörung der morphologischen Plasmastrukturen sein können, die noch mit der Erhaltung des Lebens und mit mehr oder weniger erfolgreichen Anläufen zur Entwicklung verträglich sind[1]). Es handelt sich daher am wenigsten um mikroskopische Strukturen, um deren Wert der Streit geführt werden kann. Aber auch feinere submikroskopische Strukturen, sofern sie als direkte Fortsetzung der mikroskopisch sichtbaren gedacht werden, kommen für uns nicht in Betracht, da, wie fein sie im übrigen auch gedacht werden könnten, sie der völligen Entmischung des Plasmas, wie sie bei unseren Versuchen stattfand, nicht standhalten können. Wir müssen allerdings bei dieser Behauptung an unserer Definition der Plasmastrukturen genau festhalten; der Einwand, es mögen dabei die submikroskopischen Kolloidstrukturen erhalten bleiben, gilt nicht, weil es sich laut Definition um Verteilung der Stoffe im Raume handelt, die diesen Grundstrukturen der Kolloide superponiert sind[2]).

---

[1]) Über Praemissen etc. Archiv f. Zellforschung 1908.

[2]) Rhumblers Einwände (Ergebn. d. Anat. u. Entwicklungsgesch. 1914), es könne das Herauszentrifugieren der Dotterplättchen aus dem Plasma auch ohne Zerstörung der Wabenstruktur erfolgen, berührt nicht den Kernpunkt der Frage, da die Zerstörung des ursprünglichen Plasmagefüges in unseren Versuchen nicht erschlossen, sondern direkt beobachtet wurde.

Das Postulat der Plasmastrukturen bleibt aber trotzdem bestehen, da derselbe in seiner allgemeinen Fassung eine unmittelbare Konsequenz der feststehenden Erfahrung ist, daß die Ab-

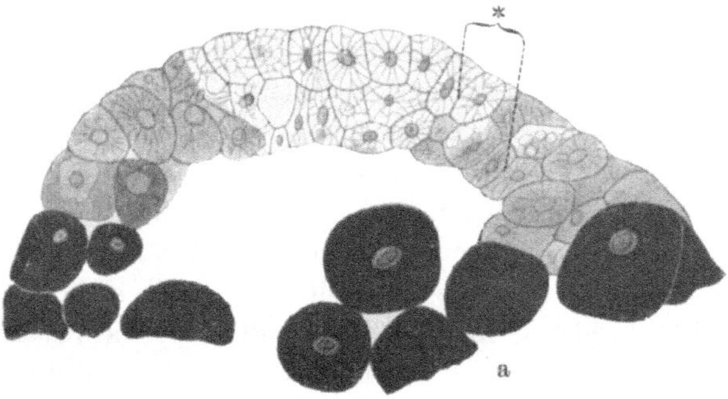


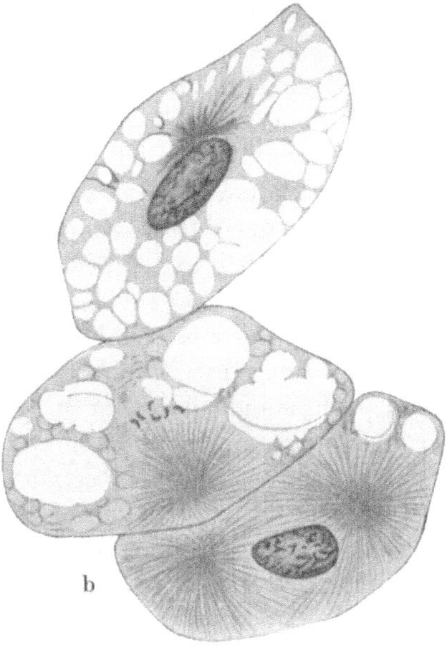


Abb. 1. Tritonblastula, etwa 24 Stunden nach gewaltsamer Zentrifugierung während der ersten Furchung. Die Sonderung der Eisubstanz in 3 scharf gesonderte Zonen: großblasige, dichtplasmatische und dotterhaltige. Die Furchung der animalen Hälfte verlief ganz normal trotz weitgehender Zerstörung der Plasmastruktur. *a* Übersichtsbild, *b* 3 Zellen in a mit * bezeichnet bei starker Vergrößerung.

läufe in der lebenden Zelle (zumal die chemischen) sich anders als in einem homogenen, nichtstrukturierten Substrat gestalten.

Können die statischen (sowohl mikroskopischen als submikroskopischen) Strukturen dafür nicht herhalten, so muß das Problem anders gewendet werden, indem man die Möglichkeit „dynamischer“ Strukturen in Erwägung zieht.

Diesem Gedankengange ist eine schematisierte Konstruktion des Zellgetriebes entsprungen, die bereits am anderen Orte etwas ausführlicher behandelt wurde und an dieser Stelle nur kurz berührt werden mag[1]).

Dem Postulat der Plasmastrukturen in Hydrosolen kann dadurch Genüge geschehen, daß man die am Zellgetriebe und Stoffwechsel beteiligten Stoffe (d. h. sowohl Nährstoffe als ihre Abbauprodukte) an bestimmt konfigurierte Bahnen gebunden innerhalb der Zelle zirkulieren läßt. Diese Bahnen sind Äußerungen des Zellfeldes und als gegeben zu betrachten. Durch mechanische oder sonstige experimentelle Eingriffe können wohl Stoffe aus den Bahnen abgelenkt oder herausgerissen, nicht aber die Bahnen selbst alteriert werden.

Wir hätten demnach in der Konstruktion der Zellbahnen resp. Zellfeldes nur eine konsequente Weiterentwicklung unserer allgemeinen Feldkonstruktion.

Es versteht sich von selbst, daß der Annahme einer evtl. reversiblen Koagulation der in bestimmten Bahnen kreisenden Stoffe nichts im Wege steht.

Ähnlich wie dort, so eröffnet uns auch hier diese Auffassung eine Fülle neuer Probleme, aber vor allem auch eine Reihe ungeahnter Erklärungsmöglichkeiten. Die unmittelbare praktische Konsequenz liegt in der Berechtigung, Plasmastrukturen gedanklich zu konstruieren, die ganz außerhalb der durch bloße Systembedingungen der Kolloide als solcher gegebenen Möglichkeiten liegen. Die im Laufe unserer Spezialuntersuchungen postulierten verschiedenen strukturellen Eigenschaften der Zelle werden vielfach solche sein, die der Kolloidnatur des Plasmas natürlich nicht zuwiderlaufen, aber keinesfalls durch dieselbe gewissermaßen vorgesehen, in nuce enthalten sind. Da dieselben als Felderzeugnisse gesetzt werden, bietet ihre Reversibilität natürlich kein spezielles Problem.

---

[1]) Vgl.: Versuch einer synthetischen Biologie. Schaxels Beiträge z. theor. Biologie, Heft 17, 1923. Einige Anklänge an die hier in aller Kürze zu besprechenden Anschauungen glaube ich in dem jüngst erschienenen Werke von A. Mayer: Analyse der Zelle (1924) zu finden.

# I. Die Entstehungsbedingungen der Zellteilungen.

## 1. Kapitel.

## Die Zellteilung als reaktiver Vorgang.

Das große Problem der Erforschung der Ursachen der Zellteilung wurde, soweit ersichtlich, bisher nie in systematischer Weise in Angriff genommen, obwohl eine reiche Ernte an verwertbaren Tatsachen bereits seit langer Zeit für diesen Zweck verfügbar war.

Es gilt hier, vielleicht noch mehr wie anderswo, das Problem scharf zu fassen und die Fragestellungen genau zu formulieren, da ja jede Ursachenforschung, eben weil es stets eine unendliche Anzahl Ursachen gibt, stets der Gefahr ausgesetzt wird, sich in Allgemeinheiten zu verlieren und dadurch zu verflachen.

Nur ein Weg kann uns hier zum Ziele führen, und zwar ein ganz radikaler. Indem wir den Ursachenbegriff für unser Problem völlig eliminieren und unser Augenmerk auf diejenigen Prozesse und Umstände lenken, die in eindeutiger Weise zeitlich und räumlich mit Teilungen verknüpft sind, gelangen wir zu unserem Ziel. Als eindeutig mit der Zellteilung verknüpft wollen wir die Umstände oder Faktoren bezeichnen, die nicht nur nie fehlen dürfen, sondern, und dies ist das wesentliche, bei deren Vorhandensein die Zellteilung zwangsmäßig erfolgen muß. Die allgemeinen, notwendigen Lebensbedingungen, als Ursachen der Zellteilung, scheiden dabei automatisch aus, die Fragestellung schiene demnach scharf umschrieben, wenn nicht der komplizierende Umstand hinzutrete, daß unserem letzten Postulat nicht immer Genüge getan werden kann, eben weil eine Mehrheit eindeutig verbundener Umstände schon a priori zu gewärtigen ist, und daher der Satz, die Zellteilung müsse zwangsmäßig bei Vorhandensein des betreffenden Faktors erfolgen, nur bei gleichzeitiger Vertretung sämtlicher Faktoren sich bewahrheiten kann.

Aus dieser Schwierigkeit gibt es nur einen Ausweg, und zwar, den Teilungsprozeß zunächst so weit rein phänomenologisch zu zergliedern, daß für jeden Teilvorgang in plausibler Weise nur je ein eindeutig mit demselben verbundener, d. h. denselben zwangsmäßig hervorrufender Faktor gesetzt werden könne.

Es muß demnach einer rationellen Klassifikation der spezifischen Teilungsfaktoren eine, wenn auch nur provisorische Analyse des Tatbestandes der Zellteilung vorangehen.

Den allgemein leitenden Gesichtspunkt für die nachfolgende Betrachtung glauben wir folgendermaßen formulieren zu dürfen:

Ist die Zellteilung ein notwendiges, d. h. eindeutig verbundenes Glied einer Abfolge von binnenzelligen Prozessen, die stetig und evtl. periodisch verlaufen, oder kommt sie erst bei Hinzutritt von Faktoren zustande, die nicht zur Kausalkette binnenzelliger Prozesse gehören?

Sollte letztere Eventualität, und zwar ganz allgemein zutreffen, so hieße es m. a. W., die Zellteilung sei ein reaktiver Vorgang, oder wenn man will — ein Reflex. Diese Erkenntnis hätte wiederum weitere Konsequenzen zur Folge, da jeder Reflex sich kausal zergliedern läßt, und zwar so, daß man den auslösenden Impuls einerseits, das reizperzipierende Organ und den Ausführungsapparat andererseits unterscheiden kann.

Bei einer derartigen Sachlage ist es nicht so ganz aussichtslos, jedem Gliede dieser Triade einen oder zumindestens einige wenige Faktoren beizuordnen, bei deren Auftreten die Teilung zwangsmäßig erfolgen, bei deren Fehlen ebenso sicher ausbleiben müßte.

Die Kausalerforschung des Zustandekommens der Zellteilung wäre damit auf das richtige Geleise gebracht.

Es gilt demnach in erster Linie Klarheit darüber zu gewinnen, ob die Zellteilung ganz allgemein ein reaktiver Prozeß sei.

Es braucht natürlich nicht erst bewiesen zu werden, daß Zellteilungen als Reaktionen auf verschiedene äußere und innere Einwirkungen und Reize auftreten können. Die nähere Analyse dieser Klasse von Zellteilungen wird uns in einem der nächsten Kapitel beschäftigen. Wir wollen jetzt vielmehr an die kapitale Frage herantreten, ob auch die scheinbar zwangsmäßig auftretenden embryonalen, oder weiter gefaßt, rein physiologischen

Mitosen ebenfalls stets einer äußeren Anregung bedürfen, somit ebenfalls reaktiver Natur sind.

Wir müssen hier auf Umwegen vorgehen, indem wir prüfen, ob die zeitlich-räumlichen Umstände des Auftretens der Mitosen letzterer Klasse in einen eindeutigen Kausalnexus mit der Gesamtheit der Lebensumstände der Zellen gebracht werden können.

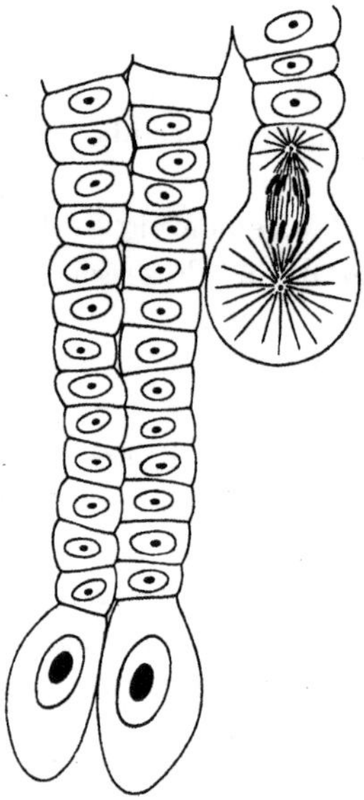

Abb. 2. Mesodermstreifen der Annelidenembryonen. Nur die großen Endzellen (Teloblasten) sind teilungsfähig. (Nach Wilson.)

Wir gehen in unsrer Analyse am besten von Spätstadien embryonaler Entwicklung aus, die uns sofort vor ein kapitales Problem stellen, dessen Klärung uns die günstigsten Aussichten für das Weitere eröffnen. Es handelt sich um die Tatsache, daß die räumlich-zeitliche Verteilung der Mitosen innerhalb jedes beliebigen embryonalen Gewebes eine derart unregelmäßige, launenhafte ist, daß der unmittelbare Anschein uns geradezu an ein zufallmäßiges Zustandekommen derselben denken läßt. Diese Tatsache ist um so bedeutungsvoller, als wir einerseits das gleiche Bild auch bei notorisch reaktiv erzeugter Zellvermehrung (z. B. bei reaktiver Zellwucherung nach Verletzung usw.) wiederfinden, andererseits aber die Teilungen embryonaler Frühstadien (Furchung) uns meist geradezu als ein Muster streng gesetzmäßig geregelten Geschehens imponieren. Ein gleiches Maß von Regelmäßigkeit finden wir nur noch in einigen wenigen Kategorien von Teilungen vor: es wären dies z. B. die Teilungen der Teloblasten in den Mesodermstreifen von Annelidenembryonen und vor allem die Reifeteilungen und sporogene Teilungen der meisten Pflanzen und Teilungen der Vermehrungs- und Reifungsperiode der Samenzellen vieler Tierarten.

Die Aussage: Die embryonalen Mitosen verteilten sich zufallsmäßig, ist recht folgenschwer. Es hieße ja dieses m. a. W., daß kein Kausalnexus zwischen der Gesamtheit der übrigen Abläufe in der Zelle und dem Zeitpunkt ihrer Teilung bestünde, da ja innerhalb eines Komplexes von gleichartigen embryonalen

Zellen ihre sonstigen, zumal progressiven Abläufe dermaßen synchron verlaufen, daß auch ein epidemieartiges Auftreten von Mitosen oder jedenfalls die Spur einer Gesetzmäßigkeit in ihrer zeitlich-räumlichen Verteilung erwartet werden sollte.

Der Augenschein kann aber auch trügen. Um Spuren von Gesetzlichkeiten nachzugehen, oder genauer, um verwickelte Zusammenhänge aufzudecken, gehören verfeinerte Methoden. Es hat sich hier in der Tat die statistische Behandlungsweise bewährt, die ich bereits im Jahre 1910 zur Anwendung brachte[1]).

Der Ansatz zur selben ist ein recht einfacher und beruht auf folgender Erwägung:

Gesetzt, wir hätten bilateralsymmetrische embryonale Gebilde, in denen symmetrisch gelegene, spiegelähnliche Zellen identifizierbar wären, von welchen man annehmen darf, daß sie in ihrer Genealogie, augenblicklichen Eigenschaften und Zustande und prospektiver Potenz wesentlich identisch sind. Besteht ein eindeutiger Zusammenhang zwischen den soeben aufgezählten Daten und dem Zeitpunkt des Auftretens der Teilung in den betreffenden Zellen, so läßt sich in der Sprache der Wahrscheinlichkeitsrechnung sagen, das Eintreffen dieses Ereignisses sei in beiden Zellen „gleichwahrscheinlich", was sich von unsymmetrisch gelegenen Zellen natürlich nicht behaupten ließe.

An einem genügenden statistischen Material geprüft, müßten daher symmetrische Kombinationen von Mitosenverteilung häufiger auftreten als es dem reinen Zufallsgesetz entspricht. Denken wir uns z. B. folgenden Fall:

Es seien beiderseits von einer Symmetrieebene je 100 Zellen als paarweise spiegelbildähnlich identifizierbar und in jeder Hälfte des Komplexes je eine Mitose gleichzeitig gegeben. Die Wahrscheinlichkeit, beide Mitosen in symmetrischen, spiegelähnlichen Zellen anzutreffen, wäre bei rein zufallsmäßiger Verteilung derselben, d. h. unter Voraussetzung, daß alle Zellen „gleichberechtigt" sind, auf 0,01 zu setzen. Setzen wir, in der Tat, in einer Zelle $A$ (rechts) eine Mitose als gegeben, so besteht die gleiche Wahrscheinlichkeit einer gleichzeitigen Mitose für alle 100 Zellen der linken Hälfte, und da das Auftreten einer Mitose links als gesichert gesetzt wird, d. h. die Gesamtwahrscheinlichkeit derselben $= 1$ ist, so ist die Wahrscheinlichkeit für jede Zelle der linken Seite, somit auch für die Zelle $A' = 0{,}01$.

[1]) Roux's Archiv Bd. 30.

Es könnte daher, an einem genügenden statistischen Material geprüft, nur eine symmetrische Kombination auf 99 asymmetrische entfallen. Sind aber weit mehr symmetrische Mitosen anzutreffen, so besteht irgendein Zusammenhang zwischen der „Lebenslage" der betreffenden Zelle und dem Zeitpunkte des Eintreffens ihrer Teilung.

Embryonale Organe sowie ganze Keime von erwünschter bilateraler Symmetrie liegen natürlich in reichlicher Auswahl vor. Die statistische Untersuchung, die ich an verschiedenen Gebilden ausführte, führte nun zu folgenden Ergebnissen:

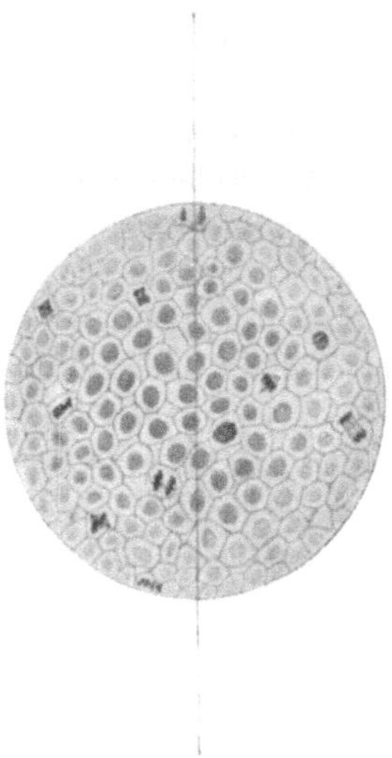

Abb. 3. Seeigelgastrula von der Oberfläche gesehen, Verteilung der Mitosen. Der Strich deutet die durch die Urdarmlage bestimmte Medianebene an.

1. Trotz der scheinbaren Regellosigkeit kann auch eine Gebundenheit bestehen. Die Verteilung der Mitosen in streng bilateralsymmetrischen Seeigelgastrulae, die den unmittelbaren Eindruck einer vollständigen Regellosigkeit resp. Zufälligkeit bietet, ergibt etwa das 10fache an symmetrischen Mitosen als unter oben entwickelten Voraussetzungen zu erwarten wäre.

2. Die Verteilung der Mitosen in verschiedenen spätembryonalen Anlagen (Linsenepithel und Conjunctiva älterer Hühnerembryonen, Zwiebelwurzeln) entspricht dagegen vollauf den Voraussetzungen der rein zufallsmäßigen Verteilung.

Wir schließen daraus, daß in den Fällen letzterer Kategorie das Eintreffen der Teilung in bezug auf die allgemeine „Lebenslage" der Zelle völlig unabhängig ist, daß die Teilung für eine spätembryonale Zelle gewissermaßen eine „zufällige Episode" ist[1]).

[1]) Es wäre gewiß ein Fehlschluß, wenn man daraus ableiten wollte, daß gesunde embryonale Zellen sich häufig jeder weiteren Teilung enthalten, während ihre Schwesterzellen in gleicher Lebenslage einer regen Vermehrung unterliegen. Es darf aus unseren Befunden natürlich nur gefolgert werden, daß die Teilungen nicht in eindeutiger Weise mit den übrigen Zellabläufen zeitlich verknüpft sind.

Biologisch kann diese Feststellung wohl nur in dem Sinne interprätiert werden, daß die Gesamtheit der die Teilung veranlassenden und ihren Zeitpunkt bestimmenden Faktoren jedenfalls nicht ein einheitliches zusammenhängendes „Ganzes“ ist, sondern daß wir mindestens zwei voneinander wesentlich unabhängige Faktoren (resp. Faktorengruppen) unterscheiden müssen, von deren richtigem räumlich-zeitlichen Zusammentreffen das Zustandekommen der Zellteilung abhängt.

Wir gelangen demnach zur wichtigen Erkenntnis, daß allenfalls eine, und zwar sehr wichtige Kategorie embryonaler Zellteilungen „dualistischen“ Ursprunges ist.

Diese Feststellung besagt zunächst nur, daß die Gesamtheit der Teilungsfaktoren nicht weniger als zwei voneinander wesentlich unabhängigen Gruppen angehört, und zwar in dem Sinne, daß die Bereitschaft der einen Gruppe für den entsprechenden Zustand derjenigen der anderen Gruppe vollständig belanglos ist, und es folglich dem Zufall überlassen bleibt, ob der nötige Bereitschaftszustand beider Gruppen zeitlich zusammentrifft, was zur Zellteilung führen muß.

Wir bleiben zunächst noch in voller Unkenntnis darüber, ob beide Faktorengruppen (oder kurz: Faktoren) oder der eine oder andere extra- oder intracellulär sind. Diese Frage muß vor allem geklärt werden. Praktisch wird es sich natürlich nur darum handeln können, ob beide Faktoren binnenzellig oder ob der eine extracellulär sei, da es der Gesamtheit unsrer Erfahrungen zu sehr zuwiderläuft, der Zelle eine völlig passive Stellung in Sachen ihrer Teilung einzuräumen, was ja der Fall sein müßte, falls die Außenfaktoren in jedem Fall, d. h. bei jeder Zellverfassung eine Teilung zwangsmäßig erzeugen könnten.

Die Entscheidung in der Alternative kann auf empirischem Wege wohl nur partiell geführt werden, indem man das Verhalten derjenigen Zellgruppen prüft, von denen eine völlige oder wenigstens weitgehende Autonomie ihres Verhaltens bezüglich der Teilung erwartet werden könnte. Sollte die Erfahrung ergeben, daß auch hier neben binnenzelligen Faktoren auch extracelluläre mitentscheidend sind, so wäre wohl eine Extrapolierung dieser Befunde bis auf weiteres als Arbeitshypothese gestattet.

In diesem Sinne erscheinen keimende Samen und Zwiebeln besonders geeignet. Da die Wurzeln trockner Samen und Zwiebeln nur der Zufuhr von Wärme und Wasser zur Keimung resp. Zellvermehrung bedürfen, und diese Außenfaktoren wohl schwerlich als „spezifische Reizfaktoren" angesprochen werden dürfen, so kann man in den Wurzeln noch am ehesten den Fall verwirklicht denken, wo alle spezifischen Teilungsfaktoren den betreffenden Zellen selbst zukommen.

Das nächstliegende Experiment mit keimenden Wurzeln — die Wurzelspitzen von dem Keimling abzutrennen und ihre etwaige Zellvermehrung zu untersuchen — gibt keine eindeutigen Resultate: Zwiebelwurzeln gehen innerhalb 24—26 Stunden zugrunde, verarmen dabei an Mitosen schon innerhalb der ersten 18 bis 20 Stunden und zeigen nach 24 Stunden deutliche Degenerationszeichen[1]).

Abgeschnittene Helianthuswurzeln wachsen dagegen kräftig weiter, ihre Zellvermehrung nimmt merklich erst am 3. Tage nach der Abtragung der Cotyledonen samt dem Hypocotyl ab und erlischt erst am 6.—7. Tag[2]). Der Gesamtzuwachs der abgeschnittenen Helianthuswurzeln ist enorm, kann ein paar Zentimeter betragen, und da man am 5., zuweilen 6. Tage noch reichlich Mitosen findet, ist es kein bloßes Streckungs-, sondern auch echtes embryonales Wachstum.

Es scheint nun der Schluß unabweisbar, daß alle Teilungsfaktoren der Wurzel selbst zukommen, und da Mitosen, wie bekannt, nur auf eine etwa 2 mm breite apikale Zone der Wurzel beschränkt sind, das proximalwärts gelegene Wurzelgewebe sich immer mehr dem Typus des Dauergewebes nähert, so erscheint es ja recht plausibel, daß die Meristemzellen der Wurzelspitze ihre tatsächliche Autonomie in Sachen der Teilung deutlich zur Schau tragen. Es wäre aber dies ein Fehlschluß, da noch folgende Möglichkeiten in Betracht kämen: 1. Die abgeschnittenen Wurzelspitzen enthalten Gefäßbündelanlagen und nicht teilungsunfähige Zellen, von denen sehr wohl ein Impuls auf die eigentlichen Meristemzellen ausgehen könnte. 2. Es wird aber außerdem eine Wundfläche gesetzt, die ja ganz allgemein Teilungsimpulse an

---

[1]) Nach einer Untersuchung von Frl. Jarotzky in meinem Laboratorium.

[2]) Von Herrn S. Salkind in meinem Laboratorium geprüft.

ihre Nachbarschaft aussendet. Es wäre daher sehr wohl möglich, daß das Fortbestehen von Zellteilungen in abgeschnittenen Wurzeln auf diese beiden Faktoren zurückgeführt werden kann.

Daß dieser Einwand nicht an den Haaren herangezogen ist, sondern offenbar das richtige trifft, ergab sich nun aus weiteren Versuchen mit physiologischer Isolation der Wurzeln ohne Setzung von Wundflächen. Sollte unsere Vermutung zu Recht bestehen, daß auch die physiologischen Zellteilungen in den Wurzelspitzen eines Teilungsimpulses bedürfen, somit reaktiver Natur sind, und sollte dieser Impuls aus einem im Keimling irgendwo proximalwärts (z. B. im Hypokotyl oder in den Kotyledonen des Helianthuskeimlings, in der Zwiebel usw.) gelegenen Zentrum stammen, so müßte eine erfolgreiche physiologische Isolation ohne Wundsetzung zum Stillstande der Mitosen in der Wurzelspitze führen.

Für derartige Versuche erwiesen sich uns die Helianthuskeimlinge sehr geeignet. Das beste Verfahren, die Wurzel ohne eigentliche Wundsetzung zu isolieren, besteht in einer vorsichtigen Abklemmung der Wurzelbasis. Durch eine nachträgliche mikroskopische Untersuchung der abgeklemmten Stelle kann man sich überzeugen, daß dieselbe auch bei hochgradiger Kompression ohne eigentliche Verletzung der Zellen gelingt. Durch kathetometrische Beobachtung derartiger Wurzeln läßt sich der Nachweis erbringen, daß ihr Gesamtwachstum schon innerhalb der ersten 3 Stunden auf ein Minimum sinkt und nach Verlauf von 15 bis 18 Stunden völlig sistiert. Zu dieser Zeit sind die Wurzeln bereits faktisch mitosenfrei.

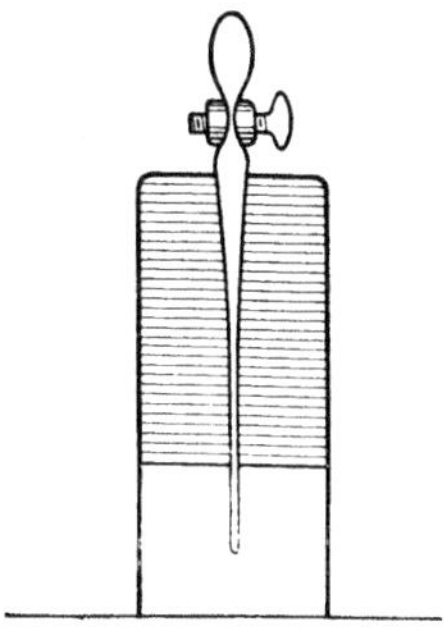

Abb. 4. Versuchsanordnung, um die Wasserzirkulation in der abgeklemmten Wurzel von der Abklemmung unabhängig zu gestalten. Gelatine schraffiert. (Archiv f. Entwicklungsmechanik Bd. 52.)

Die Abklemmung wurde in einigen Versuchen durch lokale Bebrühung der Wurzelbasis mit wesentlich gleichen Ergebnissen ersetzt. Der naheliegende Einwand, daß durch die Eingriffe die normale Wasserzirkulation der Wurzel abgeschnitten wird und dadurch auch der eigentliche Teilungsmechanismus in Mitleidenschaft gezogen wird, läßt sich zum Teil wenigstens durch weitere Versuche entkräften, bei denen die Wurzelspitze ihren Wasserbedarf von oben decken muß. Es wird diese durch eine einfache, in Abb. 4 dargestellte

Vorrichtung erreicht. Diese Anordnung wird von dem intakten Keimling sehr gut vertragen, die Abklemmung der Wurzelbasis führt aber zum gleichen Resultat — die Wurzelspitze stellt ihr Wachstum ein und wird mitosenfrei.

Es kann nicht geleugnet werden, daß dieses Isolationsverfahren trotz aller Kontrollversuche doch roh und daher nicht völlig einwandfrei ist.

An Zwiebelwurzeln läßt sich ein anderes Verfahren einschlagen, das uns ausführlicher noch im weiteren beschäftigen wird und an dieser Stelle nur kurz berührt werden mag.

Damit eine Zwiebelwurzel lange am Leben bleibe und intensive Teilungen fortbestehen, genügt ihre Verbindung mit einem nur sehr kleinen Fragment der Zwiebelsohle, welches sich unter günstigen Verhältnissen in seiner ganzen Dicke narkotisieren läßt. Eine gelungene, streng lokale Narkose dieses Sohlenfragmentes, mit dem darin eingeschlossenen Ursprungstrichter der Wurzel, bringt innerhalb etwa 15 Stunden alle Mitosen der Wurzel zum Schwund — die Wurzel wird mitosenfrei.

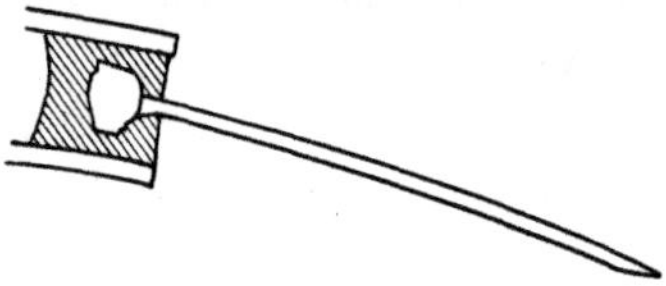

Abb. 5. Fragment der Sohle, in Chloralhydratgelatine (schraffiert) eingeschlossen.

Die Abhängigkeit der Teilungen in der Wurzel von gewissen Impulsen, die irgendwo proximalwärts von dem eigentlichen Meristem liegen, scheint uns durch diese Versuche bewiesen. Es muß aber aus den zeitlichen Verhältnissen des Abklingens der Mitosen an abgeklemmten Helianthuswurzeln resp. bei lokalisierter Narkose des Zwiebelsohlenfragmentes gefolgert werden, daß auch bestimmte Gewebe in der nächsten Nachbarschaft des Wurzelmeristems als gewisse, wenn auch schwache Impulsquellen in Betracht kommen, da es ja sonst unbegreiflich bliebe, daß bei beliebiger Versuchsanordnung das Wurzelmeristem erst nach etwa 15—18 Stunden faktisch mitosenfrei wird und auch da ab und zu noch vereinzelte Mitosen angetroffen werden können. Daß es sich um eine entsprechend lange Latenzzeit des Teilungsreizes handeln könnte, läßt sich übrigens durch weiter mitzuteilende Erfahrungen ausschließen.

Abgesehen von dem vorangehenden experimentellen Nachweis der extracellulären Herkunft bestimmter Teilungsimpulse, lassen sich gewichtige Stützen für die Allgemeingültigkeit dieses Satzes auch auf anderem Wege gewinnen. Es kommen hier pandemische Zellteilungen in Betracht, die z. B. in pflanzlichen und tierischen sporogenen Teilungen auftreten. Das Fortschreiten der Teilungsepidemie in einem derartigen Verbande von einem Pol zum entgegengesetzten kann wohl nur so gedeutet werden, daß ein gewisser extracellulärer Teilungsimpuls sich wellenförmig über das ganze Feld ausbreitet. Wir werden auf diese Objekte noch wiederholt zurückzukommen haben.

Die Erkenntnis, daß die Zellteilung, soweit sich beurteilen läßt, ganz allgemein ein reaktiver Vorgang ist, gibt uns einen Schlüssel zur rationellen Gliederung und Inangriffnahme der kausalen Erforschung derselben.

Wir können vor allem die Gesamtheit der die Teilung zwangsmäßig bestimmenden Faktoren in zwei große Gruppen einteilen.

Die erste, die die Gesamtheit der Faktoren mit einschließt, die der betreffenden, zur Teilung schreitenden Zelle selbst angehören, möge als die Gruppe der Möglichkeitsfaktoren bezeichnet werden.

Damit die Möglichkeit zur Wirklichkeit werde, gehören aber außerdem noch weitere Faktoren, die nicht der Zelle selbst angehören. Man könnte dieselben als Verwirklichungsfaktoren bezeichnen.

Zieht man indessen die Gesamtheit der Umstände in Betracht, durch welche Teilungen hervorgerufen werden können, so erscheint noch eine weitere Gliederung dieser Gruppe notwendig, da ja in der Tat die Teilungsreaktion sowohl auf organeigene Impulse als auch auf Einwirkungen der Umwelt, auf künstliche Eingriffe hin erfolgen kann.

Wir können daher bis auf weiteres rein phänomenologisch organismuseigene Teilungsimpulse als Verwirklichungsfaktoren in engerem Sinne von organismusfremden Impulsen sondern. Für letztere möge die Bezeichnung Veranlassungs- oder Stimulationsfaktoren gelten.

Diese Dreiteilung wird uns als Richtschnur für unsere Analyse leiten.

2. Kapitel.

# Möglichkeitsfaktoren.

Das konkrete Problem in bezug auf die Möglichkeitsfaktoren dürfte von verschiedenen Seiten angefaßt werden. Gehen wir von unserer Grundvorstellung aus, der Zellteilungsvorgang sei stets ein Reaktionsvorgang und gewissermaßen einem Reflexe vergleichbar, so läßt sich die erste Frage etwa so formulieren: Unter welchen Umständen ist der Reflexapparat in den Zellen gegeben und wieweit ist seine Funktionstüchtigkeit mit den sonstigen Abläufen innerhalb der Zelle verknüpft? Wir müssen hier natürlich zunächst die Fälle ausschalten, wo bestimmte Zellkategorien die Teilungsfähigkeit, zumal unter normalen Umständen, völlig einbüßen. Die Analyse derselben kommt für uns hier nicht in Betracht. Es handelt sich momentan nur um die Frage, ob Zellkategorien, die allgemein teilungsfähig sind, auch wirklich in jedem Augenblick ihres Daseins teilungsbereit bleiben. Also z. B., ob ein bestimmter minimaler Zeitabstand zwischen zwei aufeinanderfolgenden Teilungen erforderlich sei, ob m. a. W. nach jeder Teilung ein gewisser „Ruhezustand“ besteht, ein Heranreifen zur nächsten Teilung stattfinden muß.

## 1. Teilungsbereitschaft der Zellen.

Wir stellen uns die Frage: Besteht ein spezieller Zustand der Teilungsbereitschaft der Zellen? Wir dürften von einem solchen natürlich nur reden, falls es sich um eine bestimmte Zeitgebundenheit desselben gehandelt hätte. Auskunft über dieses gewiß höchst wichtige Problem fließt uns zur Zeit recht spärlich zu. Wir können aber immerhin eine Anzahl feststehender Tatsachen zur Bejahung der Frage verwerten.

Am klarsten scheinen die Verhältnisse bei den Samenzellen der urodelen Amphibien zu liegen, die von mir genauer untersucht wurden. Es ergab sich hier die eigentümliche Tatsache, daß stets nur Teilungsepidemien auftreten, bei denen allerdings die eine oder die andere Zelle auch nicht mitspielt, dann aber die versäumte Teilung erst bei der nächsten Teilungsepidemie nachholt. Es werden nämlich nie vereinzelte Teilungen in den sog. Spermogemmen (monophyletischen abgekapselten Zellnestern) vorgefunden[1]). Daß eine versäumte Zellteilung die weitere Nachkommenschaft der betreffenden Zelle in keiner Weise beeinträchtigt, kann dabei mit Sicherheit nachgewiesen werden. Die Zelle, die eine bestimmte Epidemie nicht mitmachte, von der nächsten ab aber sich in jeder Hinsicht normal verhielt, kann daher keinesfalls etwa als pathologisch oder „krank" gelten.

Es fehlte ihr jedoch zu einer bestimmten Zeit die Reaktionsfähigkeit auf den Teilungsimpuls, der nachweisbar und offenbar gleichmäßig das ganze Feld überflutete. Die Teilungsbereitschaft ist demnach zumal gegebenenfalls ein genuiner Zellzustand, der auftreten, aber auch gewissermaßen unverwertet schwinden kann.

Abb. 6. Schnitt durch ein Nest des Salamanderhodens mit 34 Zellen. (Nach Gurwitsch, Archiv für Entwicklungsmech., Bd. 32.)

Die gleiche Auffassung drängt sich uns auch bei Betrachtung jeder Art nicht physiologischer, durch künstliche Eingriffe erzeugter Mitosen auf. Nehmen wir z. B. die Regenerationsteilungen in einem möglichst homogen gebauten Substrat, z. B. dem Cornealepithel, so finden wir ja stets einen nur geringen Bruchteil der Zellen in Teilung vor, wobei die topographische Verteilung der Mitosen keinen Zweifel darüber aufkommen läßt, daß die von der Wunde ausgehenden Teilungsimpulse ebenfalls das ganze Feld, zumal in konzentrischen Zonen gleichmäßig überfluten. Wir können demnach nicht umhin, auch hier von einer temporär auftretenden und ebenso schwindenden Teilungsbereitschaft der Zellen zu reden, wobei vor allem betont werden muß, daß dieser Zustand offenbar ganz individueller Art ist, m. a. W. ohne jeden nachweisbaren oder denkbaren Zusammenhang mit der gesamten Lebenslage der betreffenden Zelle steht.

[1]) Über Synchronismus der Zellteilungen. Roux' Arch. f. Entwicklungsmech. d. Organismen. 1913.

Die Analyse dieses Möglichkeitszustandes stößt infolge der Vieldeutigkeit der dabei in Betracht kommenden Umstände auf große Schwierigkeiten. Der Begriff selbst muß zunächst nach Möglichkeit zergliedert werden.

Sofern wir von einem Reaktionsapparat sprechen, sind wir selbstverständlich auch berechtigt, an einen speziellen Reizperzeptionsapparat, ein genuines Sinnesorgan der Zelle zu denken, der seinen spezifischen Erregungszustand auf den eigentlichen ausführenden Mechanismus der Mitose übertragen mag.

Nun haben wir vor allem die kapitale Tatsache zu berücksichtigen, von der schon vorhin die Rede war: Für die meisten Zellarten (möglicherweise unter alleiniger Ausnahme früher Furchungsstadien) ist das Stattfinden einer Zellteilung ein „zufälliges“ Ereignis, oder, wie wir im vorangehenden den Sachverhalt mehr kausal deuteten: Die Zellteilung wird keinesfalls eindeutig durch die allgemeine Lebenslage der Zelle bestimmt. Man kann die gleiche Konsequenz auch in anderen Worten ausdrücken: Zwei in jeder Hinsicht als identisch anzusprechende Zellen brauchen es keinesfalls in bezug auf ihre Teilung zu sein.

So verhalten sich z. B. vor allem die schon oben besprochenen Teilungen der Samenzellen in den Urodelenhoden. Die Zellen eines Nestes (Spermogemma) sind gemeinsamen Ursprunges (jedes Nest entsteht durch wiederholte Teilung je einer Zelle) und vollenden, nachdem sie die Reifeteilungen durchgemacht und in das Spermatidenstadium eingetreten sind, die ganze Spermiogenese in einer ganz wunderbar gleichartigen und gleichzeitigen Weise, wodurch sie ihre Identität bekunden. Wir sahen aber bereits im vorangehenden, daß bezüglich ihrer Teilungen der Vermehrungsperiode nicht unbedeutende individuelle Schwankungen bestehen.

Es wäre angesichts dieser Ermittlungen kaum berechtigt, eine einigermaßen tiefgehende Differenz in dem inneren Gefüge oder sonstiger Lebenslage verwandter, benachbarter und als identisch imponierender Zellen zu setzen. Es kann sich vielmehr nur um Unterschiede von Zuständen in den Zellorganen handeln, die nur ganz locker kausal oder funktional mit den übrigen Lebensabläufen zusammenhängen und wesentlich vorübergehender Natur sind. Letztere Schlußfolgerung ist ebenfalls unumgängig. Es wäre ja in der Tat kaum glaubwürdig zu machen, daß innerhalb eines sich rege vermehrenden gleichartigen Zellkomplexes die Teilungsfähigkeit einer nur unbedeutenden Minderheit von Zellen dauernd als ein Monopol zukäme, ihre Schwesterzellen dagegen von dem Teilungsgeschäft bleibend ausgeschlossen würden.

Aus der Berücksichtigung der S. 25 berührten Verteilung der Mitosen nach Wundsetzung, ergibt es sich außerdem, daß der Zustand der Teilungsbereitschaft, zumal für nichtembryonale Zellen, eine relative Seltenheit, resp. ein schnell vorübereilendes Ereignis ist.

Die Gesamtheit dieser Erwägungen leitet von selbst auf den Gedanken, aus dem Komplex der Zellorgane resp. Abläufe eine funktionelle Einheit auszusondern, die als das eigentliche Reizperzeptionsorgan aufgefaßt werden kann und dessen Lebenszyklus von den sonstigen cellulären Abläufen wesentlich unabhängig ist.

Das Problem der Möglichkeitsfaktoren der Zellteilung erfährt dadurch eine Bifurkation und gleichzeitig auch eine Vertiefung. Es kommt erstens die Frage in Betracht, wie dieses Reizperzeptionsorgan beschaffen sein mag, dann aber die weitere, ob die Teilungsbereitschaft noch weitere binnenzellige Faktoren involviert. Jede der Fragen soll eine gesonderte Behandlung erfahren.

## 2. Der Perzeptionsapparat für den Teilungsreiz.

Trotz der Schwierigkeit des Problems sind hier mehrere Wege gangbar. Wichtige Aufschlüsse werden in erster Linie durch die Teilungsvorgänge in mehrkernigen Verbänden geliefert.

### Kernteilungen in Syncytien.

Als Syncytien sollen hier alle möglichen mehrkernigen Plasmaterritorien gefaßt werden, demnach mehrkernige Protozoen ebensowohl als embryonale Syncytien pflanzlicher und tierischer Embryonen und mehrkernige Zellen. Die allgemeine Erfahrung sagt hier aus, daß sämtliche Kerne, die in einem kontinuierlichen Plasmaterritorium liegen, sich annähernd oder mehr weniger genau synchron teilen.

Es trifft dieses in erster Linie für verschiedene mehrkernige Protisten zu.

Die embryonalen pflanzlichen Syncytien, die ja nur von kurzem Bestande sind, sind in ihren Teilungsverhältnissen nament-

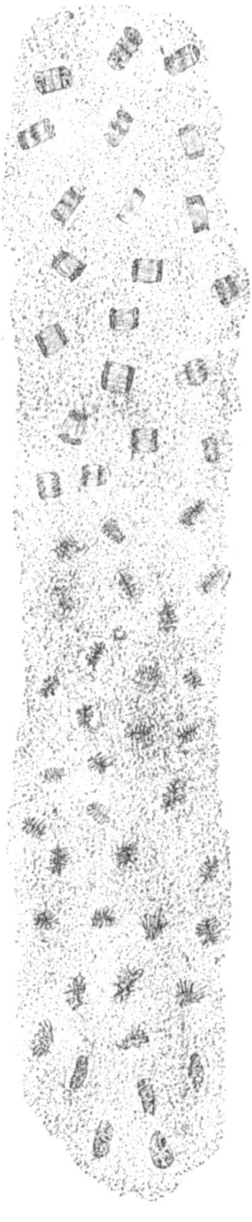

Abb. 7. Streifen aus dem Wandbelag des Embryosackes von Fritillaria imperialis, aus einer kontinuierlichen Plasmamasse mit zahlreichen Kernen (sog. Plasmodium oder Syncytium) bestehend. Alle Kerne in Teilung begriffen. (Nach Strasburger).

lich durch Straßburgers Untersuchungen bekannt, die sich auf den Embryosackbelag der Liliaceen beziehen. Ähnliche Bilder haben auch Nawaschin und Finn in den Embryosäcken der Coniferen beobachtet. Es soll schon jetzt auf den wichtigen Umstand hingewiesen werden, daß der Synchronismus der Kernteilungen hier nicht im Sinne einer strengen Simultaneität durch das ganze Plasmafeld verwirklicht wird, sondern daß es sich um ein streng geregeltes Nacheinander handelt, und zwar so, daß der Prozeß, an einem Pole des Territoriums beginnend, kontinuierlich durch das ganze Feld bis an den entgegengesetzten Pol fortschreitet, was aus der räumlichen Verteilung der einzelnen Mitosenstadien gefolgert werden kann.

Von besonderer Wichtigkeit ist bei den Teilungen der Embryosäcke der Umstand, daß die Simultaneität aller Kernteilungen in diesen syncytialen Verbänden keinesfalls auf eine Gleichartigkeit der Kerne desselben hinweist. Betrachten wir nämlich den 4ten Teilungsschritt der Embryosackzellen (z. B. Gunnera macrophylla nach Samuels), so überzeugen wir uns, daß der Synchronismus sich auf die Entstehung von 16 Kernen bezieht, von denen die 4 oberen 2 Synergiden, 1 Polkern und den eigentlichen Eikern liefern, von den übrigen ein Teil den großen sekundären Embryosackkern, die übrigen die sog. Antipoden bilden werden. Die kontinuierliche Plasmalage, die z. T. nur brückenförmig alle Kerne verbindet, reicht offenbar aus, um alle diese heterogenen Kerne (oder richtiger, deren Mutterkerne) zur simultanen Teilung zu veranlassen.

Die Verhältnisse in den embryonalen tierischen Syncytien,

wie sie in den sog. Randsyncytien meroblastischer Eier auftreten, sind weniger bekannt, wohl auch z. T. durch Degenerationserscheinungen an denselben kompliziert, bestätigen jedoch im allgemeinen die Befunde an pflanzlichen Syncytien.

Was die dauernden syncytialen Verbände anlangt, so bieten uns die Pflanzen ebenfalls reichliche Belege im Sinne des Synchronismus der Kernteilungen. Es seien als Beispiele die mehrkernigen Zellen verschiedener Algen,

Abb. 8.

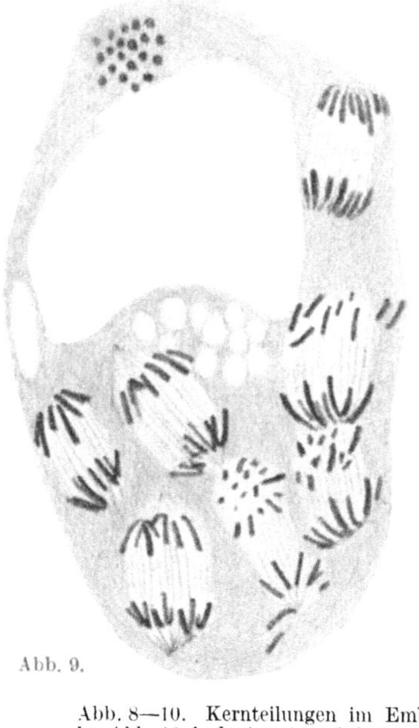

Abb. 9.

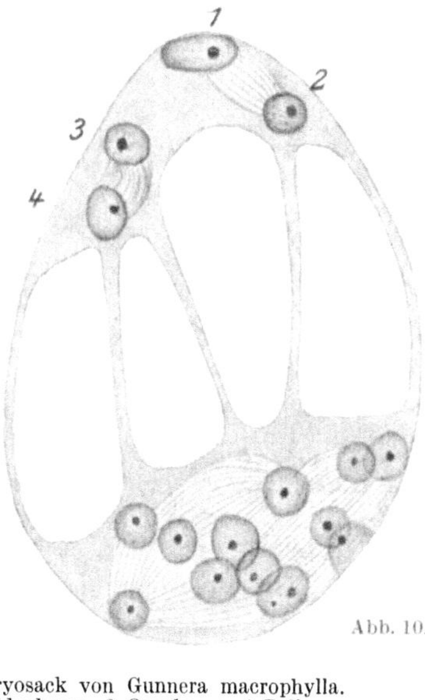


Abb. 10.

Abb. 8—10. Kernteilungen im Embryosack von Gunnera macrophylla. In Abb. 10 bedeuten 1 und 2 Synogidenkerne, 3 Oosphaere, 4 Polkern. (Nach J. A. Samuels, Archiv f. Zellforschung Bd. 8. 1912.)

z. B. Cladophora-Arten angeführt. Auch die Asci der Schlauchpilze, deren 8 Kerne durch 3 Simultanteilungen des ursprünglichen Kernes entstehen gehören z. B. dazu.

Von besonderem Interesse für das Nachfolgende sind die Befunde an normalen und künstlich hervorgerufenen mehrkernigen

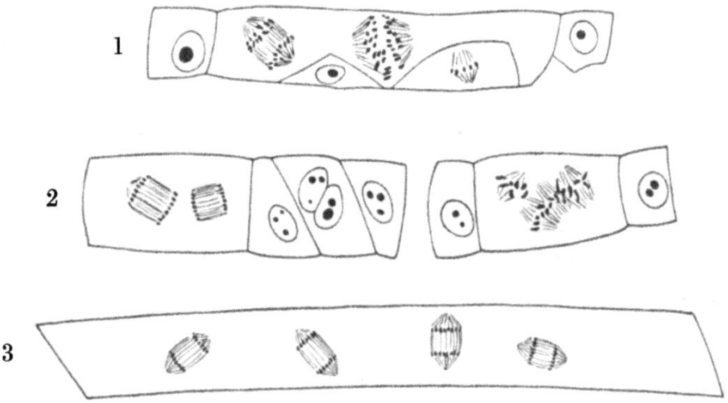

Abb. 11. 1 u. 2: Zellen aus 3 mal chloralisierten Wurzeln von Pisum sativum. 3 Simultane Mitosen in mehrkernigen Zellen aus der Wurzel von Ricinus. (Nach Němec.)

Zellen höherer Pflanzen. Diese Verhältnisse wurden in besonders eingehender Weise von Němec studiert. In den mehrkernigen Zellen der Euphorbiaceenwurzeln treten Mitosen stets simultan

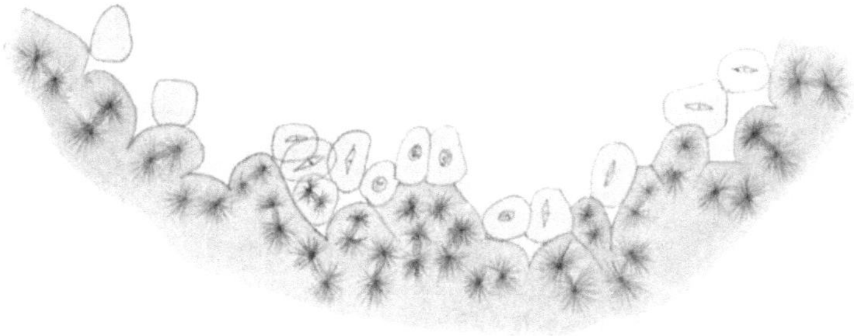

Abb. 12. Periblast eines Keimes von Belone acus zur Zeit der Teilung. Sämtliche Kerne des Periblastes in Mitose begriffen. (Nach Kopsch, Intern. Monatsschr. f. Anat. u. Phys. 1901.)

auf. Handelt es sich um langgestreckte Milchgefäßbildungszellen, so läßt sich außerdem das zeitliche Fortschreiten des Prozesses parallel zur Längsachse der Zelle verfolgen. Von besonderer Wichtigkeit sind schließlich die Ermittlungen von Němec an pflanzlichen Wurzelzellen, bei denen durch wiederholte kurze

Narkose die Bildung von Zellwänden hintangehalten wurde, die Kernteilungen dagegen glatt abliefen. Die dermaßen entstandenen

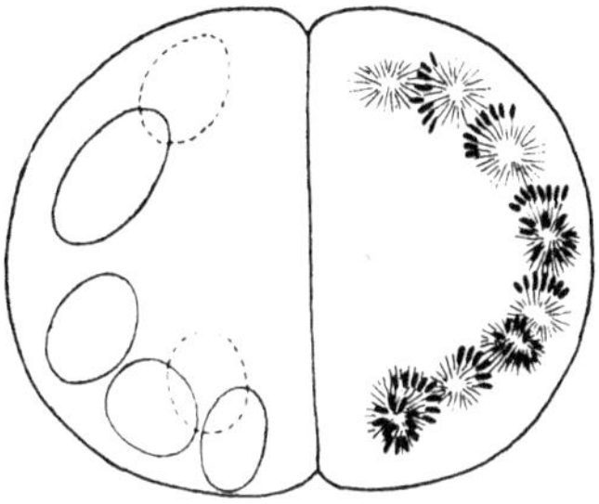

Abb. 13.

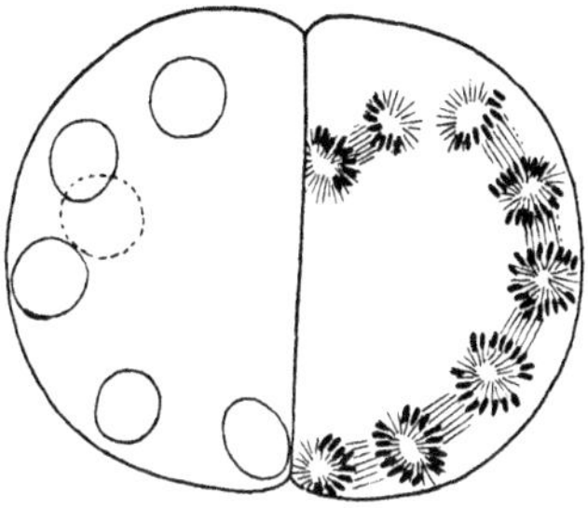

Abb. 14.

Abb. 13 u. 14. Disyncytien in Seeigeleiern. Während in einer Blastomere Ruhekerne sich finden, machen sie in der anderen verschiedene Teilungsstadien durch: Pro-, Meta-, Ana- und Telophase. (Nach Polowzow, Archiv f. Entwicklungsmechanik. Bd. 103.)

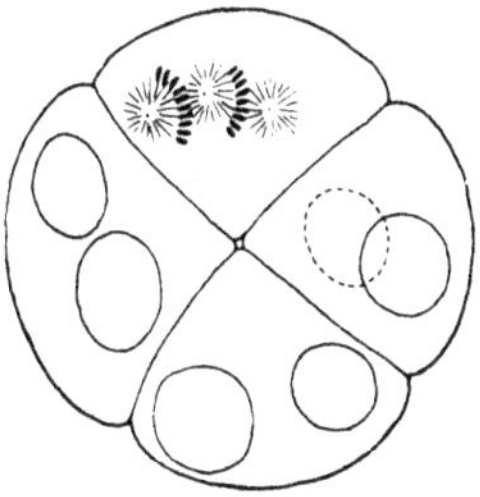

Abb. 15.

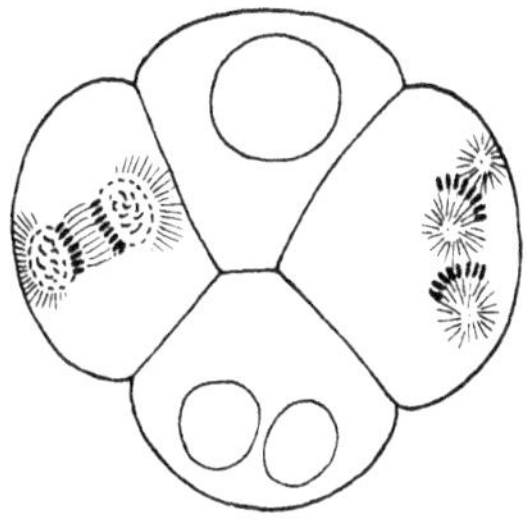

Abb. 16.

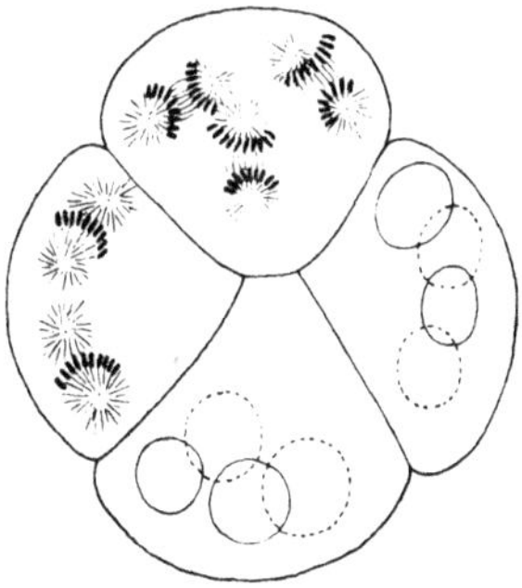

Abb. 17.

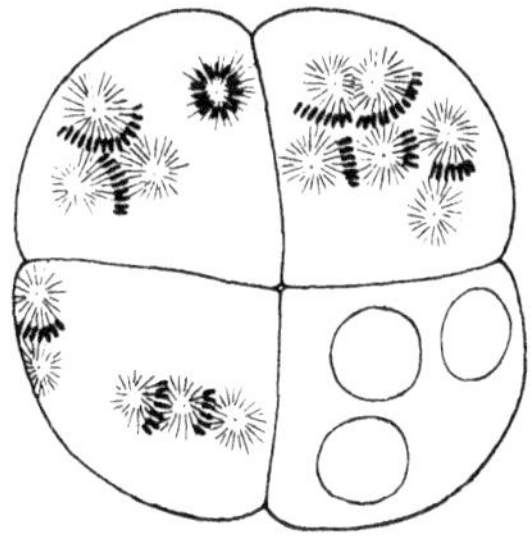

Abb. 18.

Abb. 15—18. Teilungsstadien in den Tetrasyncytien: ausgesprochene Störung des Synchronismus, sowie der Zahl der Kerne in einzelnen Blastomeren. (Nach Polowzow, Archiv f. Entwicklungsmechanik Bd. 103.)

mehrkernigen Zellen weisen ebenfalls einen strengen Synchronismus ihrer Kernteilungen auf.

Entsprechende Befunde an tierischen Objekten sind in relativ spärlicher Zahl zu verzeichnen. Daß in narkotisierten Echinodermen- und Molluskeneiern, die in einheitliche Syncytien verwandelt wurden, sämtliche Kerne simultan zur Teilung schreiten, ist durch die älteren Befunde Wilsons und Kostaneckis und die neuere ausführliche Schilderung von Polowzow bekannt. Es muß aber hervorgehoben werden, daß auch bei normaler Furchung dieser Eiarten in der Regel ein strenger Synchronismus der Mitosen in sämtlichen Blastomeren herrscht. Synchrone Mitosen an tierischen Objekten werden vor allem in den sog. Dottersyncytien (Abb. 12) und auch in Riesenzellen des Knochenmarkes verzeichnet.

Es sei schließlich auch der wenigen bisher bekannt gewordenen Ausnahmen aus dem Gesetz des Synchronismus gedacht, die sich auf Protozoen beziehen. Es ist schon seit Pfitzners älterer Arbeit bekannt, daß die zahlreichen Kerne der Opalina sich in der Regel nicht simultan teilen. Auch fehlt die simultane Teilung bei einer Amoeba-binucleata-Art (briefliche Mitteilung von Prowazek).

Die Bedeutung der eben geschilderten Verhältnisse an Syncytien tritt bei ihrer Zusammenstellung mit der vorherrschenden Verteilung der Zellteilungen in cellulären Verbänden hervor. Wir wissen ja, daß sowohl identische Zellen, wie auch außerdem nächstverwandte, ja Schwesterzellen sich im allgemeinen nicht synchron teilen. Das Bestehen einer Zwischenwand zwischen zwei Schwesterzellen, oder allgemeiner, die allseitige Umgrenzung eines kernhaltigen Plasmaterritoriums von dem räumlich unmittelbar benachbarten Schwesterterritorium genügt, um hier und da eine Diskrepanz der Teilungsverhältnisse zu schaffen. Wird dagegen die allseitige Umgrenzung eines mononucleären Plasmaterritoriums künstlich hintangehalten, so verhalten sich beide, resp. mehrere durch ein gemeinsames Plasmaterritorium verknüpfte Schwesterkerne identisch. Wie läßt sich dieser Umschwung anders denken, als daß die Eigenschaften der Zellumgrenzung der Zelloberfläche für das Zustandekommen oder Ausbleiben der Zellteilung maßgebend und verantwortlich sind?

Da wir aber allen Grund zur Annahme der reaktiven Natur der Zellteilung haben, so dürfen wir die weitere Vermutung wagen, daß das Reizperzeptionsorgan für den Teilungsimpuls an die Zelloberfläche geknüpft ist.

Diese Schlußfolgerung, die im folgenden noch weitere Stützen und Belege erhalten soll, präjudiziert natürlich nichts über die sonstigen Komponenten des Möglichkeitsfaktors der Zelle resp. ihrer Teilungsbereitschaft. Wir können nur folgern, daß sämtliche Kerne eines syncytialen Verbandes in der Regel stets gleichzeitig teilungsbereit sind. Da wir aber keinen Grund haben, in der Ausbildung einer Scheidefläche zwischen zwei Schwesterzellen einen Faktor zu erblicken, der einigermaßen tiefgehende Differenzen in der Beschaffenheit der Schwesterkerne erzeugen könnte, so erscheint die Schlußfolgerung als durchaus plausibel, daß es bei dem individuell verschiedenem Verhalten der Schwesterzellen nicht auf die Beschaffenheit ihrer Kerne, oder allgemeiner, ihres inneren Gefüges, sondern ausschließlich ihrer Oberfläche ankommt.

### 3. Weiterer Beweis für die Lokalisation des Reizperzeptionsorgans in der Zelloberfläche.

Wir können einen solchen darin erblicken, daß außerordentlich einfache Beziehungen zwischen Teilungsintensität und Oberflächengröße bei pflanzlichen Wurzelzellen nachgewiesen wurden.

Ein flüchtiger Blick auf eine keimende Wurzel lehrt uns, daß die Häufigkeit (oder was das gleiche ist: die Intensität) der Mitosen in einem umgekehrten Verhältnis zur Zellenlänge steht, d. h. daß Teilungen in langen Zellen viel seltener als in kurzen Zellen auftreten. Diese Tatsache erscheint auf den ersten Blick recht trivial, da sie ja damit gleichbedeutend zu sein scheint, daß junge (kleine) Zellen eben mehr Teilungsenergie als ältere (längere) besitzen, die sich ja immer mehr dem Typus des Dauergewebes nähern. Damit gezeigt werden kann, daß noch eine tiefere und gleichzeitig außerordentlich einfache Gesetzlichkeit und Zusammenhang dahinterstecken, muß zunächst auf das Wachstumsgesetz der pflanzlichen Zellen des näheren eingegangen werden[1]).

Wenn man an gut getroffenen Längsschnitten durch wohlgeformte Wurzelspitzen Zellensäulen nimmt, so hat man es mit genetischen Reihen zu tun, da ja, abgesehen von ab und zu

[1]) Vgl.: Über Ursachen der Zellteilung. Roux' Arch. f. Entwicklungsmech. d. Organismen. 1923.

vorkommenden Bifurkationen der Zellensäulen durch Längsteilungen, die betreffenden Zellen sich ausschließlich durch Querteilung vermehren.

Am apikalen Ende jeder Reihe findet sich deren jüngste Zelle, sofern man als Kriterium des Alters die Dauer ihres Streckungswachstums, nicht aber ihrer Entstehung durch vorgehende Teilung aus einer Mutterzelle setzt. Eine Zellensäule von etwa 50 Zellen ist das Produkt eines etwa zweistündigen Gesamtwachstums der Wurzel, welches unter gleichbleibenden normalen Umständen als annähernd gleichmäßig gesetzt werden darf, wie es übrigens auch fast ununterbrochene kathetometrische Beobachtungen zeigen. Wir dürfen daher die Ordnungsnummer einer Zelle innerhalb einer Säule (von der apikalsten ab gerechnet) als deren Alter (im oben ausgeführten Sinne) annähernd proportional setzen. Tragen wir die Ordnungsnummern der Zellen als Ordinaten, ihre resp. Längendurchmesser als Abszissen auf, so erhalten wir die Darstellung des Längenwachstums der Zellen als Funktion der Zeit (da Ordnungsnummer als proportional der Gesamtdauer des Streckungswachstums der betreffenden Zelle gesetzt wird). Die Analyse der dermaßen erhaltenen Kurven ist höchst bedeutungsvoll. Um das Bild richtig zu deuten, haben wir vor allem den Umstand in Betracht zu ziehen, daß gleichzeitig mit dem wohl stetigen ununterbrochenen Streckungswachstum auch hie und da innerhalb jeder Säule das mit der Zellteilung verknüpfte Teilungswachstum anzutreffen ist.

Wie speziell von Frl. Sorokina gezeigt wurde, ist dieses Teilungswachstum bei den Zwiebelzellen rein prämitotisch, da von den frühsten Prophasen ab bis auf die spätesten Telophasen die Zellenlänge nicht mehr zunimmt, aber bereits in den Prophasen diejenige benachbarter Ruhezellen durchschnittlich um 1,5 übertrifft. Der Längendurchmesser der soeben aus einer Teilung hervorgegangenen Schwesterzelle beträgt demnach $^3/_4$ der benachbarten Ruhezellen. Die definitive Ruhelänge wird demnach durch ein postmitotisches Wachstum erreicht.

Wir haben es folglich innerhalb jeder Zellensäule mit Zellen dreierlei Art zu tun:

1. Solchen im „Ruhezustande", d. h. mit vollendetem postmitotischen und noch nicht begonnenem prämitotischen Wachstum;

2. Zellen im prämitotischen Wachstum resp. in Mitose, und
3. Zellen im postmitotischen Wachstum.

Es leuchtet ein, daß Zellen der zweiten Kategorie singuläre (evtl. natürlich auch doppelte und mehrfache) Maxima der Wachstumskurve, solche der dritten Kategorie doppelte Minima derselben darstellen werden.

Es darf daher bei der Analyse der Kurve keinesfalls zu einer Ausgleichung ihrer Zacken geschritten werden, da Zellen verschiedener Kategorien unter sich gar nicht vergleichbar sind. Zieht man dagegen nur die (meist) singulären Minima in Betracht, die eben dem reinen Ruhezustande entsprechen und gewissermaßen die Normallängen der betreffenden Altersklassen darstellen, so gewinnt man Einsicht in einen außerordentlich einfachen und folgenschweren Zusammenhang.

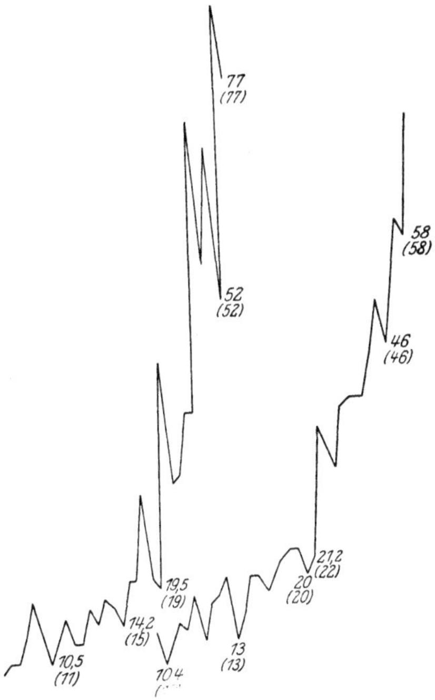


Abb. 19. Zwei Beispiele von exponentiellem Streckenwachstum. Die nicht eingeklammerten Zahlen bedeuten theoretische Werte der Exponentialkurve, die eingeklammerten die zugehörigen empirischen Werte. (Nach Gurwitsch, Archiv für Entwicklungsmechanik Bd. 52.)

Die singulären Minima pflegen so gut wie ausnahmslos auf einer exponentiellen Kurve von der Form

$$L = C + a e^{px} \qquad (1)$$

zu liegen, wo $L$ Längendurchmesser der betreffenden Zelle, $C$ eine für die ganze Säule konstante Größe, $a$ und $p$ konstante Parameter, $x$ die variable, gegebenenfalls die Ordnungsnummer (proportional dem Zellalter) und $e$ die Basis der natürlichen Logarithmen ist[1]).

[1]) Es versteht sich von selbst, daß der exponentielle Wachstumrhythmus nur innerhalb einer bestimmten Region gilt, und daß von einem bestimmten Zeitpunkte ab die Wachstumsintensität abnimmt und schließlich zum Stillstand kommt. Die Gesamtkurve käme demnach einer von Robertson für autokatalytische Prozesse angegebenen S-förmigen nahe.

Diese rein geometrische Tatsache ergibt eine wichtige biologische Konsequenz: Die exponentielle Kurve ist der Ausdruck eines reinen Assimilationswachstums (das Wort Assimilation in streng ethymologischem Sinne der völligen Eigenschaftsverschmelzung des neu hinzukommenden mit dem ursprünglichen Bestande gefaßt). Dasjenige, was in einem assimilatorischen Rhythmus wächst, darf demnach als in seinen Eigenschaften konstant bleibend erachtet werden.

Nun ist aber die rechte Hälfte unserer Gleichung aus zwei Gliedern zusammengesetzt: einer Konstanten $C$ und einem assimilatorisch zunehmenden Anteil $a\,e^{px}$. Die Zusammensetzung des nach der Gleichung (1) wachsenden Substrates bleibt demnach als Ganzes nicht konstant. Das Verhältnis zwischen $C$ und dem assimilatorisch wachsenden Anteile verschiebt sich vielmehr unaufhörlich zugunsten des letzteren.

Es kann wohl kein Zweifel darüber aufkommen, daß die in bezug auf das assimilatorische Wachstum entwickelten Überlegungen gegebenenfalls sich nur auf die Zelloberflächen beziehen können, da die Gesamtheit der Veränderungen des inneren Zellgefüges, namentlich bei pflanzlichen Zellen zu mannigfaltig sind, um als Resultante eine Streckung der Zelle nach dem so einfachen exponentiellen Gesetze zu ergeben. Wir können demnach mit größter Zuversicht schließen, daß die Oberflächen der Zellen innerhalb der Säulen nur in dem gegenseitigen Verhältnis der beiden Bestandteile $C$ und des assimilatorisch Wachsenden, den wir der Kürze halber als $A = a\,e^{px}$ bezeichnen, geändert werden.

Was hier als Zelloberfläche zu verstehen ist, soll zunächst nicht näher definiert werden, da unsere Betrachtungen mit Absicht so allgemein als nur möglich gehalten werden sollen.

Nachdem wir einen Einblick in die Verhältnisse des Streckungswachstums gewonnen haben, können wir etwas näher auf den quantitativen Charakter der Abhängigkeit zwischen Zellänge und Teilungsfrequenz eingehen.

Die Eruierung derselben ist außerordentlich mühsam und kompliziert und muß im Original nachgelesen werden. Das Endergebnis dagegen außerordentlich klar und einfach.

Zwischen Zellänge resp. Zelloberfläche und Teilungsfrequenz besteht ein lineares Verhältnis von der Form

$$J = Q - nB, \tag{2}$$

wo $J$ Teilungsintensität, d. h. prozentisches Verhältnis zwischen den in Teilung begriffenen zur Gesamtzahl der Zellen der betreffenden Größenklasse, $Q$ eine für die ganze Wurzel konstante Größe, $n$ ein Proportionalitätsfaktor, $B$ das betreffende Zellkaliber, gleich $C + a\, e^{px}$ (aus Gl. 1) ist.

Da, wo die Untersuchung zunächst rein formal sehr einfache, zumal lineäre Beziehungen zwischen zwei Erscheinungen ergibt, ist es natürlich berechtigt, einen tieferen kausalen Zusammenhang zu vermuten und zu suchen. Konnten wir den launenhaften Charakter des Eintreffens einer Zellteilung auf die variable temporäre Beschaffenheit der Zelloberfläche zurückführen, so haben wir in unseren jetzigen Befunden gewissermaßen ein Gegenstück dazu, indem wir eine allerdings nur statistische Gesetzlichkeit für die Teilungsfrequenz offenbar kausal mit dem Zellkaliber und mittelbar mit der Beschaffenheit der Zelloberfläche verknüpfen können.

Wir müssen noch etwas tiefer in das Wesen des Zusammenhanges statistischer Art eingehen. Wir können sie ja so ausdrücken, daß die Umstände für das Eintreffen der Zellteilung günstiger bei kleinerer, ungünstiger bei größerer Zelloberfläche sind, oder daß sie in umgekehrtem Verhältnis zur Zunahme der Zelloberfläche abnehmen.

Das Zellkaliber ist demnach, an sich genommen, keinesfalls als ein die Zellteilung eindeutig oder zwangsmäßig bestimmender Faktor zu nehmen. Es begünstigt vielmehr einen an sich individuell variierenden, mit der Zelloberfläche als solcher verknüpften Faktor, dessen wesentliche Eigenschaften erst zu eruieren wären.

## 4. Die präsumierte Beschaffenheit des Reizperzeptionsapparates.

Es verlohnt sich auf Grund des Ausgeführten, auf die Beschaffenheit des präsumischen, in der Zelloberfläche lokalisierten Reizperzeptionsapparates des näheren einzugehen.

Wir gehen von der Analyse unserer Gleichung (1) (S. 35) aus.

Setzen wir in derselben $x = 0$, was damit gleichbedeutend ist, daß wir Zellen, die ihr Streckungswachstum noch überhaupt nicht begonnen haben, nehmen, so sehen wir, daß die Oberfläche solcher Zellen, an ihrer Länge $L$ gemessen, $= C + n\,a$ ist[1]). Diesem Minimalwert der Zelloberfläche entspricht die maximale Teilungsintensität, die laut Gleichung (2) gleich ist $Q - n\,(C + a)$ (da der Minimalwert von $B$ natürlich $C + a$ ist).

Von dem ursprünglichen „Intensitätsquantum", welches für die ganze Wurzel gegeben ist, wird ein um so größerer Anteil in Abzug kommen, je größer der Anteil $A$ wird.

Betrachten wir die Größe $Q$ als ein „Reizquantum" oder besser als ein „Impulsquantum", so können wir behaupten, es werde bei jedem Zellenkaliber ein Bruchteil desselben inaktiviert, der proportional dem assimilatorisch anwachsenden Bestandteile der Zelloberfläche $A$ zunimmt. Man kann auch ganz allgemein sagen: Der (konstante) Bestandteil $C$ der Zelloberfläche sei für das Zustandekommen der Zellteilung günstig, der (variable) Bestandteil $A$ ungünstig.

Soweit die rein formelle Interpretierung des durch die Gleichung (2) ausgedrückten funktionellen Zusammenhanges. Läßt sich hier auch biologisch etwas aussagen?

Bevor wir unsere Phantasie walten lassen, müssen wir uns durch eine Erwägung einschränken.

Obwohl das $C$-$A$-Verhältnis für jedes Zellkaliber als eindeutig bestimmt gesetzt wird, handelt es sich ja in dem durch Gleichung (2) ausgedrückten Zusammenhang um eine nur statistische Gesetzlichkeit. Das Verhältnis zwischen der quantitativen Oberflächenzusammensetzung und Eintreffen einer Teilung ist kein eindeutiges. Es bleibt vielmehr dabei, daß bei kleinem $A$ die Chancen für die Teilung hoch stehen, bei $A$-Zunahme progressiv sinken.

Wie bei jeder statistischen Gesetzlichkeit, die zwischen zwei Faktoren festgestellt wird, liegt der Schlüssel in einer dritten, unabhängigen Variablen, die nicht unmittelbar wahrgenommen wird, sondern erst erschlossen werden muß.

Da das Impulsquantum für die ganze Wurzel offenbar konstant ist und das quantitative $C$-$A$-Verhältnis für jedes Zell-

---

[1]) Der Querdurchmesser der Zellen einer Säule innerhalb des zylindrischen Wurzelabschnittes nimmt nur unbedeutend in der Richtung von der Spitze zur Basis der Wurzel zu und kann daher für unsre Zwecke als konstant gesetzt werden.

kaliber ebenfalls eindeutig festgesetzt sein dürfte, so ist es recht plausibel, eine variable Verteilung der $C$-$A$-Bestandteile innerhalb der Zelloberfläche zu setzen und des weiteren anzunehmen, daß nur bestimmte Anordnungsweisen derselben auf den Teilungsimpuls ansprechen.

Der Gedanke, die Zelloberfläche als ein bestimmt beschaffenes Mosaik zu denken, ist nicht neu und tauchte bald in der einen, bald in der anderen Form auf, so z. B. in der Fassung von Natansohn, der eine Zusammensetzung der Plasmahaut aus alternierenden Eiweiß- und Lipoidbezirken $A$ annahm, oder als ein „Ultrafilter", deren Porenweite für die Permeabilitätsverhältnisse der Zelle maßgebend sein sollen. Obwohl beide eben erwähnten Theorien in ihren speziellen Fassungen heftig bekämpft wurden, scheint uns doch der Grundgedanke derselben bemerkenswert und legt uns jedenfalls die Möglichkeit nahe, das Ansprechen der Zellen für den mitotischen Reiz in Beziehung zu ihren momentanen Permeabilitätsverhältnissen zu setzen.

Es sei z. B. gesetzt, die $C$-Partikel wären zwischen den $A$-Bestandteilen flächenhaft zerstreut und seien allein für den Teilungsfaktor (ein Hormon oder ähnliches) durchlässig. Man kann sich dabei denken, daß ein zu feines Sieb, d. h. eine übermäßige Dispersion der $C$-Patrikel, die Durchlässigkeit für das Hormon und dadurch die Möglichkeit einer Anregung zur Zellteilung beeinträchtige.

Die Wahrscheinlichkeit einer Steigerung der Dispersion der $C$-Bestandteile muß natürlich bei konstant bleibendem $C$ und progressiver $A$-Zunahme steigen, resp. die Chancen für eine günstige Konstellation sinken. Ohne sich an konkrete Bilder zu binden, was ja ganz müßig wäre, muß aber aus dieser Konstruktion das eine gefolgert werden: Die Wahrscheinlichkeit einer günstigen Konstellation, d. h. des Auftretens von $C$-Partikeln von nicht übermäßig kleinen Dimensionen, wird sich durch einen Bruch ausdrücken lassen, wo $A$, d. h. das variable Element, im Nenner steht, da es sich ja um eine zufallsmäßige Verteilung eines fixen parzellierbaren $C$-Quantums über eine variable, an Ausdehnung zunehmende, aus $C + A$ zusammengesetzte Fläche handelt.

Da aber durch den Wahrscheinlichkeitsbruch die durchschnittliche Häufigkeit der Teilungen des betreffenden Zellkalibers, sc. die betreffende Teilungsintensität bestimmt wird, muß auch dieselbe der absoluten Größe des Wahrscheinlichkeitsbruches proportional abnehmen. Die Gesetzlichkeit, nach der ein Bruch mit variablem Nenner abnimmt, ist aber keine lineäre. Es handelt sich vielmehr um eine Kurve zweiten Grades, um eine Hyperbel. Unsere erste Annahme, es möge sich im Zellmosaik um bestimmte Permeabilitätsverhältnisse handeln, trifft demnach nicht zu[1]). Aber auch jede andere Konstruktion, die auf eine zufallsmäßige Verteilung, d. h. eine Dispersion des $C$ innerhalb des $A$ hinausgeht, dürfte am gleichen Umstande scheitern.

Es kommt aber noch eine weitere schwerwiegende Überlegung allgemeiner Art in Betracht. Wollen wir unsere Vorstellung zum Aufbau einer Theorie von allgemeiner Geltung verwerten, so müssen wir natürlich auch die Fälle in Betracht ziehen, wo Teilungen durchaus nicht regellos auftreten. Es kommt hier in erster Linie die Eifurchung in Betracht, wobei wir namentlich zwei Punkte zu berücksichtigen haben. Erstens den gewissermaßen zwangsmäßigen Charakter des Eintretens der Furchung. Wir dürfen von einem solchen reden, da ja bei richtiger Besamung wirklich gesunde Eier in 100% der Fälle furchen müssen. Nicht minder fällt auch die ungemein genaue Regelung der weiteren Furchungsschritte in Betracht, die sich namentlich in den 4—5 ersten Generationen der Blastomeren bei sehr vielen Eiarten geltend macht. Wollen wir die Furchung als einen ebenfalls reaktiven Prozeß interpretieren, was des genaueren noch im weiteren diskutiert werden soll, so muß hier jedenfalls an eine gesetzmäßige Anordnung der $C$- und $A$-Bestandteile der Oberfläche, an ein echtes Oberflächenmosaik gedacht werden.

Abgesehen von der Furchung kommt aber noch eine Anzahl von genau geregelten Teilungen in Betracht. In erster Linie die schon mehrfach erwähnten Teilungen tierischer und pflanzlicher Samenzellen. Es bestehen hier und dort bedeutende Unterschiede von prinzipieller Bedeutung.

Die Samenzellen der Urodelen (und möglicherweise auch mancher anderer Wirbeltiere und Wirbellosen), die einem Nest,

---

[1]) Vgl. Gleichung (2).

resp. einer Uranenzelle angehören, machen sämtliche Teilungen (bei Urodelen 9 Generationen) streng synchron (falls man von den oben bereits besprochenen Nachzüglern absieht [S. 25]) durch. Wenn man auch auf diese Fälle den Gedanken eines regelmäßigen Oberflächenmosaiks ausdehnen will, so wäre die Sache etwa so zu deuten, daß das ursprüngliche Oberflächenmosaik der Ursamenzelle bei den nachfolgenden Generationen, etwa bis auf wenige Ausnahmen, stets von neuem wiederhergestellt wird. Wesentlich anders liegen die Verhältnisse bei sporogenen Zellen der Blütenpflanzen. Die Vermehrungsperiode in den Antheren der Liliaceen geschieht durch Teilungen, die ebenso sporadisch und unregelmäßig wie in jedem beliebigen anderen embryonalen Gewebe auftreten. Dann folgt eine längere Ruhe- und Wachstumsperiode, worauf die beiden Reifeteilungen in strengster zeitlicher Regelung, in zwei von dem apikalen Pol ausgehenden und basalwärts fortschreitenden Schüben erfolgen.

Soll sich auch hier unsere Konstruktion bewähren, so muß ein neues Moment eingeführt werden, welches unsere Vorstellungen über das präsumierte Mosaik bedeutend weiter führen wird.

Sofern wir bei Eiern resp. Furchungszellen ein regelmäßiges Mosaik als Ausdruck der vollkommenen zeitlich-räumlichen Regelung der Mitosen setzen, an der die Oberfläche an maßgebender Stelle beteiligt sein soll, durften wir uns dasselbe als eine relativ fixe, konstante, ererbte Struktur denken. Die Regellosigkeit in der Verteilung der späteren Teilungen könnte dann in konsequenter Weise als ein definitiver Aufbrauch des ursprünglichen Mosaiks und ein Ersatz desselben durch zufallsmäßige Konstellationen innerhalb der Zelloberfläche gedacht werden, unter denen ab und zu auch für die Reizperzeption adäquate vorkommen dürften. Die obenerwähnten Zustände in den Antheren machen uns mit spezielleren Umständen bekannt. Es vermag sich offenbar ein regelmäßiges, vollkommenes Mosaik auch *sekundär* auszubilden. Die speziellen Umstände, unter denen dies geschieht, geben uns gleichzeitig eine Richtschnur für die weitere Forschung: es geht ja nämlich den Reifeteilungen, die zeitlich so streng geregelt werden, eine längere Ruhe- und Wachstumsperiode der Zellen voran. Es ließe sich daher wohl denken, daß der Umbau der Zelloberfläche, der zur

Ausbildung des richtigen Mosaiks führt, ein relativ langsamer Prozeß einer Erreichung eines Gleichgewichtszustandes ist.

Der Gedanke, es möge bei dem Reizperzeptionsapparat ein bestimmt geartetes Mosaik in der Zelloberfläche in Betracht kommen, findet eine hübsche Stütze in den Ermittlungen von Dr. Schukowsky in meinem Laboratorium[1]). Er hat seine Aufmerksamkeit auf Zellpaare gerichtet, die in Wurzeln nicht selten vorkommen und die er als „Längsschwestern" bezeichnet. Sie entstehen durch eine Längsteilung einer Mutterzelle, die parallel zur Wurzelachse erfolgt, und bilden eine kleine Minderzahl im Vergleich zu den „Querschwestern", die das ganze Bild der Wurzel beherrschen. Schreiten solche Zellen zur Teilung, so erfolgt dieselbe in jedem Paar im allgemeinen synchron, was ihnen eine eigenartige Sonderstellung im Vergleich zu den Querschwestern einräumt, die nachweisbar sich ebensowenig synchron, wie jedes beliebig herausgegriffene Zellpaar einer Wurzel teilen.

Schukowsky fand in seinem Material folgende Zahlen:

Synchronische Fälle 67%, unbestimmte (Ruhe-Spirem) 28%, asynchron im ganzen nur 2 Fälle.

Die Deutung, die Schukowsky seinen Befunden gibt, erscheint durchaus plausibel.

Er argumentiert wie folgt: Sofern wir an der maßgebenden Bedeutung der Zelloberfläche in Sachen der Teilung halten, kann das verschiedene Verhalten der Längs- und Querschwestern in zweifacher Weise gedeutet werden: 1. Entweder so, daß bei Querschwestern Verschiedenheiten in der Beschaffenheit der Querwände für das verschiedene Verhalten verantwortlich gemacht werden, was ja in der Tat der Fall sein könnte, da die proximale Schwesterzelle dem aus dem Zentrum stammenden Teilungsreiz ihre alte Querwand zuwendet, die distale Schwesterzelle dagegen mit einer neuentstandenen jungen proximalen Querwand versehen ist. Oder 2., daß die Oberfläche der Mutterzelle der beiden Längsschwestern nur der Länge, nicht aber der Quere nach symmetrisch halbiert werden könne.

Erstere Eventualität läßt sich wohl durch die Gesamtheit der Umstände ausschließen. In der Tat, falls auch die Querwände mitbestimmend wären, so könnte keinesfalls die einfache, durch

[1]) Arch. f. Entwicklungsmechanik 1924.

die Gleichung (2) ausgedrückte lineare Abhängigkeit zwischen Zellänge und Teilungsfrequenz herauskommen, da junge und verschieden alte Querwände in bunter Abfolge durcheinandergemengt sind und das statistische Gesamtergebnis, sollte in der Tat das Alter der Querwand mitspielen, ein außerordentlich kompliziertes (als Funktion der Zellänge betrachtet) werden müßte.

Es bleibt demnach nur die zweite Alternative, und die ist gleichbedeutend mit dem Satze, daß die Zelloberfläche gewisse Symmetrieverhältnisse besitzt, die sich nur der Länge, nicht aber auch der Quere nach symmetrisch halbieren lassen. Schukowsky gibt ein einfaches, in Abb. 20 reproduziertes Schema für ein derartiges Verhalten: ein Mosaik aus geschlossenen, verschieden breiten Querringen, wo nur eine Längshalbierung sich symmetrisch ausführen läßt.

Abb. 20. Schema von Querringen. (Nach Schukowsky, Archiv f. Entwicklungsmech. Bd. 103.)

Angesichts der Verhältnisse der meisten embryonalen Gewebe müssen wir unser Mosaikbild noch des weiteren vervollständigen. Das Mosaik der Meristemzellen der Zwiebelwurzel wird in denselben offenbar mit einem bestimmten Präzisionsmaß verwirklicht, dessen Maximum den kleinsten, vor dem Streckungswachstum stehenden Zellen eigen ist und im umgekehrten Maße zum Streckungswachstum sinkt.

Das Mosaik dürfte demnach während des Streckungswachstums (und natürlich um so mehr während des prämitotischen Wachstums, worüber weiter unten) in Mitleidenschaft gezogen werden. Gesetzt, es werde partiell zerstört, und zwar soll die Intensität der Zerstörung proportional der Geschwindigkeit des Assimilationswachstums des $A$ sein, da der exponentielle Wachstumsrhythmus die Eigenschaft besitzt, daß die momentane Geschwindigkeit proportional der zurückgelegten Strecke, d. h. der momentanen Größe des $A$ ist. Es würde dann das ursprüngliche Präzisionsmaß von $N\%$ im Verhältnisse $N - n A$ abnehmen müssen, was unserer Grundformel

$$J = Q - n B$$

entspricht.

Wie bereits betont, darf natürlich das Mosaik nicht als etwas Starres und ein für allemal Gebildetes gedacht werden. Schon abgesehen davon, daß bei jeder Teilung neue Oberflächen entstehen, müssen auch die bereits bestehenden tiefen Umwandlungen ausgesetzt werden. Tierische Zellen schwellen ja in den Vorstadien bedeutend an, runden sich auch ab, bei pflanzlichen Zellen macht sich eine bedeutende Längenzunahme geltend, die das bestehende Mosaik jedenfalls weitgehend beeinflussen muß. Jeder Formwechsel der Zellen trägt natürlich seinerseits zur Modifikation des ursprünglichen Oberflächenmosaiks bei. Wir wollen uns demnach das Oberflächenmosaik als einen eigenartigen Gleichgewichtszustand in der flächenhaften Verteilung der $C$- und $A$-Bestandteile denken, der nach jeder Störung (z. B. prämitotischem Wachstum) mehr oder weniger vollständig wiederhergestellt wird. Sollte es sich speziell um eine bestimmte Konstellation der $C$-Bestandteile handeln, so ist es begreiflich, daß, je größer die $A$-Fläche wird, welche die einzelnen Bausteine des $C$-Mosaiks auseinanderhält, desto weniger leicht die Wiederherstellung desselben vor sich gehen kann.

Es soll nicht geleugnet werden, daß unsere Lehre vom Mosaik nur für die im exponentiellen Rhythmus wachsenden, zylindrischen pflanzlichen Zellen durch Tatsachen fundiert ist. Die Übertragung dieses Prinzips auf alle, namentlich auch auf tierische Zellen, ist eine Extrapolierung, die wohl als vermessen erscheinen mag. Ihre nachträgliche Rechtfertigung erfährt sie durch ihren heuristischen Wert, worüber in den nächsten Kapiteln.

Eine unmittelbare Konsequenz unserer Mosaikhypothese ist eine höhere Bewertung der Bedeutung der Zelloberfläche als eines reizperzipierenden Apparates. Es wäre natürlich sinnlos, ein spezifisch beschaffenes Mosaik zu setzen, um im selben nur einen Permeabilitätsapparat zu erblicken. Wir werden daher im weiteren mit der Vorstellung arbeiten, daß es sich um ein wirkliches adäquates Reizperzeptionsorgan handelt. Es soll damit nicht behauptet werden, daß die positive Zellreaktion nach erfolgter Reizperzeption ebenso obligatorisch wie jeder typische Reflex auftreten muß. Was aber wohl behauptet wird, ist, daß die übrigen in Betracht kommenden Teilungsfaktoren, also auch eventuelle weitere Möglichkeitsfaktoren, nicht cellulär — individuell verschieden sind. (Diese Aussage gilt allerdings in dieser apodiktischen Form nur für Zwiebelwurzeln, in allgemeiner Form wird das Problem erst in folgenden Kapiteln zur Diskussion gelangen.)

In seiner beschränkten Form beruht aber der Satz auf solider Grundlage: Sollte in der Tat, außer der individuell verschiedenen Zellrezeptivität, noch ein zweiter, ebenfalls cellulärer Bestimmungsfaktor mitspielen, so wäre die einfache lineare Abhängigkeit der Formel (2) schlechterdings unbegreiflich. Wenn wir uns aber außerdem den tieferen Sinn der ganz allgemeinen Geltung der Simultaneität der Kernteilungen in Syncytien und vielkernigen Zellen überlegen, so darf der oben aufgestellte Satz mit großem Wahrscheinlichkeitsgrad verallgemeinert werden. Ein Syncytialbereich, der, wie z. B. im Embryosack der Liliaceen, mehreren Hunderten von Zellen entspricht, wird stets in einer in bezug auf die Teilungsbereitschaft der Kerne homogenen Verfassung angetroffen. Sollte daher die Teilungsbereitschaft der Kerne ein nur zeitweiliger und evtl. schnell vorübergehender Zustand sein, so tritt er jedenfalls für den ganzen Komplex simultan auf. Ist aber einem derartigen Syncytium eine nachträgliche Aufteilung durch celluläre Scheidewände beschieden, so ist auch die Simultaneität der Teilungen in diesem Zellverbande dahin. Es wäre nun eine durch nichts gerechtfertigte Annahme, wollte man in dem Auftreten der Zellwände ein Moment erblicken, welches an sich die ganze Zell- resp. Kernverfassung so weit individuell beeinflussen könnte, daß der ursprüngliche einheitliche Zustand des ganzen Komplexes aufgehoben werde. Es ist eine ganz naturgemäße Schlußfolgerung, das neu auftretende Element, d. h. die Zelloberflächen für das neue Verhalten des ganzen Komplexes verantwortlich zu machen.

## 3. Kapitel.

# Die Verwirklichungsfaktoren.

Indem wir hier den Versuch machen, ein neues Kapitel der Reizphysiologie zur synthetischen Darstellung zu bringen, müssen wir uns zunächst darüber einigen, was als „mitotischer Reiz" im allgemeinen und namentlich was als ein oder der „genuine" mitotische Reiz verstanden werden soll.

Wir stoßen hier sofort auf bedeutende gedankliche Schwierigkeiten, denen kein Gebiet der Reizphysiologie entgehen kann.

Wir können hier am meisten von dem analogen Problem der Nervenreizung lernen. Ein „natürlicher" Reiz für das motorische System ist uns hier in Gestalt der Willensimpulse gegeben. Wir nehmen mit apodiktischer Gewißheit, ohne eigentliche Beweise zu erbringen, an, daß beliebige künstliche Reize, die ja speziell für Nerven von so mannigfaltiger und elementarer Art sind, eine Ablaufskette in der Nervenfaser auslösen, die früher oder später in eine Bahn einlenkt, die ihr mit der durch den Willensimpuls ausgelösten Ablaufskette gemeinsam ist. Man könnte nun darüber eine Verständigung treffen, daß das erste Glied dieser stets, trotz verschiedener Ätiologie sich gleichbleibender monotoner Ablaufskette als der eigentliche „genuine“ Nervenreiz gelten soll. Die Anfangsglieder der verschiedenen Ablaufsketten mögen nun als „primäre Reize“ bezeichnet werden.

Einem analogen Gedankengange wollen wir nun auch in unserem speziellen Problem folgen, indem wir auch für die zumal embryonalen Mitosen von einem natürlichen Teilungsimpuls oder Teilungsreiz sprechen und sowohl für denselben wie für alle vorkommenden primären Teilungsreize, die wohl ebenso verschiedenartig wie künstliche Nervenreize sind, nach einem gemeinsamen „genuinen mitotischen Reize“ suchen, der ihnen zugrunde gelegt werden könnte.

Da die Frage noch nie ernstlich erwogen wurde, ob die embryonalen Mitosen reaktiven Charakters sind, wurde das Problem bisher stets im Lichte der experimentellen Erzeugung von Zellteilungen analysiert. Die bisher geprüften primären Teilungsreize waren daher stets artifizieller Art. Soweit überhaupt die Frage der Entstehung embryonaler Mitosen flüchtig berührt wurde, hat man dieselben ohne weiteres in Parallele zu experimentell erzeugten Mitosen gestellt, und so möge sich die weitverbreitete Annahme erklären, es sei der Teilungsimpuls ganz allgemein ein Faktor chemischer Natur.

Den größten Einfluß in dieser Richtung dürfte wohl die künstliche Parthenogenese der Echinideneier und die an dieselben geknüpften Ermittlungen und Theorien Löbs ausgeübt haben. Hat ja Löb selbst das Wesen der Befruchtung allein auf das chemische Moment zurückführen wollen.

Eine große Bedeutung haben auch die wichtigen Arbeiten Haberlandts über die Teilungshormone erlangt.

## A. Haberlandts Teilungshormone.

Haberlandt ging von der Analyse des Wundreizes aus. Durch eine Reihe scharfsinniger Untersuchungen an verschiedenen Objekten hat er den wohl nicht zu leugnenden Beweis für seine bereits im Jahre 1902 geäußerte Vermutung erbracht, daß „unter den verschiedenen Faktoren, die zusammen den ‚Wundreiz' bilden, auch die Aufnahme von Zersetzungs-

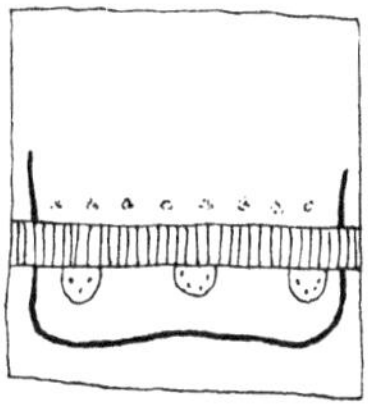

Abb. 21. Schematische Darstellung des Querschnittes durch ein würfelförmiges Stengelstück von Sedum spectabile. (Gestrichelte Zone: Holzkörper; Halbkreise und Punkte: Gefäßbündel; schwarzer Strich: Verteilung der Zellteilungen.)

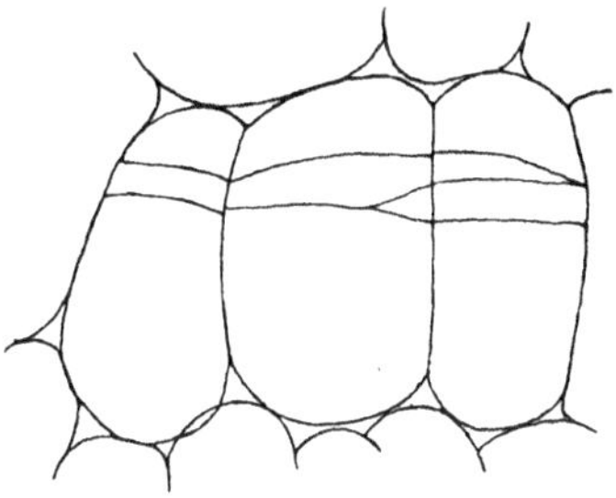

Abb. 22. Drei Markzellen, die sich mehrmals geteilt haben.

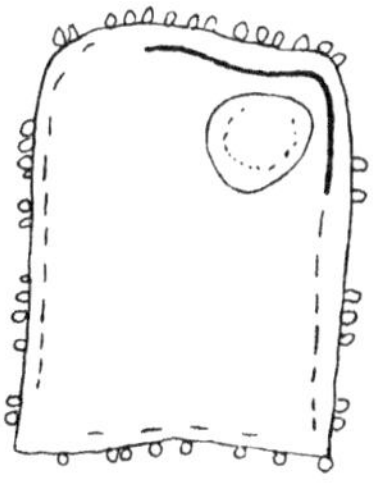

Abb. 23. Schematische Darstellung des Querschnittes durch ein Gewebsstückchen der Kohlrabiknolle. Oben rechts ein Gefäßbündel. Starke, ausgezogene Linie und Striche geben die Orte an, wo Zellteilungen stattfanden.

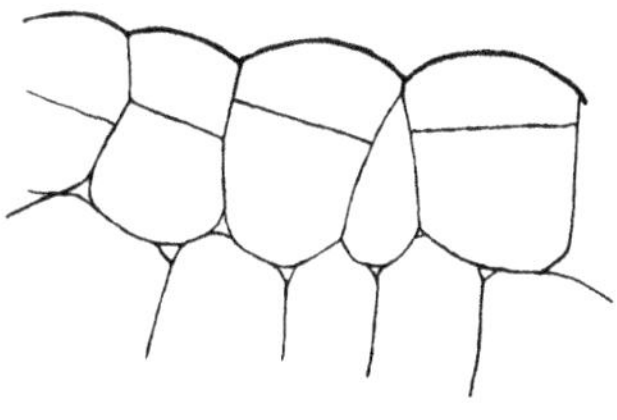

Abb. 24. Zwischen Schnittfläche und Gefäß gelegene Zellen, die sich geteilt haben.

(Nach Haberlandt.)

produkten der bei der Verletzung zerstörten Zellkörper seitens der an die Wundflächen angrenzenden, unverletzt gebliebenen Zellen eine bedeutende Rolle spielen könnte". Die Versuche, auf die er sich vor allem stützte, dürften so allgemein bekannt sein, daß wir sie nur kurz zu streifen brauchen. Dünne Scheiben aus dem Speichergewebe der Kartoffelknolle weisen am 5. bis 6. Tag zahlreiche Zellteilungen auf, falls sie Fragmente vom Leptom enthalten. Solche ohne Leptom tun es nicht. Werden aber letztere für längere Zeit in innige Berührung mit frischen, leptomhaltigen Schnittflächen der Kartoffelknolle gebracht (am besten durch eine 2proz. Agarschicht angekittet), so treten auch hier Teilungen auf. Weitere ausgedehnte Versuche an anderen Objekten (Kohlrabiknollen) und Blattgeweben ergaben noch prägnantere Resultate. So konnten bei Kohlrabi Zellteilungen auch durch Auftragen auf die Wundfläche von frischem Gewebebrei erzielt werden. Ein Versuch mit Blattparenchymgewebe von Peperomia incana möge hier in extenso mitgeteilt werden:

„... Die Schwammparenchymlamelle, in der Mitte 5 Zelllagen dick, wird mit 2% Agar auf die Wundfläche des Blattes geklebt ... Nach 13 Tagen tritt in der Mitte in fast allen Zellen, die an die Schnittfläche grenzen, je eine Teilwand auf. Die unter der Wundfläche des Blattes liegenden Zellen haben sich 3—4mal geteilt."

Haberlandts Schlußfolgerung, „daß von den Gefäßbündeln ein Reizstoff ausgeschieden wird, der in Kombination mit dem Wundreiz Zellteilungen bewirkt, und daß dieser Reizstoff vom Leptom ausgeschieden wird", ist wohl unabweisbar und es läßt sich auch nichts gegen die Einführung des Begriffes des „Wundhormons" einwenden. Diese wichtigen Ermittlungen lassen indes weiteren Möglichkeiten die Tür offen, was ja natürlich auch von Haberlandt selbst nicht übersehen wurde.

Daß ein Hormon ausgeschieden wird, präjudiziert noch nichts über die Wirkungsweise desselben. Es liegen hier, wie Haberlandt bemerkt, zwei Möglichkeiten vor: „es kann sich um dynamische oder ‚stoffliche' Reizung handeln. Im ersteren Falle würde eine Übertragung bestimmter Bewegungszustände durch Reizleitung stattfinden." Wir könnten auch in unserer Sprachweise sagen, es könnte sowohl ein chemisches als ein dynamisches Feld durch das Hormon erzeugt werden, worüber weitere Versuche zu entscheiden hätten. Viel bedenklicher für die Klärung des Problems ist die an sich ebenfalls berechtigte und weise zurückhaltende Stellung Haberlandts in bezug auf die Bedeutung des Wundhormons, den er sich stets in „Kombination mit dem ‚Wundreiz‘, die Zellteilungen bewirkend“ sein läßt. Was wäre denn dann der eigentliche Wundreiz?

Im weiteren Ausbau seiner Lehre scheint allerdings Haberlandt diesen reservierten Standpunkt aufgegeben zu haben. Es führten ihn dazu seine experimentellen Forschungen und die sich daraus ergebenden Erwägungen über Apogamie und Parthenogenese bei verschiedenen Pflanzenarten. Es ist ihm zunächst der Nachweis gelungen, daß „durch Quetschung junger kastrierter Fruchtknoten von Oenothera Lamarkiana die Parthenogenesis in ihren Anfangsstadien bewirkt wird. Es sollen dabei Wundhormone in der Eizelle entstehen, resp. in sie hineingelangen, die dann die Teilung auslösen und die Entwicklung in Gang setzen. Haberlandt stellt diese Erfahrungen in Zusammenhang mit den bekannten Anstichversuchen Bataillons an unbefruchteten Froscheiern, die nicht nur zum Beginn der Entwicklung, sondern unter Umständen sogar zur Aufzucht erwachsener Individuen führten (Loeb). Auch die natürliche Befruchtung ließe sich nach Haberlandt auf eine Verletzung des Eies durch das eindringende Spermatozoon zurückführen.

Ist hier noch immerhin von einer Wundsetzung die Rede, wobei evtl. außer dem Wundhormon noch ein genuiner „Wundreiz“ in Betracht kommen könnte, von dem in Haberlandts Darlegung allerdings nicht weiter die Rede ist, so wird im weiteren Gedankengange dieser dualistische Standpunkt offenbar völlig aufgegeben, wobei sich Haberlandt auf eine eingehende Analyse des Zustandekommens der natürlichen Parthenogenese stützt und den neuen Begriff eines „Nekrohormons“ einführt.

„Die Entwicklungserregung der Eizelle bei natürlicher Parthenogenese kommt dadurch zustande, daß der Eizelle aus ihrer Umgebung teilungsauslösende Nekrohormone zugeführt werden. In der Tat ließen sich bei einigen Compositen (Taraxacum officinale, Hieracium flagellare und aurantiacum) mit parthenogenetischen Eizellen in der Nachbarschaft dieser mannigfache Desorganisations- und Absterbeerscheinungen beobachten, die bei verwandten Formen mit befruchtungsbedürftigen Eizellen fehlen (Abb. 25 u. 26). Zugunsten dieser Ansicht werden von Haberlandt auch sehr interessante Beobachtungen über Erscheinungen der Apogamie bei Pteridophyten (Marsilia Drummondii nach Straßburgers Präparaten) angeführt: Eine abgestorbene Bauchkanalzelle läßt hier ihre Substanz in den angrenzenden Pol der Eizelle direkt einfließen und sich mit deren Plasma vermengen, worauf die parthenogenetische Entwicklung einsetzt (Abb. 27). Haberlandts Ausführungen über Nekrohormone, denen gewiß ein

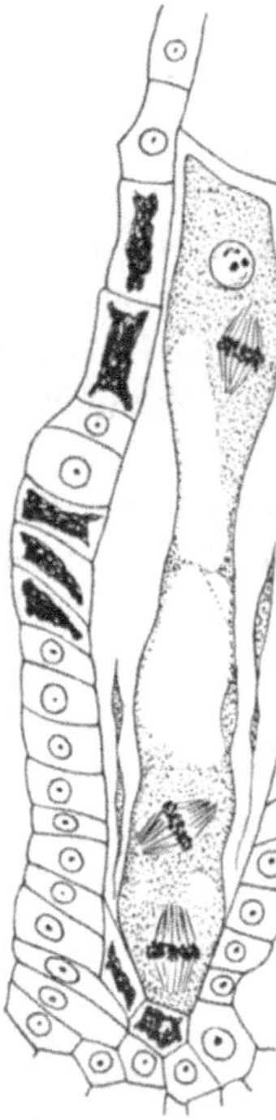

Abb. 25. Embryosack von Taraxacum officinale. Einzelne Tapetenzellen abgestorben. (Nach Haberlandt.)

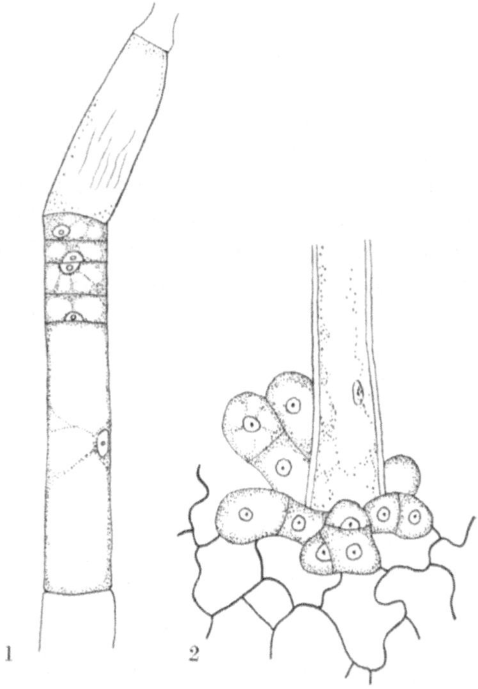

Abb. 26. Verletzte Haare von Coleus Rehneltianus (1) und von Pelargonium zonale (2). Proximal von den beschädigten Zellen rege Zellteilungen resp. Zellwucherung. (Nach Haberlandt.)

bedeutendes Maß von Wahrscheinlichkeit zukommt, leiten uns auf das große Gebiet der rein chemischen Hervorrufung der Zellteilungen.

Wir ersehen aus dieser kurzen Schilderung von Haberlandts Befunden, wie eng und unmittelbar in seinen Anschauungen die durch die Hand des Experimentators ins Leben gerufenen „Wundhormone“ mit den als „natürlich“ in unserem Sinne zu betrachtenden „Nekro- und Teilungshormonen“ verknüpft werden. Der „genuine“ Teilungsreiz, den wir postulieren, scheint demnach für Haberlandt ein Hormon zu sein.

Haberlandts Lehre von rein physiologischen Teilungshormonen, die auf der Basis seiner Betrachtungen über Nekrohormone aufgebaut werden kann, scheint eine schwerwiegende Stütze auch von einer anderen Seite zu erfahren. Die Beweisführung hat hier den Anschein einer fast unmittelbaren Evidenz.

Es handelt sich wiederum um die zeitlichen Verhältnisse der schon vielfach besprochenen Teilungen in Syncytien und verschiedenen sporogenen Zellen. Es wurde bereits im Vorangehenden geschildert, daß die Simultaneität der Kern- resp. Zellteilungen in diesen Objekten mit einer gewissen Restriktion gilt. Die Teilungspandemie trägt den Charakter eines langsam von einem Pol (z. B. vom oberen Ende der Anthere) über das ganze Feld sich ausbreitenden Ablaufes. Die absoluten zeitlichen Verhältnisse können dabei annähernd berechnet werden, wenn man z. B. davon ausgeht, daß innerhalb einer Anthere von Lilium am oberen Ende späte Telophasen, in der Mitte derselben etwa Metaphasen, am unteren Pole Prophasen simultan angetroffen werden.

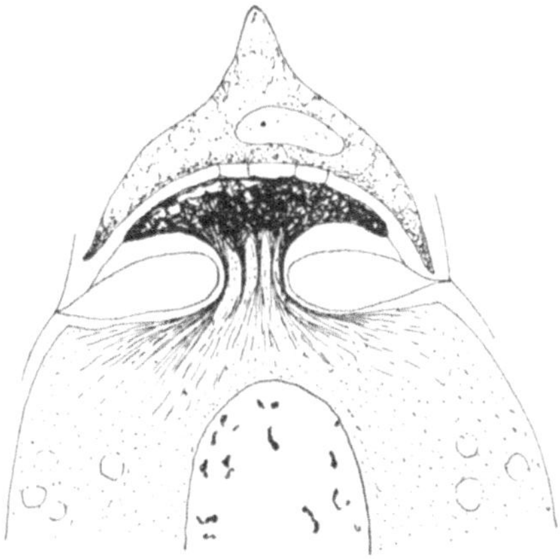

Abb. 27. Eizelle von Marsilia Drummondii mit abgestorbener Bauchkanalzelle. (Nach einem Präparat von Strasburger.)

Wenn man die Gesamtdauer der Mitose auf etwa 3 Stunden schätzt und, was ja naturgemäß, die zeitlichen Phasenverschiedenheiten in einem Zellverbande auf die wellenförmige Ausbreitung eines Reizfaktors zurückführt, so läßt sich auch seine Fortpflanzungsgeschwindigkeit annähernd berechnen. Berücksichtigt man die eben erwähnten Verhältnisse in den Antheren von Lillium, so hätte man die Zurücklegung einer Strecke von etwa 12 mm innerhalb etwa 3 Stunden zu setzen. Eine Ausbreitungsgeschwindigkeit von etwa 4 mm pro Stunde ist von der Größenordnung der Diffusionsvorgänge in einem flüssigen Medium. In unserem Falle käme noch evtl. die Mitwirkung der Schwerkraft hinzu, da der Prozeß stets vom oberen Pole der senkrecht stehenden Antheren ausgeht.

Diese Überlegungen erwecken den Anschein, daß jedenfalls ein Teilungsimpuls sich mit einer Geschwindigkeit fortpflanze, die wohl nur der Diffusion eines chemischen Stoffes entsprechen kann. Wir werden uns aber im weiteren überzeugen können, daß diese Schlußfolgerung, die zuerst auch uns als zwingend erschien, nicht die einzig mögliche und plausible ist, und daß die dualistische Form der Verursachung der Mitose, die in einem Zusammenarbeiten der mitogenen Strahlen und des Haberlandtschen Hormons ihren Ausdruck finden müßte, durch eine einfachere Vorstellung ersetzt werden kann.

## B. Physikalische Teilungsfaktoren [1]).

### 1. Analyse des Reizperzeptionsapparates.

Die Vorstellung, es möge sich bei dem Reizperzeptionsapparat um ein flächenhaftes Mosaik der Zelloberfläche handeln, wurde durch zweierlei Erwägungen motiviert: 1. Es kamen in erster Linie die zahlreichen Fälle in Betracht, wo die strenge zeitlich-räumliche Regelung der Teilungsabfolge eine adäquate Gesetzlichkeit des ganzen Apparates in all seinen Teilen, den Reizperzeptionsapparat mit eingeschlossen, vermuten ließ. 2. Es mußte aber auch aus ganz anderen Erwägungen zu einer ähnlichen Konstruktion gegriffen werden, da die lineare Abhängigkeit der statistischen Teilungsfrequenz von der Zellenlänge in den Zwiebelwurzeln nur unter entsprechender Annahme plausibel werden konnte.

Letztere Tatsachenreihe wollen wir nun zum Ausgangspunkt unserer weiteren Betrachtungen machen.

Die Grundgleichung, die die Abhängigkeit zwischen Teilungsfrequenz und Zellänge zum Ausdruck bringt, lautet

$$J = Q - n B \quad \text{(vgl. S. 37).} \qquad (2)$$

Wie ist nun das „Reiz- resp. Impulsquantum“ $Q$ zu denken?

---

[1]) Für das Nachfolgende vgl. die Arbeiten über Induktion von W. Rawin, L. Gurwitsch, N. Gurwitsch, Salkind, Rusinoff und mir in Roux' Arch. f. Entwicklungsmech. d. Organismen in den Jahrg. 1923—1925.

Es sei zunächst als ein Hormon in Haberlandts Sinne gesetzt. Das in der Gleichung figurierende Reizquantum könnte sich dann entweder auf seine Gesamtmenge als auf die Konzentration beziehen.

Die Grundgleichung besagt, es müsse jeder Zelle ursprünglich ein gewisses, für das ganze Feld gleichbleibendes Impulsquantum zugeteilt werden, von dem von jeder Zelle ein bestimmter, variabler Anteil irgendwie inaktiviert oder sonstwie abgezogen werde. Käme als $Q$ der Gleichung eine bestimmte über die ganze Wurzel sich ausbreitende Hormonmenge, und zwar im relativen Überfluß in Betracht, so könnte unsere Vorstellung keinesfalls zutreffen, da ja jeder Zelle jedenfalls eine für ihre Bedürfnisse unbeschränkte Hormonmenge zufließen müßte. Wäre dagegen die Gesamtmenge des Hormons knapp zugemessen, so müßten vor allem die proximalwärts gelegenen Zellen bevorzugt werden, was aber wiederum nicht der Fall ist.

Wäre dagegen das Impulsquantum $Q$ als eine bestimmte Konzentration des Hormons aufzufassen, so wären vor allem einige Hilfsmaßnahmen notwendig, um ein adäquates Bild für das Stattfinden der Beziehung (2) zu konstruieren.

Damit die apikalen Meristemabschnitte im Vergleich zu den proximal gelegenen nicht zu kurz kämen, müßte wiederum das Hormon jeder Zelle im Überschuß zufließen oder eine bestimmte Konzentration desselben als eine kritische gelten, resp. eine Weitersteigerung derselben irrelevant sein. Es müßte mit anderen Worten eine Art „Alles-oder-Nichts-Gesetz" gelten. Es wird sich aber im weiteren auf experimentellem Wege ergeben, daß letzteres nicht zutrifft.

Die Hauptschwierigkeit für jede Art chemischen Bildes entsteht indes angesichts des statistischen Charakters der durch die Grundgleichung ausgedrückten Gesetzlichkeit. Das Verhältnis zwischen dem $C-A$-Bestande der Zelloberfläche und dem Zustandekommen der Mitose ist ja kein eindeutiges. Zwei Zellen vom gleichen Kaliber, resp. vom gleichen $C-A$-Verhältnis verhalten sich verschieden. Denkt man hier an chemische Beziehungen zwischen Reizfaktor und Zelloberfläche, so müßte man die $C-A$-Komponenten der Zelloberfläche individuell verschieden sein lassen, mit anderen Worten, eine neue Variable einführen, die in gar keine Beziehungen zu dem durch die Grundgleichung zum Ausdruck gebrachten linearen Verhältnisse stehen kann.

Der einzig denkbare individuell variable Faktor im ganzen System kann offenbar nur in der räumlichen Verteilung der $C-A$-Bestandteile des Oberflächenmosaiks gesucht werden. Damit aber eine solche für den Erfolg der Reizwirkung maßgebend sei, muß der in Betracht kommende Reizfaktor ein Etwas von einem Hormon Verschiedenes sein. Die stoffliche Zusammensetzung des Mosaiks ist laut Voraussetzung für jedes Zellkaliber quantitativ (und qualitativ) eindeutig festgesetzt, es kann sich demnach, in Anbetracht des rein statistischen Charakters der Gesetzlichkeit, nur um Verschiedenheiten der Mosaikkonfiguration handeln. Wir haben hier demnach vor uns den Fall verwirklicht, wo die Konfiguration eines Reizempfängers über sein Ansprechen auf den Reiz entscheidet. Dieser Zusammenhang läßt die Vermutung aufkommen, es möge sich bei der Reizperzeption des mitotischen Reizes um einen der Resonanz wesensgleichen Vorgang handeln.

Wenn es dem so sein sollte, so muß der adäquate Teilungsreiz ein Faktor oszillatorischer Art — eine Strahlungsart sein.

Diese folgenschwere und gewagte Annahme hat den Vorteil, daß sie weitgehender empirischer Prüfung zugängig ist und ein weites Forschungsgebiet eröffnet. Die Erfahrung hat ihre Richtigkeit erwiesen. Es existiert in der Tat eine vom Organismus selbst produzierte Strahlungsart, die Teilungen anregt, die wir daher als mitogenetische Strahlen bezeichnen dürfen.

## 2. Experimenteller Nachweis mitogenetischer Strahlen.

### a) Spiegelung innerhalb der Gewebe.

Gleichzeitig mit der Vermutung, als adäquaten Teilungsimpuls eine Strahlungsart zu setzen, müssen natürlich auch gewisse Annahmen über den Sitz der Strahlungsquelle in jedem gegebenen Objekt gemacht werden. Wir können hier in zweierlei Weise verfahren:

1. Indem wir einen beliebigen primären Reizfaktor experimentell erzeugen und den Beweis zu erbringen suchen, daß in

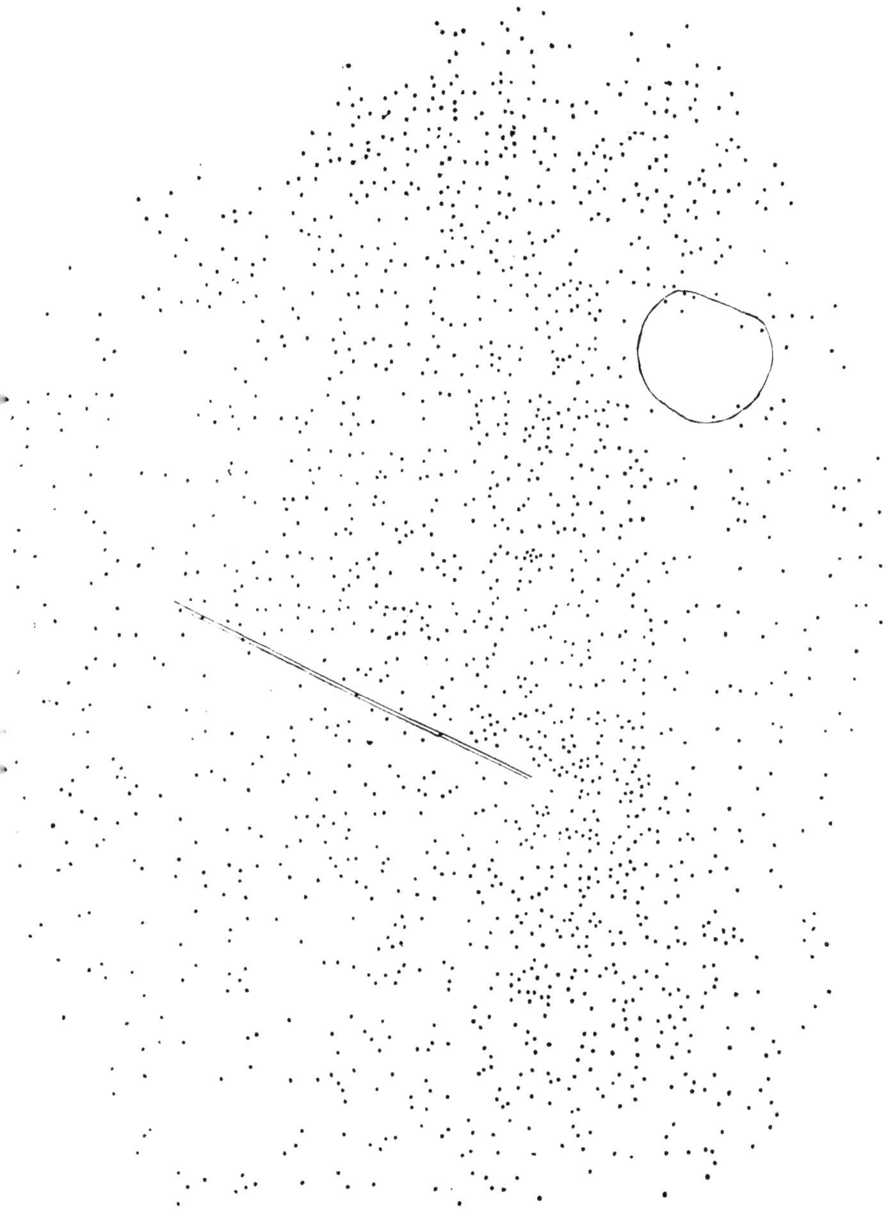

Abb. 28 (vgl. S. 56). Schattenbildung.
Entwirft man den Strahlengang von der runden Wunde unter Voraussetzung der geradlinigen Ausbreitung, so ist ein sehr bedeutender Dichtenunterschied der Mitosen, entsprechend der Schattenbildung nachweisbar.
(Nach Gurwitsch, Archiv für Entwicklungsmechanik Bd. 100.)

die durch denselben ausgelöste Ablaufskette ein Strahlungsfaktor eingeschaltet ist. 2. Oder indem wir unserer Untersuchung ein Objekt zugrunde legen, wo wir über den Ort der präsumierten Quelle genügend orientiert sind.

Im ersteren Sinne läßt sich das Studium des durch Wundsetzung erzeugten Feldes verwerten. Einige Erfahrungen, die wir an der Froschcornea machten, waren in der Tat in dem von uns vermuteten Sinne recht ermunternd.

Wird an der Cornea eines Sommerfrosches eine kleine, nicht zu intensive Brandwunde gesetzt, so entsteht am vierten Tage nach der Wundsetzung eine recht intensive, über die ganze Cornea sich erstreckende mitotische Reaktion des Cornealepithels. In günstigen Fällen lassen sich ein paar tausend Mitosen abzählen. Wird gleichzeitig mit einer relativ intensiven runden Brandwunde eine möglichst schonende lineäre Wunde gesetzt, so erweist sich dieselbe als ein halbdurchlässiger Schirm für den von der ersteren ausgehenden Teilungsimpuls, wobei der Schatten ziemlich scharf abschneidet und das Ganze den Eindruck gewinnt, als breite sich der Impuls geradlinig aus, wie es der Erwartung eines Strahlungsfeldes entsprochen hätte (Abb. 28).

Wir möchten bezweifeln, ob mit diesem Verfahren schärfere Resultate erzielt werden können als es unsere bisherigen Versuche ergaben. Wir können daher dieselben nur als Hinweise betrachten, die zu weiteren Versuchen ermutigen, deren Ergebnisse nichts an Eindeutigkeit zu wünschen ließen.

Unsere vorangehenden, im ersten Kapitel niedergelegten Erfahrungen zeigen uns, daß der normale physiologische Teilungsimpuls für das Wurzelmeristem von einer nicht näher definierten, zentralwärts vom Meristem, offenbar in der Zwiebelsohle gelegenen Quelle stammt. Wir dürfen demnach vermuten, daß das präsumierte Strahlenbündel, sollte ein solches aus dieser Quelle stammen, ehe es an das in der Wurzelspitze lokalisierte Meristem anlangt, eine relativ weite Strecke längs der Wurzelachse, innerhalb derselben zurückzulegen hat.

Es ist daher auch, ohne jede weitere Präsumption, die Vermutung berechtigt, daß, wie die Strahlungsquelle im übrigen auch beschaffen sein mag, von dem ausgestrahlten, evtl. divergenten Strahlenbündel im wesentlichen nur das zentrale, der Wurzelachse parallele Büschel aus annähernd parallelen Strahlen das Meristem erreichen wird, da ja die übrigen Strahlen entweder in das umgebende Medium heraustreten müssen oder durch wiederholte innere Spiegelung von der inneren Wurzeloberfläche zerstreut und absorbiert werden.

Wir stellen daher unsere Betrachtung in der Voraussetzung an, daß das Meristem von einem annähernd parallelen Strahlenbündel getroffen werde. Seine Bedeutung für die Erzeugung von Mitosen im Meristem ließe sich experimentell etwa in der Weise nachweisen, daß wir die ursprüngliche Symmetrie der Wurzelspitze, resp. der Strahlenverteilung aufheben und die sich daraus ergebenden theoretischen Konsequenzen empirisch an der Mitosenverteilung prüfen. Es müssen dabei allerdings vorher feste Standartwerte für die normale Mitosenverteilung unter symmetrischen Verhältnissen verfügbar sein. Eine jahrelange Erfahrung an Zwiebelwurzeln hat uns gezeigt, daß die Mitosenanzahl im Meristem links und rechts von einer beliebigen, durch die Längsachse gehenden Symmetrieebene in sehr befriedigendem Maße übereinstimmt. Die absoluten Zahlendifferenzen zwischen rechts und links von der Mittellinie an einem Längsschnitte betragen nur relativ selten 10, eine Differenz von 12—15 Mitosen gehört schon zur großen Seltenheit.

Ein Beispiel davon gibt die von Dr. Rawin gewonnene Zahlenreihe, in welcher jedes Ziffernpaar die Mitosenzahlen links und rechts von der Medianebene in 10 $\mu$ dicken Längsschnitten durch eine Zwiebelwurzel bedeutet[1]):

$$\frac{25}{28}, \frac{32}{34}, \frac{32}{30}, \frac{59}{58}, \frac{53}{56}, \frac{54}{57}, \frac{57}{59}, \frac{53}{57}, \frac{61}{57}, \frac{59}{58}, \frac{57}{59}, \frac{65}{64}, \frac{70}{69}, \frac{57}{53}, \frac{46}{41}, \frac{67}{71},$$

$$\frac{58}{62}, \frac{68}{69}, \frac{61}{56}, \frac{61}{56}, \frac{57}{57}, \frac{56}{56}, \frac{59}{59}, \frac{114}{109}, \frac{76}{72}, \frac{63}{67}, \frac{67}{68}, \frac{96}{91}, \frac{87}{87}, \frac{96}{91}, \frac{77^{+}}{79}, \frac{92}{100},$$

$$\frac{84}{81}, \frac{85}{79}, \frac{55}{52}, \frac{84}{86}, \frac{75}{75}, \frac{84}{81}, \frac{59}{55}, \frac{84}{84}, \frac{62}{63}, \frac{76}{82}, \frac{70}{73}, \frac{62}{70}, \frac{72}{66}, \frac{88}{89}, \frac{72}{79}, \frac{62}{65},$$

$$\frac{79}{78}, \frac{68}{70}, \frac{70}{76}, \frac{60}{61}, \frac{40}{41}, \frac{43}{43}, \frac{37}{36}, \frac{48}{50}, \frac{55}{51}, \frac{38}{35}, \frac{39}{36}, \frac{27}{31}, \frac{37}{34}, \frac{35}{35}, \frac{34}{37}, \frac{35}{33},$$

$$\frac{38}{35}, \frac{34}{35}, \frac{36}{34}, \frac{34}{30}.$$

[1]) Es mag auf den ersten Blick befremden, daß die Differenzen zwischen links und rechts so unbedeutend sind, obwohl die absoluten Mitosenzahlen in nicht systematischer Weise in benachbarten Schnitten schwanken. Es handelt sich hier meist um Dickenunterschiede benachbarter Schnitte, was des näheren geprüft wurde.

Ein systematisches, innerhalb der Größenordnung von 20 sich haltendes Übergewicht läßt daher mit Sicherheit auf eine entsprechende Beeinflussung der einen Seite schließen.

Das relativ hohe Präzisionsmaß in der Verteilung der Mitosen beiderseits von der Symmetrieebene steht keinesfalls im Widerspruch zu unseren im Kapitel 1 niedergelegten Ermittlungen über die zufallsmäßige Verteilung derselben. Man muß sich nämlich darüber im klaren sein, daß jeder Längsschnitt durch das Meristem eine recht bedeutende statistische Menge darstellt, innerhalb welcher die Mitosen zu den sog. seltenen Ereignissen gehören. Die statistische Gesetzlichkeit der großen Zahlen kommt demnach schon hier zur Geltung.

Mit diesen Vorkenntnissen ausgerüstet, können wir es wagen, ein nach physikalischem Muster zugeschnittenes Experiment zu unternehmen, indem wir der Meristemregion der Wurzel eine bestimmte Krümmung durch Einführung in eine gebogene Glasröhre aufzwingen.

Wird an der Vorstellung eines parallelen, aus einer Proximalregion der Wurzel stammenden Strahlenbündels festgehalten, so wäre es immerhin denkbar, daß unter den gegebenen, in beiliegender Abbildung veranschaulichten Versuchsbedingungen die Strahlen an der Grenzfläche Wurzelgewebe—Wasser eine, wenn auch partielle und unregelmäßige, innere Totalreflexion erfahren. Der weitere, nach katoptrischen Gesetzen präsumierte Strahlengang wäre ebenfalls aus der Abbildung zu ersehen[1]). Sollte noch eine partielle Spiegelung von den schief getroffenen Seitenflächen der Zellagen hinzukommen, so wäre sie im allgemeinen mit der Randspiegelung gleichsinnig. Es läßt sich leicht eine Versuchsanordnung treffen, bei der das evtl. zwei- oder mehrmals reflektierte Strahlenbündel die Meristemregion an der konkaven oder konvexen Seite trifft. Es wird mit anderen Worten die eine Seite „belichtet", die andere im „Schatten", freilich im Halbschatten belassen, da an eine regelmäßige Spiegelung ohne weitgehende Strahlenstreuung natürlich nicht ernstlich gedacht werden könnte. Trifft unsere Grundvoraussetzung von der Strahlennatur des Teilungsimpulses zu, so muß an der belichteten Seite

[1]) Es wurde dabei nur der Strahlengang in der Medianebene der Wurzel berücksichtigt. Die tatsächlichen Verhältnisse sind viel komplizierter, dürften jedoch die qualitative Seite der Versuche nicht beeinträchtigen.

ein merkliches Übergewicht an Mitosen im Vergleich zur Schattenseite nachweisbar sein. Da die Versuchsanordnung die Leitung des Strahlenbündels sowohl auf die Konkav- als Konvexseite des gekrümmten Meristems gestattet, läßt sich in jedem gegebenen Fall das Versuchsergebnis voraussehen, die Richtigkeit der Prämissen demnach aufs genaueste prüfen.

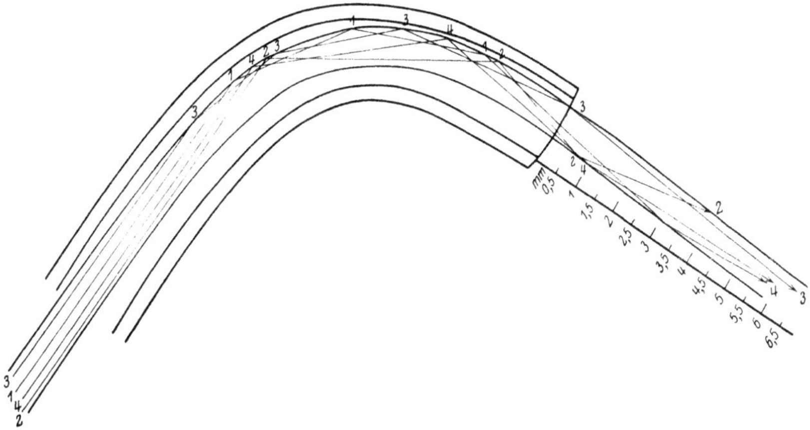

Abb. 29. Glasröhre mit eingeführter Wurzel, bei 14facher Vergrößerung mittels eines Projektionsapparates gezeichnet. Der Strahlengang ist unter Voraussetzung einer Totalreflexion für die Medianebene eingetragen. Das tatsächliche Verhalten weicht von dem dargestellten Diagramm insofern ab, als in den Versuchen, wo die Wurzelspitze um 3 mm und mehr aus der Röhre hinausgeschoben wird (Versuche mit Überwiegen der konvexen Seite), sie, wie leicht ersichtlich, leicht gegen konkav gekrümmt ist, und folglich das Strahlenbündel in viel ausgesprochener Weise wie in der Abbildung auf die konvexe Seite fällt. (Archiv für Entwicklungsmechanik Bd. 100.)

Die Versuchsergebnisse entsprechen vollauf der theoretischen Erwartung, da in der Tat an der „belichteten" Seite ein bedeutendes systematisches Übergewicht nachgewiesen werden kann, welches die normale Fluktuation der Mitosenwerte zwischen links und rechts bedeutend übertrifft. Von ganz besonderem Werte ist es dabei, daß es in der Hand des Experimentators liegt, den Versuch so anzuordnen, daß das Übergewicht bald an der konkaven, bald an der konvexen Seite zu gewärtigen wäre, wobei die Vorhersage sich ausnahmslos bestätigt[1]).

[1]) Die Zahlenreihen zeigen übrigens in allen Versuchen eine Eigentümlichkeit, deren theoretische Deutung uns zur Zeit gewagt erscheint und zukünftigen ausführlicheren Untersuchungen vorbehalten bleibt. Die bedeutenden Übergewichte an der „belichteten" Seite werden nämlich in ziemlich regelmäßigen Abständen von dünnen Streifen unterbrochen, wo das Verhältnis in der Regel ins Umgekehrte umschlägt.

Auszug aus den Versuchsprotokollen. Übergewicht an der konkaven Seite.

—3, 5, 15, —1, 29, 8, 10, 8, —1, —12, 2, 16, 22, 5, —8, 4, 8, 16, 13, 10, 10, —10, —5, 14, 10, 3, 19, —3, 6, 1, 5, 14, 17, 22, —5, 10, 17, 27, 19, —4, —6, —6, 15, 17, —5, 12, 7, 1, 14, —3, —9, 4.

## b) Induktion von Mitosen auf Entfernung.

Der positive Ausfall der Spiegelungsversuche leitet von selbst auf weitere Wagnisse. Sollte die Wurzel von einem parallel zu ihrer Achse gerichteten Strahlenbündel durchsetzt sein und das Meristemgewebe sich als einigermaßen durchsichtig für diese Strahlungsart erweisen, so müßte bei einer regelmäßig geformten, geradegestreckten Wurzel aus deren konischen Spitze ein Strahlungsrest in das umgebende Medium heraustreten.

Es hätte sich nun darum gehandelt, dieses Strahlenbündel zu fangen, resp. bestimmte, auf die präsumierte Strahlung ansprechende Detektoren zu finden. Solange als wir über die physikalische Natur der präsumierten Strahlung nicht mal vage Hypothesen wagen durften, blieb nur der eine — rein biologische Weg offen, indem wir nach einem biologischen Detektor suchten. Ein solcher ließ sich leicht in der Gestalt der Zwiebelwurzeln finden. Wir gingen von einer Überlegung aus, die an sich durchaus nicht zwingender Natur war, aber im positiven Ausfall zu eindeutigen Resultaten führen mußte.

Wenn wir auf die Grundfrage zurückkommen, warum sich gegebenenfalls nicht alle gleichartigen Zellen des Meristems, sondern nur deren relativ wenige in Teilung befinden, so lautet ja unsere provisorische Antwort, daß es sich um die Anwesenheit von adäquaten Resonatoren in deren Oberflächen handelt, die an sich keine stabilen Gebilde darstellen, sondern vergehen und entstehen und jedenfalls nach jeder stattgehabten Zellteilung neu gebildet werden müssen.

Die Ausbildung eines Resonators ist an eine bestimmte Konstellation resp. Mosaik der $C$—$A$-Bestandteile des Oberflächenmosaiks geknüpft und in deren Zustandekommen ein Element des „Zufälligen“ eingeführt. Es soll dieses besagen, daß, obzwar das adäquate Mosaik gewissermaßen einem angestrebten Gleichgewichtszustande des $C$—$A$-Systems entspricht, die Verwirklichung eines solchen durch dazwischenlaufende, nicht näher präzisierbare Momente stets mehr weniger hintangehalten oder völlig vereitelt werden kann, oder daß das Mosaik in größerer oder geringerer Vollkommenheit verwirklicht wird. Da wir bei Betrachtung des Wurzelmeristems angesichts der linearen Abhängigkeit (Gleichung 2, S. 37) von einer allmählich fortschreitenden Zerstörung des ursprünglichen Mosaiks Hand in Hand mit der Flächenzunahme der Zellen sprachen, wäre am ehesten daran zu denken, daß es sich nicht um eine einheitliche, gewissermaßen einmalige Konfiguration des Mosaikmusters, sondern um Ausbildung einer Anzahl von relativ einfach gestalteten Resonatoren handelt. Es kann unter diesen Umständen sowohl von einer allmählichen Zerstörung des ursprünglichen Bestandes als auch überhaupt von einem „mehr oder weniger“ die Rede sein, indem eine größere oder geringere Menge adäquater Resonatoren zustande kommt.

Es wird damit das Moment der Reizintensität in unser Reaktionsschema eingeführt, indem der Reizeffekt als Funktion sowohl der Resonatorenanzahl in der betreffenden Zelle, als der Intensität der Strahlung aufgefaßt wird, oder, was das gleiche ist, der Schwellenwert etwa als Produkt aus Resonatorenanzahl und Strahlungsintensität zu nehmen wäre.

Es wäre nach diesem Schema leicht möglich, daß die in einer gegebenen Wurzel momentan vorhandene Teilungsintensität keinesfalls dem möglichen Maximum derselben entspricht, sondern durch Steigerung der Intensität der Verwirklichungsfaktoren erhöht werden könnte.

Dieser Gedanke erscheint biologisch durchaus plausibel, und zwar nicht nur weil experimentelle Stimulationen der Teilungsintensität schon längst bekannt sind, sondern weil auch die normal vorkommenden Schwankungen der Teilungsintensität in den einzelnen Wurzeln einer Zwiebel wohl am ehesten so gedeutet werden können, daß der Verwirklichungsfaktor dem Meristem in wechselnder Intensität zufließt.

Diese einleitenden Betrachtungen mögen genügen, um den Gedankengang bei der Anstellung unserer Induktionsversuche klarzulegen.

Ich nahm an, daß durch angemessene Aussetzung des Meristems einer Zwiebelwurzel dem präsumierten, aus einer anderen

Wurzelspitze ausgehenden Strahlenbündel im ersteren die Anzahl der Mitosen gesteigert werden könnte, indem sich zum wurzeleigenen Strahlungsfaktor noch ein weiterer hinzuaddiert und dadurch die Intensität der Gesamtbestrahlung gesteigert werde. Es sei nur vorübergehend bemerkt, daß vorangehende Versuche am Cornealepithel von Sommerfröschen eine Summierung der Effekte von zwei benachbarten, gleichzeitig gesetzten Wunden deutlich zu erkennen gaben.

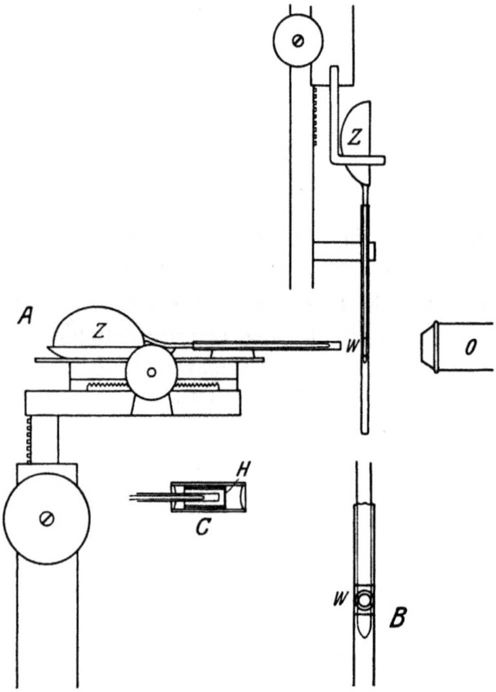


Abb. 30. *A* Allgemeine Versuchsanordnung bei Induktion durch Luft. Die Zwiebel (eine Hälfte) ruht in einem Uhrschälchen mit Wasser. Die Wurzel ist in eine möglichst genau hineinpassende Röhre eingeführt, die bei jedem Versuch leicht ausgewechselt werden kann. Uhrschälchen und Induktionsröhre sind an einem Objektträger befestigt, der seinerseits an die Zentriervorrichtung angekittet ist, die aus einer Vorrichtung für seitliche Beleuchtung eines Mikroskopstativs hergestellt wurde. Das ganze Gestell mit der Wurzel ist demnach in vertikaler und horizontaler Richtung verschiebbar und außerdem um eine vertikale Achse drehbar. An einem zweiten Stativ sind 1. die die induzierte Wurzel aufnehmenden Glasröhren, 2. das an einer Cremaillere verschiebbare Gestell für die Zwiebel, 3. die in die Zeichnung nicht aufgenommene Tropfflasche angebracht. Die Zentrierung der Induktionsröhre wird mit dem Horizontalmikroskop kontrolliert (*O* Objektiv). *B* Das Bild der genauen Zentrierung im Horizontalmikroskop. Die Wurzel ist durchsichtig gedacht. Die Zentrierung geschieht vor Einführung der indizierten Wurzel, wird stets nach Abschluß des Experiments und je nach Bedarf auch während des Versuchs durch Zurückziehung der Wurzel mittels der Cremaillere kontrolliert. *C* Vorrichtung zur Induktion durch ein Zwiebelhäutchen, welches zwischen zwei Glasröhren eingeklemmt wird (*H*) (vgl. S. 72). (Nach Gurwitsch, Archiv für Entwicklungsmechanik Bd. 103.)

Die Versuchsanordnung war durch die vorangehenden Erwägungen bereits gegeben und ist höchst einfach.

Die induzierende, mit einem Zwiebelstumpf in Verbindung bleibende Wurzel wird wagrecht in eine genau passende Glasröhre eingeführt und genügend mit Wasser versorgt. Die induzierte Wurzel, die natürlich ebenfalls mit der Zwiebelsohle in Verbindung bleibt, wird in zwei, durch einen Abstand von etwa 2—3 mm voneinander getrennte Glas-

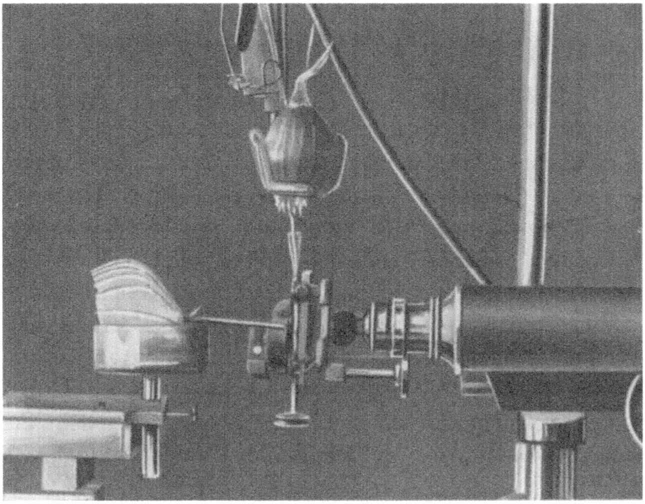

a

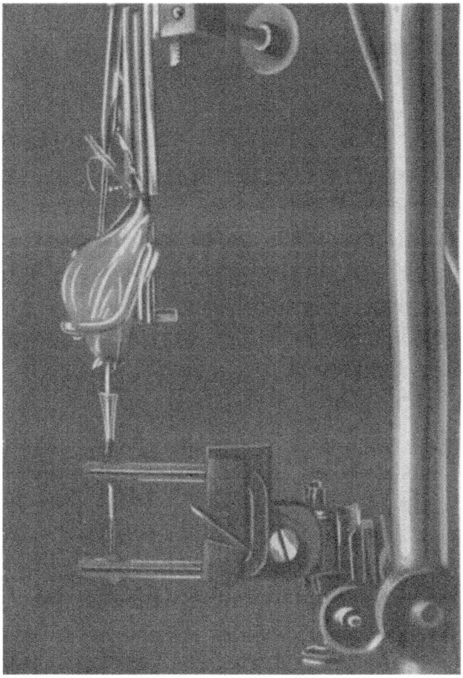

b

Abb. 31 a u. b. Induktionsapparat. a Gesamtansicht. Links das „Induktorium", ein Gestell, an dem sowohl eine Schale zur Aufnahme der induzierenden Zwiebel, als Röhren mit verschiedenen anderen induzierenden Objekten angebracht werden können. Das Induktorium ist mit Schrauben versehen, die eine allseitige Bewegung des Tisches resp. eine genaue Einstellung des induzierenden Objektes gestatten.
b das Gestell zur Aufnahme der induzierten Wurzel. Die Glasröhren sind mittels Schrauben genau senkrecht einstellbar.

röhrenstücke eingeführt, und zwar so, daß das der Induktion ausgesetzte Meristem in den Zwischenraum zwischen den beiden Glasstücken zu liegen kommt und nur durch einen capillaren, mittels einer Tropfvorrichtung stets erneuerten Wassermantel geschützt bleibt. Es wird nun durch entsprechende Vorrichtungen genau zentriert, mit der Berechnung, daß die Achsenfortsetzung der induzierenden Wurzel genau die Medianebene der induzierten Wurzel trifft und die ganze Vorrichtung etwa 3 Stunden stehengelassen. Die Induktionsrichtung wird nun genau markiert, die Wurzelspitze in Längsserien parallel zur Induktionsrichtung zerlegt und die Mitosen in jedem Schnitt links und rechts von der Medianlinie jedes Schnittes abgezählt.

Im Falle, daß eine Induktion von Mitosen auf Entfernung überhaupt stattfinde, hat man folgende Alternativen zu gewärtigen:

1. Das Meristemgewebe erweise sich als in hohem Maße durchsichtig, die mitogenetischen Strahlen sollen mit anderen Worten die Wurzeldicke ohne merkbare Absorption durchsetzen. Es müßte dann die ganze Strahlenspur innerhalb des Meristemgewebes ein Überschuß an Mitosen im Vergleich zum umgebenden Teile aufweisen, vorausgesetzt, daß überhaupt eine merkbare Induktionswirkung dabei denkbar wäre.

2. Das Meristemgewebe absorbiere die mitogenetischen Strahlen in einem abzuschätzenden Maße, die Strahlungsintensität erleide demnach bei Durchtritt durch die Wurzel ein merkbares Dekrement. Es müßte dann ein Übergewicht von Mitosen an der der „Belichtung" ausgesetzten Seite nachweisbar sein.

Letztere Eventualität erscheint als die bei weitem wahrscheinlichere, da ein Induktionseffekt, der ja auf einem Resonanzvorgange beruhen soll, ohne merkbare Absorption der Strahlungsenergie schwerlich denkbar wäre.

Die Ergebnisse der Experimente fallen in der Tat, und zwar ohne jede Ausnahme, im Sinne letzterer Erwartung aus: Es besteht ein sehr bedeutendes systematisches, scharf circumscriptes, auf das zentrale Gebiet der Wurzelspitze beschränktes Übergewicht an der induzierten Seite.

Auszug aus den Versuchsprotokollen.

Versuch 4. Abstand 2 mm. Dauer 3 Stunden.

| I | II | III | I | II | III | I | II | III | I | II | III |
|---|---|---|---|---|---|---|---|---|---|---|---|
| 36 | 32 | 4 | 88 | 82 | 6 | 58 | 38 | **20** | 40 | 44 | —4 |
| 30 | 33 | —3 | 57 | 50 | 7 | 58 | 41 | **17** | 55 | 53 | 2 |
| 38 | 34 | 4 | 55 | 52 | 3 | 44 | 40 | 4 | 49 | 53 | —4 |
| 35 | 31 | 4 | 58 | 60 | —2 | 42 | 42 | 0 | 41 | 40 | 1 |
| 29 | 34 | —5 | 64 | 65 | —1 | 43 | 43 | 0 | 44 | 43 | 1 |
| 34 | 34 | 0 | 66 | 61 | 5 | 37 | 35 | 2 | 36 | 33 | 3 |
| 51 | 53 | —2 | 50 | 52 | —2 | 45 | 43 | 2 | 34 | 34 | 0 |
| 54 | 57 | —3 | 52 | 53 | —1 | 46 | 50 | —4 | 46 | 47 | —1 |
| 66 | 64 | 2 | 64 | 54 | **10** | 46 | 43 | 3 | 45 | 49 | —4 |
| 72 | 78 | —6 | 70 | 57 | **13** | 42 | 46 | —4 | 31 | 37 | 6 |
| 75 | 81 | —6 | 80 | 50 | **30** | 54 | 55 | —1 | 23 | 25 | —2 |
| 75 | 74 | 1 | 62 | 45 | **17** | 64 | 62 | 2 | 36 | 30 | 6 |

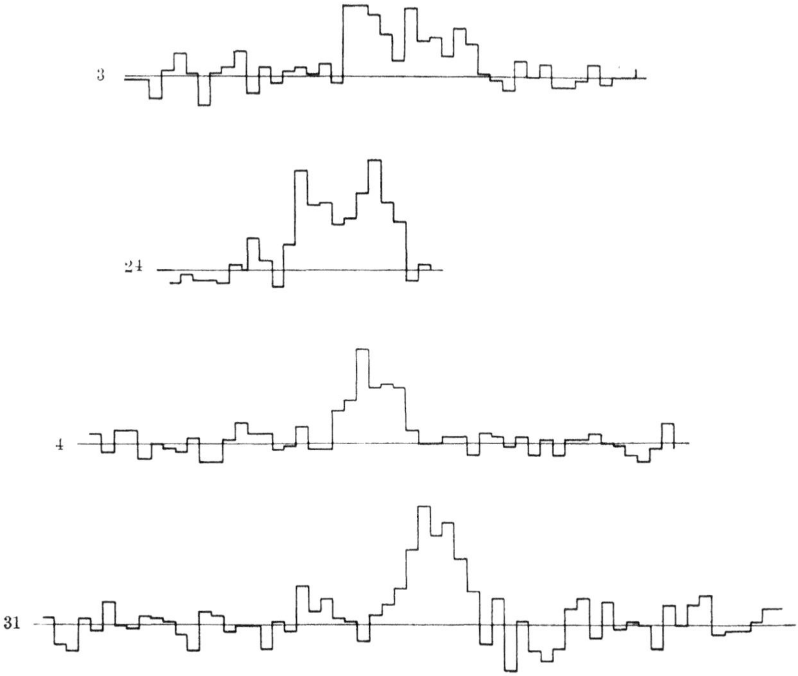


Abb. 32. Graphische Darstellung der Zahlen der Stäbe 3. Die Ziffern bei jeder Kurve bedeuten die Ordnungsnummer der Versuche. Positive Richtung (nach oben) bedeutet Überwiegen der induzierten Seite.
(Nach Gurwitsch, Archiv für Entwicklungsmechanik Bd. 100.)

Versuch 34. Abstand 2 mm.

| I | II | III | I | II | III | I | II | III | I | II | III |
|---|---|---|---|---|---|---|---|---|---|---|---|
| 8 | 6 | 2 | 73 | 73 | 0 | 95 | 68 | **27** | 69 | 68 | 1 |
| 16 | 22 | —6 | 57 | 57 | 0 | 100 | 69 | **31** | 68 | 68 | 0 |
| 46 | 54 | —8 | 59 | 66 | —7 | 80 | 60 | **20** | 77 | 84 | —7 |
| 59 | 57 | 2 | 53 | 52 | 3 | 83 | 73 | **10** | 82 | 76 | 6 |
| 61 | 63 | —2 | 50 | 52 | —2 | 66 | 72 | — 6 | 81 | 81 | 0 |
| 69 | 62 | 7 | 77 | 65 | 12 | 84 | 76 | 8 | 82 | 76 | 6 |
| 59 | 59 | 0 | 70 | 66 | 4 | 78 | 92 | —14 | 74 | 65 | —9 |
| 55 | 56 | —1 | 93 | 85 | 8 | 87 | 86 | 1 | 84 | 87 | —3 |
| 57 | 54 | 3 | 96 | 94 | 2 | 76 | 84 | — 8 | 93 | 95 | —2 |
| 60 | 58 | 2 | 94 | 93 | 1 | 100 | 111 | —11 | 70 | 72 | —2 |
| 55 | 54 | 1 | 77 | 82 | —5 | 101 | 108 | — 7 | 59 | 58 | 1 |
| 72 | 75 | —3 | 78 | 75 | 3 | 96 | 91 | 5 | 50 | 44 | 6 |
| 47 | 55 | —8 | 84 | 78 | 6 | 77 | 69 | 8 | 33 | 27 | 5 |
| 67 | 63 | 4 | 79 | 68 | **11** | 53 | 57 | — 4 | | | |
| 69 | 66 | 3 | 74 | 51 | **23** | 60 | 53 | 7 | | | |
| 63 | 65 | —2 | 110 | 74 | **36** | 51 | 52 | — 1 | | | |

1. Stab = induzierte Seite. 2. Stab = Schattenseite. 3. Stab = Differenz. (Die Zahlenangaben beziehen sich auf die Mitosenanzahl beiderseits von der Mittellinie an einer Serie von 10 $\mu$ dicken Längsschnitten durch Wurzelspitzen.)

## 3. Kritik der bisherigen Befunde.

Diese gewiß merkwürdigen, obwohl auf streng induktivem Wege gewonnenen Ergebnisse sind natürlichem Zweifel und scharfer Kritik ausgesetzt. Wir wollen daher, ehe wir weitergehen, auf alle denkbaren Versuchsfehler und Vieldeutigkeiten des näheren eingehen.

Was zunächst die technische Ausführbarkeit der Abzählung der Mitosen auf Schnitten betrifft, so sei nur flüchtig erwähnt, daß dieselbe natürlich mühsam ist und eine gewisse Einübung voraussetzt, bei sorgfältiger Arbeit werden indes die unvermeidlichen Fehler höchstens 3—4 Mitosen betragen und für die Ergebnisse völlig irrelevant sein, zumal die Plus- und Minusfehler, statistisch betrachtet, sich ausgleichen.

Von Hauptinteresse sind für uns zwei Fragen: 1. Ob die Übergewichte scharf genug hervortreten, um als sichere Induktionsresiduen erkannt zu werden; und 2., ob die Induktion auch tatsächlich n u r auf einen s t r a h l e n d e n Faktor, nicht auf beliebige andere Beeinflussungen zurückgeführt werden darf.

Zur Beurteilung der ersten Frage ist folgendes zu erwägen: Es wird auf das Stattfinden einer Induktion geschlossen, weil das Übergewicht auf der „bestrahlten" Seite erstens systematisch ist, d. h. bei gewöhnlicher Versuchsanordnung 5—6 Schnitte à 10 $\mu$ hintereinander einschließt, und nur auf dieselben beschränkt ist; zweitens, weil es sich um zentrale Schnitte handelt (da ja die induzierende Wurzelspitze gegen die Medianebene der induzierten Wurzel zentriert ist); und drittens, da es sich um Übergewichte handelt, die rund 30—50% (und darüber) betragen und in absoluten Zahlen zwischen 15—30 Mitosen schwanken und nicht selten auch größere Zahlen erreichen, in den nichtbestrahlten Schnitten der gleichen Wurzel die fluktierende Schwankung zwischen links und rechts sich dagegen innerhalb Grenzen bewegt, die nur ausnahmsweise die absolute Zahl 10 übertreffen.

Wir sehen demnach, daß schon ein einzelner Versuch, der diesen Anforderungen entspricht, eine enorme Beweiskraft besitzt, da die Wahrscheinlichkeit, daß alle drei soeben angeführten Punkte als rein zufällige Schwankungen der Mitosenverteilung gerade zusammentreffen sollen, verschwindend gering ist.

Diesen hohen Anforderungen entsprechen die Ergebnisse unserer sämtlichen Versuche, mit Ausnahme derer, wo die absoluten Mitosenzahlen in der Wurzel so geringe sind, daß trotz der prozentisch sehr hohen (50% und mehr) Induktion, die absolut sehr kleinen Zahlen (etwa 25 und 15) keine Sicherheit gewähren. Derartige Wurzeln traten in unserem Material regelmäßig im Spätfrühjahr ein, wo die Induktionsversuche aus diesem Grunde eingestellt werden mußten.

Zu erwähnen wäre noch, daß in unserem enormen Versuchsmaterial 2 Fälle zu verzeichnen sind, wo bedeutende Übergewichte an zwei benachbarten Schnitten an der nichtinduzierten Seite, allerdings abseits von der Medianebene, auftraten. Die nähere Untersuchung ergab für das eine Objekt eine auffallende, eng umgrenzte Häufung von Mitosen auf der betreffenden Seite, die offenbar auf einen lokalen Reizherd unbekannter Herkunft zurückgeführt werden muß, im zweiten Fall konnte eine zuerst unbemerkt gebliebene Beschädigung der Wurzel oberhalb des Meristems nachgewiesen werden.

Alle in der ersten Frage formulierten Bedenken erscheinen mir auf Grund des Ausgeführten als nichtig.

Von größter Bedeutung ist natürlich auch die zweite Frage: Ist der Nachweis der Induktionswirkung auf Entfernung gleichbedeutend mit der Anerkennung der strahligen Natur des betreffenden Faktors?

Es kämen ja noch andere Eventualitäten in Betracht, die erst eliminiert werden müssen.

Man könnte etwa an eine Ausscheidung aus der Wurzelspitze von flüchtigen gasförmigen Stoffen, etwa nach Analogie mit Riechstoffen denken, die etwa ebenfalls teilungsstimulierend wirken könnten. Es müßte auch die Möglichkeit einer corpusculären Strahlung, d. h. einer Art Radioaktivität in Erwägung gezogen werden. Die erste Eventualität läßt sich leicht und sicher auf Grund von Versuchen ausschließen, die im weiteren noch ausführlich zur Sprache kommen sollen. Es kommen hier in erster Linie folgende in Betracht:

1. Die Induktionswirkung pflanzt sich, sofern es sich um Wurzelspitzen handelt, in einem scharf circumscripten, annähernd parallelen Bündel von etwa 70 $\mu$ im Durchmesser fort. Wird nämlich die zu induzierende Wurzel in nächste Nähe der induzierenden Spitze, aber abseits von der Achse derselben gebracht, so bleibt jede Induktionswirkung aus. Die Induktionswirkung längs der Achse pflanzt sich aber andererseits ungeschwächt auf eine Entfernung von 38 mm (maximale geprüfte Strecke) durch Wasser und Luft fort.

2. Manche feste Medien, z. B. krystallinischer Quarz, sind für den induzierenden Faktor durchsichtig.

3. Der induzierende Faktor wird durch Glas nach gewöhnlichen, für Strahlungen geltenden Gesetzen reflektiert.

Durch all diese Umstände lassen sich beide in Erwägung gezogenen Eventualitäten mit Sicherheit ausschließen. Es besteht nur die eine Möglichkeit: Der induzierende Faktor kann nur eine, in ihren Eigenschaften noch näher zu definierende Strahlungsgattung sein. Sie mag provisorisch als mitogenetische Strahlung bezeichnet werden.

### 4. Physikalisches über mitogenetische Strahlen.

Solange als uns als Detektor für die mitogenetischen Strahlen allein Zwiebelwurzeln zur Verfügung stehen, kann natürlich schwerlich an eine strenge und erschöpfende physikalische

Analyse derselben gedacht werden. Es wäre schon viel mit einer befriedigenden Umgrenzung der betreffenden Region des Spektrums gewonnen. Bestimmte Anhaltspunkte für eine provisorische Bestimmung dieser Art ergeben sich ohne weiteres. An infrarote und noch längere Strahlen kann wohl angesichts der scharfen Umgrenzung des ausgesandten Strahlenbündels nicht ernstlich gedacht werden. Es kommt demnach die ultraviolette Region im weitesten Sinne des Wortes in Betracht.

Eine Reihe schwerwiegender Belege scheinen dieser Annahme einen hohen Grad von Sicherheit zu verleihen.

a) Verhalten mitogenetischer Strahlen gegen Glas.

Versuche von Dr. Rawin aus meinem Laboratorium ergaben, daß Glas für mitogenetische Strahlen ein hochgradig absorbierendes Medium darstellt. Das Vorsetzen eines Deckglases von etwa 0,1 mm Dicke setzt die Induktion auf ein Minimum herab, bei welchem die Ergebnisse überhaupt schon unsicher werden. Sehr dünne Lamellen von beiläufig 25 $\mu$ sind dagegen relativ durchsichtig.

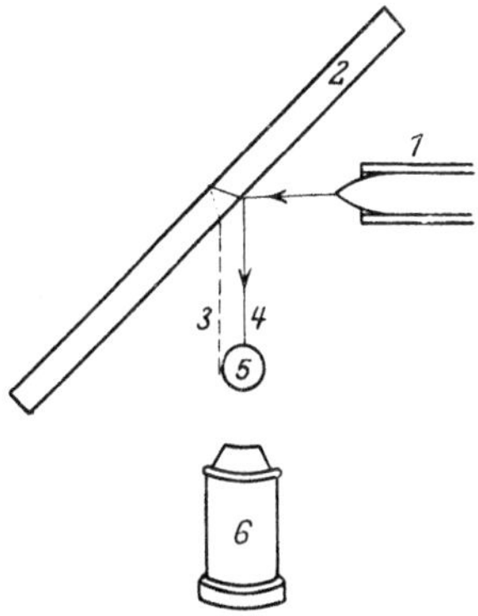


Abb. 33. Schema der Versuchsanordnung bei Spiegelungsversuchen. *1* Induzierende Wurzelspitze in einer Glasröhre. *2* Planspiegel. *3* Strahlengang für das Spiegelbild von der versilberten Fläche. *4* Schwaches Bild von der Glasoberfläche. *5* Querschnitt durch die induzierte Wurzel. *6* Horizontalmikroskop.

Es besteht dagegen, was natürlich auch zu erwarten war, ein bedeutendes Spiegelungsvermögen für mitogenetische Strahlen. Die Spiegelung von einer ebenen, gut geschliffenen Platte (Planspiegel eines guten Mikroskops) ist aber diffus. Es ließ sich in der Tat der Nachweis erbringen, daß die Induktionsresiduen, die bei normaler Induktion ganz typischerweise auf einen Längsstreifen von etwa 60—70 $\mu$ beschränkt blieben, bei Spiegelung etwa die doppelte Breite betragen[1]). Es möge ein Versuchsprotokoll angeführt werden.

[1]) Eine Erklärung, warum die Induktionsresiduen einen Längsstreifen in Beschlag nehmen, ist leicht zu geben: Die induzierte Wurzel nimmt während der Induktionsdauer um etwa 1,5 mm zu, das Meristem zieht daher gewissermaßen an dem induzierenden Strahlenbündel vorbei, wobei letzterer eine Streifenspur hinterlassen muß.

Induktionsresiduen nach Spiegelung.
(Nur die Differenzen sind angegeben.)
0, 11, 6, 18, 16, 8, 21, 13, 11, 18, 20, 15, 0, — 7.

Es verhält sich mit anderen Worten so, als ob die Glasoberfläche für mitogenetische Strahlen rauh wäre.

## b) Diffraktion mitogenetischer Strahlen.

Einige, allerdings relativ rohe Schätzungen des Diffraktionsvermögens mitogenetischer Strahlen sprechen, wie die Ergeb-

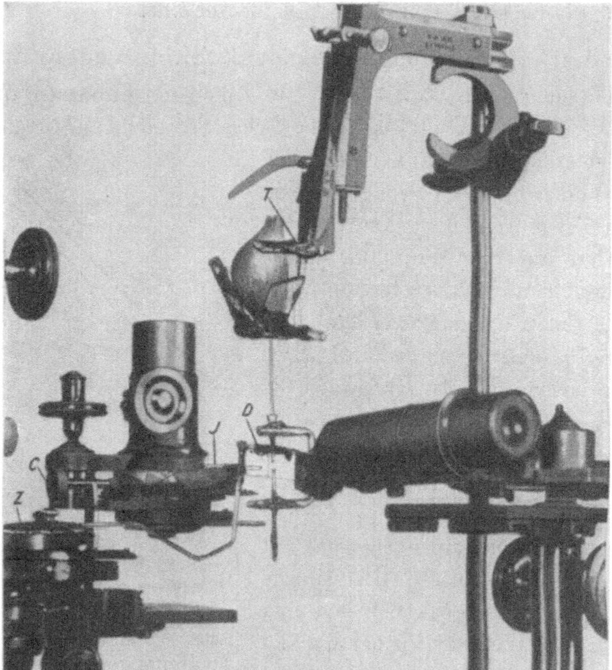


Abb. 34. Die definitive Versuchsanordnung. *D* Aneinandergekittete Glaslamellen mit Diffraktionsspalt. *C* Cremaillare zur Verschiebung der induzierenden Zwiebel. *J* Glasröhre zur Aufnahme der induzierenden Wurzel. *T* Glasröhre der Tropfvorrichtung. *Z* Kreuztisch eines Mikroskopstativs, an dem der Diffraktionsspalt befestigt ist. (Nach A. u. L. Gurwitsch, Archiv für Entwicklungsmechanik Bd. 104.)

nisse mit Spiegelung, zugunsten der Annahme, daß es sich nicht um langwellige ultraviolette Strahlen handeln kann.

Das von einer Wurzelspitze ausgestrahlte Strahlenbündel wurde durch einen 30 $\mu$ breiten Diffraktionsspalt geschickt und auf eine vorgesetzte, zu induzierende Wurzel gerichtet. Bei den gewählten Versuchsbedingungen müßte, wenn man der Berechnung die Fraunhofersche Formel für Parallelstrahlen setzt, die Breite des Diffraktionsstreifens erster Ordnung für Strahlen von 4000 Å, die dicht an der Grenze des Sichtbaren stehen, eine Zunahme von annähernd 26 $\mu$ erfahren, also im ganzen etwa wenigstens 50 $\mu$ betragen. Die Prüfung der Induktionsresiduen auf Schnitten ergab indes auch nicht die Spur einer Diffraktion, da ein Übergewicht auf nur zwei oder höchstens drei Schnitten zu verzeichnen war.

Induktion durch einen 30 $\mu$ breiten Spalt.
(Nur Differenzen sind angegeben.)

Versuch 1: 3, 4, — 2, — 2, 4, — 5, — 1, — 4, — 2, **23**, **12**, — 4, — 3, — 1, 0, 2, — 1, — 5, 0, 3.
Versuch 2: — 2, 3, 5, 3, 0, **22**, **15**, — 1, — 1, — 1, 1, 4.

Das Problem der Diffraktion oder, weiter gefaßt, dasjenige der Dispersion läßt sich auch noch von anderer Seite in Angriff nehmen und ist in dieser Form für uns von besonders aktueller Bedeutung.

Der Austritt eines quasiparallelen Strahlenbündels aus der konischen Wurzelspitze setzt einen nicht unbedeutenden Grad von Durchsichtigkeit und regelmäßiger Brechung oder, mit anderen Worten, Homogenität des Wurzelgewebes für die betreffende Strahlenart voraus. Letztere wäre aber weder auf Grund optischer Erfahrungen, noch der Gesamtheit der sonstigen Strukturen des Substrates zu erwarten, es müßte sich denn um sehr kurzwellige Strahlen handeln.

Es stünde auch diese Konsequenz in scheinbaren scharfen Widerspruch zu der Grundtatsache, auf der der ganze Erfolg unserer Experimente ja beruht: das Meristem erweist sich bei einseitiger Induktion als nicht vollständig durchsichtig, die induzierenden Strahlen werden ja bei Durchtritt durch das Wurzelgewebe der Quere nach hochgradig absorbiert, sonst könnte ein Übergewicht an Mitosen an der bestrahlten Seite nicht entstehen.

Um diesen Widerspruch zu schlichten und Klarheit in den ganzen Sachverhalt zu bringen, war es daher von großem Belang, abgesehen von einer mittelbaren Ableitung des präsumierten Strahlenganges innerhalb des Meristems, den Durchsichtigkeitsgrad und Charakter pflanzlicher Gewebe einer direkten Prüfung zu unterwerfen. Es wurde zu dem Behufe zwischen induzierender Wurzelspitze und induzierter Wurzel ein sog. Zwiebelhäutchen eingeschaltet. Es besteht dasselbe aus einer Lage flacher, sehr großer, durch planparallele Cellulosewände umgrenzter Zellen von beiläufig 120 $\mu$ auf 50 $\mu$ im Durchmesser. Da der Zellinhalt hauptsächlich aus einer Vakuole besteht, genügt das Häutchen (namentlich ein solches von der Außenfläche einer Zwiebellage) hochgradigen Anforderungen an optische Durchsichtigkeit und Homogenität, wie es sich namentlich bei entsprechender mikroskopischer Prüfung ergibt. Für mitogenetische Strahlen ist das Häutchen hochgradig durchsichtig, streut aber das Strahlenbündel in sehr beträchtlichem Maße.

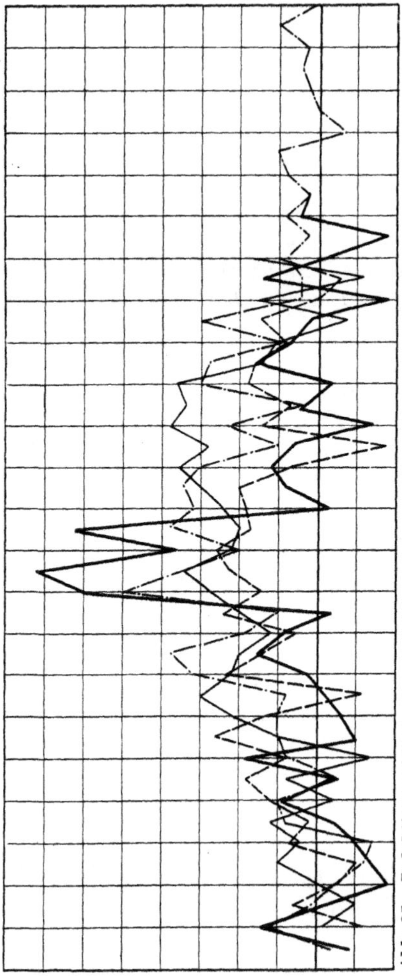

Abb. 35. Induktionsresiduen von drei Dispersionsversuchen durch ein Zwiebelhäutchen und eines typischen Falles von Heteroinduktion ohne Dispersion. Letzterer: dicker ausgezogener Strich, erstere: feiner Strich, Punktierung, Strichpunkt. (Nach Gurwitsch, Arch. f. Entw.-Mech. Bd. 103.)

Die Erklärung für diese Erscheinung ist zwar nicht völlig eindeutig, gibt uns aber interessante Anhaltspunkte für das Weitere.

Es wäre erstens daran zu denken, daß die Oberflächen der Cellulosewände für mitogenetische Strahlen sich als rauh erweisen könnten, obwohl sie es für Lichtstrahlen nicht sind. Wir hätten dann ein Analogon zu unseren Spiegelungsversuchen von einer ebenen Glasplatte.

Dieses Ergebnis wäre ein neuer wichtiger Beleg zugunsten der Annahme, daß es sich um kurzwellige Strahlen handle.

Man könnte aber auch an andere Eventualitäten denken. Nehmen wir eine Struktur der Cellulosewände im Sinne der Nägelischen Micellartheorie, die in der letzten Zeit durch Röntgenspektroskopie der Cellulose offenbar eine weitgehende Bestätigung fand, so werden wiederum zwei Möglichkeiten denkbar:

1. Die Cellulosemicellen seien für mitogenetische Strahlen zwar durchsichtig, besäßen aber einen anderen Brechungsindex als die zwischen ihnen liegenden Wasserlagen. Es müßte dann eine komplizierte, evtl. unregelmäßige Brechung des Strahlenbündels resultieren.

2. Es wäre aber auch mit der Möglichkeit zu rechnen, daß nur die Wasserlagen die Strahlen durchlassen, die von den Micellen selbst absorbiert werden. In diesem Falle hätten wir es mit einem Diffraktionsgitter zu tun. Eine experimentelle Entscheidung wäre zur Zeit nur schwer zu erbringen, die ganze Argumentation ist aber insofern von großer Bedeutung, als sie uns der scheinbar unüberwindlichen Antithese zwischen Absorptionsvermögen des Wurzelgewebes der Quere nach und der hochgradigen Durchsichtigkeit längs der Wurzel enthebt.

Das Zwiebelhäutchen, das uns als direktes Testobjekt diente, ist ja kein embryonales Gewebe, sondern viel eher einem Dauergewebe vergleichbar. Es läßt sich daher, auf dem Boden der Nägelischen Lehre fußend, die recht plausible Hypothese aufstellen, daß die Cellulosenwand derselben relativ wasserarm ist, resp. die Micellen dicht aneinandergerückt und nur durch dünne Wasserlagen voneinander getrennt sind. So könnte das Häutchen als ein Diffraktionsgitter für sehr kurzwellige Strahlen in Betracht kommen.

Die gleiche Betrachtung auf das Wurzelmeristem angewendet, dürfte uns zu folgenden Ergebnissen führen: Die Längswände der Wurzelzellen sind von viel höherem Alter als die Querwände, die ja in den Meristemzellen sämtlich erst neu entstanden, d. h. relativ sehr jung sind. Zieht man das Nägelische Micellenbild heran, so ließe sich wohl setzen, daß die Längswände der Meristemzellen (zumal die recht dicken Außenwände des Dermatogens) ein bedeutendes Absorptions- resp. Streuungsvermögen für mitogenetische Strahlen besitzen, die relativ jungen, wasserreichen Längswände dagegen hochgradig durchsichtig sind[1]).

Es läßt sich aus dieser Betrachtung auch der allgemeinere Satz ableiten, daß aus dem Verhalten einer bestimmten Gewebsart mitogenetischen Strahlen gegenüber auf ein solches einer zweiten in keinem Fall geschlossen werden darf.

Es liegen hier weitgehende experimentelle Möglichkeiten vor, die sicher lohnenswert wären.

### c) Verhalten der mitogenetischen Strahlen gegen Quarz und Gelatine.

Den Abschluß unserer Beweisführung zugunsten der Kurzwelligkeit der mitogenetischen Strahlen dürfen wir in ihrem Verhalten gegen Quarz und Gelatine erblicken.

Krystallinischer Quarz ist bekanntermaßen hochgradig durchsichtig für ultraviolette Strahlen bis etwa 1700 Ångström Wellenlänge. Sollten sich auch die mitogenetischen Strahlen in ähnlichem Sinne verhalten, so wäre für sie jedenfalls die Grenze nach der Seite der Kurzwelligkeit gestreckt. Unsere Versuche fielen sämtlich in eindeutig positivem Sinne aus. Eine etwa 3 mm dicke krystallinische, senkrecht zu ihrer optischen Achse geschliffene Quarzplatte, die wir der Freundlichkeit von Herrn Prof. Landsberg verdanken, erwies sich in der Tat für mitogenetische Strahlen völlig durchsichtig.

Induktion durch eine 3 mm dicke krystallinische Quarzplatte.
(Nur Differenzen angegeben.)

—5, —3, —6, 23, 27, 55, 37, 30, 10, 7, 1, 1.

Was das Verhalten der Strahlen gegen Gelatine betrifft, so zeigen schon die Mißerfolge mit der Photographie kurzwelliger ultravioletter Strahlen, daß die kurzwellige Grenze ihrer Durchsichtigkeit etwa in der Nähe von 2000 Ångström liegt. Sollte daher eine dünne Gelatineschicht genügen, um jede Induktionswirkung zu vereiteln, so wäre auch nach der langwelligen Seite hin eine Grenze für die gesuchte Wellenlänge der mitogenetischen Strahlen gezogen. Auch hier sprechen die Versuche in eindeutiger

[1]) Neuere, noch nicht veröffentlichte Versuche haben in der Tat ergeben, daß abgeschnittene, etwa 1,5 mm lange konische Wurzelspitzen der Länge nach durchsichtig sind.

Weise. Ein dünner Gelatineanstrich auf der Quarzplatte genügt, um die Induktion zum Schwund zu bringen.

Es spricht somit die Gesamtheit der im besten Einklange stehenden bisherigen Erfahrungen[1]), daß die Wellenlänge der mitogenetischen Strahlen etwa innerhalb der Grenzen von 1900—2000 Ångström liegt, d. h., daß dieselben kurzwellige ultraviolette Strahlen sind.

## C. Vorkommen und Verbreitung mitogenetischer Strahlen.

Wir sahen bereits, daß uns vorderhand als Detektor der Strahlungen allein Zwiebelwurzeln als geeignet erscheinen resp. zur Verfügung stehen. Was die Geber betrifft, so verhält sich die Sache ganz anders. Wir sind schon jetzt in der Lage, mit großer Zuversicht zu behaupten, daß wir in den mitogenetischen Strahlen einen für pflanzliche und tierische Keime offenbar universellen Faktor zu tun haben, der vor allem, was ja angesichts seiner einfachen physikalischen Natur durchaus begreiflich ist, nicht artspezifisch ist.

Als Spender wurden bisher folgende Objekte mit Erfolg erprobt:

a) Keimlinge von Heliantus. Induktion auf das Meristem der Zwiebelwurzel kann erzielt werden: 1. aus der Wurzelspitze, 2. aus dem medialen Punkte des Kotyledorandes, 3. aus der Spitze des eigentlichen Keimes, d. h. der Frühanlage des ersten Blattpaares.

b) Frische Querschnitte durch das Leptom von Kartoffelknollen.

c) Embryonale tierische Gewebe. Es wurden bisher junge Kaulquappen erprobt und ihr Induktionsvermögen vom Kopfscheitel aus nachgewiesen. Kaulquappen von etwa 10 bis 12 mm Länge werden in eine Glasröhre eingesogen, deren Durchmesser so gewählt wird, daß sie gerade immobilisiert werden und der vordere Körperpol in einer Entfernung von etwa 5 bis 7 mm gegen die Medianebene einer Zwiebelwurzel zentriert.

Die Möglichkeit, pflanzliche Gewebe durch tierische auf Entfernung zu beeinflussen, ist es vor allem, die uns zur Schlußfolgerung, daß es sich tatsächlich um einen universellen Faktor handelt, berechtigt. Es drängt sich dabei natürlich eine Un-

[1]) Es sei noch erwähnt, daß optisch durchsichtige kolloidale Silberlösungen die Induktion merklich hemmen (Karpass).

menge von kapitalsten Fragen auf, die nur zum geringsten Teil schon heute beantwortet werden können.

Das erste Problem, ob alle Gewebe der Keime Spender sind oder es sein können, wird uns noch ausführlich im weiteren beschäftigen. Es mag hier nur kurz die Frage gestreift werden, die ihrer Erledigung noch harrt, und zwar hauptsächlich, um zur Weiterforschung anzuregen: Wie verhält es sich sowohl mit Protisten als mit freien Zellen resp. mit Eiern?

Kleine, dotterarme oder dotterlose Eier, wie etwa der Echinodermen, wären zur Beantwortung der Frage besonders geeignet[1]).

## D. Das Problem des „genuinen" Teilungsfaktors.

Sowohl Haberlandts Ermittlungen und Ideen, als unsere Befunde lassen zunächst noch die Frage, ob wir es mit dem gesuchten „genuinen", das Zustandekommen der Teilung bestimmenden Faktor zu tun haben, offen. Es wäre dieses namentlich nicht der Fall, wenn es sich erweisen sollte, daß sowohl der eine wie der andere, jeder für sich genommen, als adäquater Teilungsimpuls genügt, da wir ja als „genuin" den Faktor bezeichnet hatten, der schon zum ehernen Bestande der Ablaufskette insofern gehört, als er durch einen anderen nicht mehr ersetzt werden kann.

Es liegen hier folgende Möglichkeiten vor:

1. Beide Faktoren kämen für das Zustandekommen eines adäquaten Teilungsreizes in Betracht, indem eine kausale Beziehung zwischen beiden besteht, die etwa so gedacht werden könnte, daß z. B. das Haberlandtsche Hormon nicht als unmittelbarer Reiz auftritt, sondern erst mitogenetische Strahlen erzeugt.

2. Ein kausaler Zusammenhang im umgekehrten Sinne, d. h. Erzeugung eines Hormons unter dem Einfluß der Bestrahlung.

3. Ein Zusammenwirken beider, voneinander unabhängig entstehender Faktoren.

In den Versuchen Haberlandts sind keine unmittelbaren Angaben enthalten, die der ersten Eventualität widersprächen. Es steht uns nach seinen Angaben frei, die Teilungshormone entweder unmittelbar auf das betreffende Gewebe teilungsför-

[1]) Die technisch leicht auszuführenden Versuche liegen leider vorläufig außer unserem Möglichkeitsbereich. Es hat sich aber inzwischen ergeben, daß Hefekulturen mächtig induzieren (Baren).

dernd einwirken zu lassen oder auch in denselben Strahlungserzeuger zu erblicken. Die Strahlen wären dann der eigentliche genuine Teilungsreiz. Man kann hier ein Stück Weges weiter kommen, indem man Haberlandts Versuche modifiziert und die Querschnitte durch die Leptombündel der Kartoffelknolle nicht durch Kontakt, wie bei Haberlandt, sondern auf Entfernung, im Sinne einer Induktion wirken läßt. Es wurde bereits im vorangehenden von dem positiven Erfolge derartiger Versuche berichtet[1]. Es läßt sich aber daraus nur das eine folgern: Die angeschnittenen Leptombündel strahlen auch aus. Es ist aber damit durchaus nicht gesagt, daß die mitogenetische Strahlung auf Rechnung des Haberlandtschen Hormons gesetzt werden müsse, daß, mit anderen Worten, nicht auch ein teilungsförderndes Hormon mit im Spiele sei[2].

Eine gewisse Förderung des hier diskutierten Problems dürfte von Experimenten erwartet werden, bei denen Teilungshormone und mitogenetische Strahlen gesondert einem Zellverbande zugeführt werden könnten, welcher an sich, d. h. ohne jede Beeinflussung von außen, gar keine Disposition zu Teilungen hätte. Die Anwesenheit eines Teilungshormons (im strengen Sinne des Wortes, d. h. nicht als Strahlungserzeuger) dürfte z. B. aus einem Experiment hervorgehen, wo eine auf Hormongehalt verdächtige Flüssigkeit keine Induktion bewirkt und wo auch die mitogenetische Bestrahlung für sich angewandt erfolglos bliebe. Sollte aber die Induktion, nachdem die fragliche Flüssigkeit in unmittelbare Berührung mit dem zu beeinflussenden Zellverband gebracht wurde, wohl gelingen, so wäre der erwünschte Beweis erbracht. Derartige, auf einen Hormongehalt verdächtige Flüssigkeiten ließen sich wohl unschwer finden. Man könnte u. a. auch mit der eiweißhaltigen Flüssigkeit versuchen, in der die Polenmutterzellen innerhalb der Antheren schwimmen.

Wenn wir die Gesamtheit der bisherigen Erörterungen auf die Frage zuspitzen wollen, welchen der beiden in Betracht

[1]) Diese werden inzwischen von Frau Kisliak-Statkewič weitergeführt.

[2]) Es könnte daran gedacht werden, die Haberlandtschen Versuche in dem Sinne zu modifizieren, daß Kartoffellamellen nicht nur als Sender, sondern auch als Detektor verwendet werden. Sollte ein derartiger Versuch erfolgreich sein, d. h. eine Kartoffellamelle ohne Leptom (d. h. nach Haberlandt ohne Hormon) sich induzieren lassen, so wäre die Frage wohl im Sinne der ersten Möglichkeit entschieden.

kommenden Faktoren wir als den gesuchten „genuinen“ Teilungsfaktor ansprechen dürfen, und ob wir überhaupt an der Quelle stehen und den Schlüssel zum Verständnis der Verursachung der Zellteilung vor uns haben, so müssen wir uns vorderhand auf bloße Wahrscheinlichkeitsgründe stützen. Von wirklichen Beweisen darf noch nicht gesprochen werden.

Wenn wir zunächst die Befunde Haberlandts in Betracht ziehen, so ist folgendes zu bemerken. In seinen grundlegenden Versuchen, die zur Entdeckung der Teilungshormone führten, haben wir es strenggenommen nicht mit einem rein physiologischen, sondern mit einem durch Wundsetzung gesetzten Faktor zu tun. Eine besondere Beweiskraft für die für uns in Betracht kommende Frage kann demnach diesen Versuchen nicht zukommen. Haberlandts Nekrohormone sind allerdings mehr physiologisch zu nennen, da sie im Laufe der Embryogenese gewissermaßen zwangsmäßig auftreten. Sie können aber keinesfalls den Anspruch auf Universalität erheben, dürfen daher auch nicht als genuine Teilungsfaktoren in unserem Sinne angesprochen werden.

Die Wahrscheinlichkeit, daß uns in den Teilungshormonen tatsächlich der genuine Teilungsfaktor vorliege, ist auf Grund des Ausgeführten nicht besonders groß.

Mitogenetische Strahlen fallen in dieser Hinsicht viel schwerer ins Gewicht.

Es ist vor allem zu berücksichtigen, daß dieselben durchaus physiologischen Charakters sind, resp. aus intakten, keinerlei künstlichen Eingriffen ausgesetzten Keimen stammen. Schwerwiegende Gründe sprechen außerdem dafür, daß wir es nicht nur mit einer, unter natürlichen Verhältnissen wohl kaum in Betracht kommenden Homo- oder Heteroinduktion, sondern offenbar auch mit einer Autoinduktion zu tun haben, d. h., daß die im Keime entstehenden mitogenetischen Strahlen in erster Linie für den Keim selbst an maßgebender Stelle für seine Teilungen in Betracht kommen. Es lassen sich in diesem Sinne nicht nur Erwägungen mehr teleologischer Art, sondern auch die Ergebnisse mit der inneren Spiegelung der Strahlen in gekrümmten Wurzelspitzen verwerten. Wir werden im weiteren auch noch andere Argumente zugunsten letzterer Behauptung anführen. Es kommt aber außerdem noch der äußerst wichtige

Umstand hinzu, daß wenigstens für ein Objekt die Entstehung mitogenetischer Strahlung aus einer frischen Wundfläche — dem Leptombündel der Kartoffelknolle — nachgewiesen werden konnte.

Es liegt demnach eine gewisse Berechtigung vor, die mitogenetische Strahlung nicht nur als einen universellen, aber auch als den genuinen Teilungsfaktor anzusehen, der demnach in keinem Falle einer Zellteilung fehlen darf und an einer ganz bestimmten Stelle innerhalb der zur Teilung führenden Ablaufskette steht.

Es ist daher angebracht, uns das gedachte Verhältnis zwischen den mitogenetischen Strahlen und dem cellulären Reizperzeptionsapparat etwas genauer auszumalen.

## E. Der Prozeß der Reizperzeption.

Als wir im 1. Kapitel die Reizperzeption auf eine Art Resonanz zurückzuführen versuchten, war der Begriff natürlich so allgemein wie möglich gefaßt und sollte nur die Überzeugung zum Ausdruck bringen, daß die launenhafte, regellose Verteilung der Mitosen in offenbar homogenen Zellkomplexen ihren Grund darin habe, daß der adäquate, den Zellen von außen zugeführte Teilungsreiz von denselben durch ein spezielles Perzeptionsorgan aufgenommen wird, das zu diesem Behufe genau abgestimmt werden muß. Dieser funktionstüchtige Zustand des Perzeptionsorgans muß als ein durchaus labiler und relativ fein geregelter gedacht werden, weil wir sonst kein Verständnis dafür gewinnen können, wieso zwei in jeder sonstigen Hinsicht identische Schwesterzellen auf den Teilungsreiz so verschieden reagieren können.

Es wurde dementsprechend gesetzt, daß die Bestandteile der Zelloberflächen der teilungsfähigen Zellen ein Mosaik von verschiedenem Vollkommenheitsgrade bilden, welches zur Reizperzeption nach dem Resonanzprinzip geeignet ist.

Diese Hypothese erwies sich insofern fruchtbar, als sie uns zu zielbewußten Induktionsversuchen führte, die von Erfolg gekrönt wurden. Wir sind aber bei weitem nicht berechtigt, aus dem Nachweis der Strahlennatur des adäquaten Teilungsreizes einen Beweis für unsere Grundannahme von dem Mosaikcharakter der Zelloberfläche zu erblicken. Bestimmte Strahlungsarten und namentlich ultraviolette Strahlen treten ja so häufig und verschiedenartig als physiologisch wirksam auf[1]), ohne daß man Veranlassung hätte, an ein spezielles Mosaik des empfindlichen Substrates zu denken.

Das Hauptmoment, das für unser Problem in die Wage fällt, liegt in dem Umstande, daß die Teilungsreaktion elektiv ist, und daß, soweit die Umstände zu schließen erlauben, der Bereitschaftszustand des perzipierenden Apparates ein vorübergehender und wahrscheinlich in kurzen Zeiträumen mehrmals auftauchender und verstreichender ist.

Es versteht sich von selbst, daß bei der in Betracht kommenden Größenordnung und der Beschaffenheit der Zelloberfläche der Begriff „Resonanz" seine ursprüngliche, den Schallerscheinungen usw. entliehene Bedeutung völlig einbüßt und durch denjenigen der elektiven Absorption bestimmter Strahlenarten ersetzt werden muß. Resonieren auf elektromagnetische Strahlen heißt mit anderen Worten, dieselben mehr oder weniger vollständig absorbieren. Wenn wir uns die Absorptionsverhältnisse der für uns in Betracht kommenden Strahlengattung von ca. 2000 Ångström vergegenwärtigen, so kann jedenfalls das eine mit großer Wahrscheinlichkeit geschlossen werden: Es kommt für das Verhalten eines Körpers für die betreffende Strahlenart nicht nur seine chemische Beschaffenheit, d. h. molekulare Zusammensetzung, sondern auch ein gewisses architektonisches Gefüge von höherer Größenordnung in Betracht. Es erhellt dieses schon allein aus der Tatsache, daß die Durchsichtigkeit von krystallinischem Quarz diejenige des geschmolzenen für die in Betracht kommende Strahlenart sehr bedeutend übertrifft.

Es ist demnach das Absorptionsvermögen einer Substanz für kurze ultraviolette Strahlen in gewissem Maße Funktion des Zustandes seines Krystallgitters oder, allgemeiner, einer gesetzmäßigen räumlichen Molekularanordnung.

Wenn wir diese Erwägungen auf unser Objekt anwenden wollen, so ergibt sich, daß wir unser Mosaik in berechtigter Weise nur in der Größenordnung eines molekulären Gitters uns denken können. Es wäre z. B. der *C*-Bestandteil als disperse Phase zu denken, die in den jüngsten Meristemzellen ein molekuläres „Gitter" bilde, das in einem bestimmten Prozentsatze der Fälle

[1]) Auf die reichhaltige Literatur über diesen Gegenstand kann hier nicht eingegangen werden.

einen Präzisionsgrad besitzt, welcher das Ansprechen für die mitogenetischen Strahlen gewährt. Durch Anwachsen des Dispersoids, als welches das *A* anzusprechen wäre, falle die ursprüngliche Gitteranordnung immer mehr und mehr einer partiellen Zerstörung anheim.

Die Gitterstruktur muß am vollkommensten in befruchteten Eiern und Blastomeren gedacht werden, worüber weiter unten. Sowohl jeder Form- als Größenwechsel der Zellen, der ja mit entsprechenden Modifikationen ihrer Oberflächen einhergeht, muß natürlich auch die Beschaffenheit des Oberflächengitters entsprechend beeinflussen. Denkt man an die bedeutenden prämitotischen und postmitotischen Formwandlungen unregelmäßig gestalteter und namentlich amöboider Zellen, so kann man natürlich nicht umhin, eine weitgehende Zerstörung des Gitters und ein entsprechendes Restitutionsvermögen derselben zu setzen. Wir kommen damit auf die nähere Besprechung der Prämissen, der Ausbildung und Erhaltung der postulierten Strukturen der Zelloberfläche.

Es wurde bereits in der Einleitung des näheren erörtert, wie wenig der kolloidchemische Standpunkt, der so klärend in mancher Hinsicht für unsere Auffassung der Plasmaeigenschaften ist, als leitendes Prinzip für die tieferen biologischen Probleme ausreichen kann. Es müssen eigenartige dynamische Strukturen im Plasma postuliert werden, deren Entstehung, Erhaltung und Konfiguration auf genuine Prinzipe zurückgeführt werden müssen, die den allgemeinen kolloidalen Gesetzlichkeiten gewissermaßen superponiert sind und aus denselben allein keinesfalls abgeleitet werden können. Dieser Art erscheint uns auch die postulierte und im vorhergehenden näher begründete „Gitterstruktur“ der Zelloberflächen. Es soll nicht im entferntesten daran gedacht werden, daß dieselbe sich aus den kolloidchemischen Gesetzlichkeiten der Sole oder Gele ergibt. Es genügt rein formal, wenn sie mit denselben in keine Kollision gerät, was in der von uns vertretenen allgemeinen Fassung nicht zu befürchten ist.

Die Gitterstruktur der Zelloberfläche wäre demnach ein Spezialfall des ganz allgemeinen Postulates der „Zellbahnen“, wie er in der Einleitung ausführlicher erläutert wurde.

Das Bild, das wir uns über den hohen Dispersitätsgrad der Mosaikstruktur der Zelloberfläche machen müssen, steht, wie ich glaube, im besten Einklange mit den Vorstellungen, die vielfach auf Grund der Erfahrungen über die Permeabilitätsverhältnisse der Plasmahaut gemacht wurden.

Die Ultrafiltertheorie der Vitalfärbung von Ruhland beruht ja geradezu auf der Auffassung der Plasmahaut als eines Molekularsiebes von einer Porenweite, die nur für hochdisperse Farbstoffe passierbar ist. Wie jede zu einfache Theorie, so enthält auch die Ruhlandsche unbestritten nur einen Teil der Wahrheit. Daß die Zellpermeabilität ein unvergleichlich komplizierterer Vorgang als eine bloße Ultrafiltration ist, wurde durch zahlreiche weitere Arbeiten bewiesen, deren Übersicht bei Höber zu finden ist. Ein gewisser Zusammenhang zwischen Molekelgröße eines Stoffes und seinem Permeabilitätsvermögen kann aber ebensowenig wie die Grundlagen der Overtonschen Lipoidtheorie geleugnet werden. Die sich daraus ergebende notwendige Konsequenz, daß die Zelloberfläche, ganz allgemein gesprochen, eine Anomogenität von molekulärer Größenordnung besitzt, darf daher einen hohen Grad von Wahrscheinlichkeit beanspruchen.

Es soll damit nicht im entferntesten daran gedacht werden, daß dieses hypothetische molekuläre Sieb speziell mit dem von uns postulierten Mosaik identifiziert werden kann. Es handelt sich vorderhand nur um einen Hinweis, daß eine Architektur von annähernd übereinstimmender Größenordnung von zwei voneinander wesentlich unabhängigen Seiten postuliert werden muß.

Aber auch abgesehen von der formalen Analogie unseres Bildes mit den Konstruktionen, die durch Berücksichtigung der Permeabilitätsverhältnisse nahegelegt wurden, steht auch die allgemeinere tiefere Einsicht in die biologische Wertigkeit der Zelloberfläche, zu der diese Forschungsrichtung allmählich gelangt, in bester Harmonie mit unseren Anschauungen. Die „physiologische" Permeabilität, die Höber in einen gewissen Gegensatz zur „physikalischen" stellt, scheint mir ein klarer Ausdruck des Gedankens zu sein, daß die Eigenschaften und wohl auch die Beschaffenheit der Zelloberfläche ein Etwas, einem bloß kolloidchemischen Begriffe eines Suspensoides oder Emulsoides weit Überlegenes ist.

Auf die Bedeutung des Oberflächenmosaiks für unsere Auffassung der Embryogenese werden wir im nächsten Kapitel zurückkommen.

## F. Die Herkunft mitogenetischer Strahlen.

Die eigenartige Strahlenerzeugung im Organismus, die wir im vorangehenden bewiesen zu haben glauben und die auf den ersten Blick so befremdlich erscheint, hat einen Präzedenten in der Erzeugung sichtbarer Strahlen durch zahlreiche pflanzliche und tierische Organismen. Genau in gleicher Weise, wie bei Leuchterscheinungen zunächst die Frage nach Sitz der Strahlungsenergie resp. Bau der Leuchtorgane, und zweitens nach der Energiequelle und Energieumwandlungen bei Lichterzeugung auftritt, haben wir das Problem auch in unerem Fall zu stellen. Die Frage, ob die Aussendung mitogenetischer Strahlen an bestimmte Organe gebunden sei, und wenn ja, wo letztere zu suchen wären, ist aber in einer ganz anderen Weise, wie im Falle der Leuchtorgane, mit dem zweiten Problem — demjenigen nach dem energetischen Umsatze bei der Strahlenerzeugung — verknüpft. Wir wollen daher, um die Übersicht über den etwas komplizierten Sachverhalt zu erleichtern, das Problem der Lokalisation nur an einem Spezialfall erörtern, um dann sofort auf das zweite Problem in möglichst erschöpfender Weise einzugehen.

### 1. Das Strahlungszentrum in der Zwiebel.

Die uns bereits geläufigen Tatsachen über die innere Spiegelung und Ausstrahlung der Zwiebelwurzel lassen mit Sicherheit darauf schließen, daß die mitogenetischen Strahlen in die Wurzelspitze aus einem irgendwo proximalwärts gelegenen Wurzel- resp. Zwiebelbezirk gelangen.

Etwas Näheres über den Sitz des Strahlungszentrums sagen diese Erfahrungen allerdings nicht aus.

Der erste und naheliegendste Versuch, die Wurzelspitze auf verschiedenen Höhen abzutragen und das Induktionsvermögen aus der Schnittfläche der Wurzelspitze zu prüfen, führt zunächst zu eigenartigen Resultaten. Es genügt schon die Entfernung der konischen Spitze, um jeden Induktionseffekt zu vereiteln. Die Schlußfolgerung, daß wir damit die Strahlungsquelle selbst entfernt oder beschädigt hätten, wäre aber ein Trugschluß, was sich nicht nur aus den oben bereits entwickelten Erwägungen, sondern durch folgende Überlegungen und Experimente ergibt.

Da die Induktion bereits durch Abtragung der äußersten Wurzelspitze gehemmt werden kann, wo ja sicherlich keine

Induktionsquelle in Betracht kommt, so wurde der Verdacht nahegelegt, es möge sich um eine Schockwirkung durch Wundsetzung handeln. Ein einfacher Weg führt zur experimentellen Bestätigung dieser Vermutung[1]).

Die induzierende Wurzel wird in einer $^1/_4$—$^1/_2$proz. Chloralhydratlösung narkotisiert. Ihr Induktionsvermögen wird dadurch etwas geschwächt, läßt sich aber immerhin mit Sicherheit nachweisen. Wird nun an einer derartigen Wurzel die Spitze oder auch ein beliebiges, etwa ein paar Zentimeter großes Stück abgetragen, so erweist sich die Wundfläche von sehr beträchtlichem Induktionsvermögen, welches dem normalen um nichts nachsteht und, soweit sich beurteilen läßt, dasjenige der intakten narkotisierten sogar übertrifft. Dieser Effekt der Narkose kann wohl nur so gedeutet werden, daß durch dieselbe in der Tat die Schockwirkung der Operation aufgehoben wird, läßt aber auch den Gedanken, in den peripheren Wurzelteilen die Strahlungsquelle zu suchen, wohl endgültig fallen.

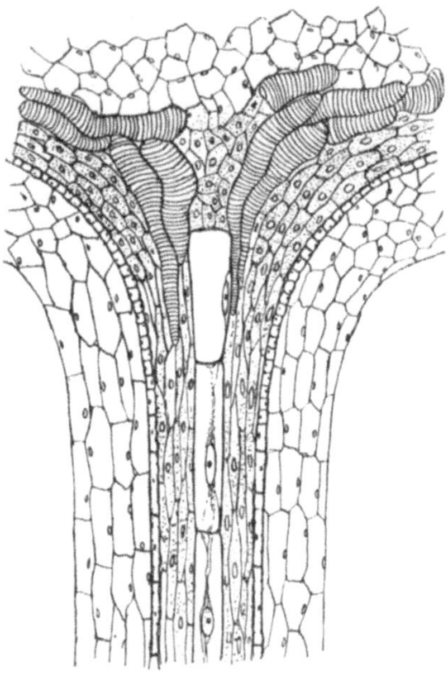

Abb. 36. Trichterförmiger Wurzelursprung an der Zwiebelsohle. (Nach L. Gurwitsch: Archiv für Entwicklungsmechanik Bd. 103.)

Da die Amputation in jedem beliebigen Wurzelniveau offenbar mit gleichem Erfolg vorgenommen werden kann, richten sich unsere Blicke in der Suche nach der Strahlungsquelle nach der Wurzelbasis resp. deren Ursprung aus der Zwiebelsohle.

Die histologische, von Lydia Gurwitsch durchgeführte Analyse ergab hier folgendes: Der Wurzelursprung hat die Form eines Trichters, an dessen Bildung sich sämtliche Gewebschichten

1) Vgl. speziell Lydia Gurwitsch: Arch. f. Entwicklungsmech. d. Organismen. 1924.

des Wurzelschaftes beteiligen, indem sie in das gemeinsame Polster des Sohlenparenchyms einlenken (Abb. 36). Eine Ausnahme macht die zentrale Zellensäule (die auch durch zwei bis drei Zellreihen vertreten sein kann) und die in der Höhe der Trichterbasis ganz scharf mit einer sehr großen Zelle absetzt, die sich ganz unvermittelt einem kleinzelligen Parenchym anschließt, das aus relativ plasmareichen Zellen besteht und auch den übrigen Raum des Trichters ausfüllt. An die Trichterbasis rücken aus der Tiefe der Sohle dichte Geflechte von Ringgefäßen heran, die z. T. einen geschlossenen Kreis um die Trichterbasis bilden, zum anderen in den Wurzelschaft einbiegen und verschieden tief in das Gefäßbündel desselben vordringen.

Dieses, in seinen zentralen Teilen ziemlich scharf abgesetzte Gebilde wird von uns als die eigentliche Strahlungsquelle für die betreffende Wurzel in Anspruch genommen. Daß diese Annahme sich experimentell erhärten läßt, wird aus dem nachfolgenden hervorgehen. Es sei aber schon hier ausdrücklich darauf hingewiesen, daß wir es in der Zwiebel mit ganz eigenartigen, aus der ganzen Struktur der Pflanze sich ergebenden Verhältnissen zu tun haben und sich daher die Ergebnisse keinesfalls verallgemeinern lassen. In der Tat, ein so zentral gelegenes und nicht mehr entwicklungsfähiges Gebilde, wie es die Zwiebel resp. ihre S o h l e ist, wäre ja nicht bei anderen Pflanzenkeimlingen anzutreffen, die in allen ihren Teilen aus embryonalen Geweben, obwohl nicht durchgehend meristematischen Charakters, bestehen. Eine lokalisierte, strahlenerzeugende Quelle wäre demnach in einem Dicotylenkeimling gar nicht zu erwarten, wurde auch, wie wir im weiteren noch sehen werden, dort auch nicht gefunden.

Daß der oben geschilderte U r s p r u n g s t r i c h t e r mit größter Wahrscheinlichkeit als Strahlungsquelle angesehen werden darf, ergibt sich aus folgenden Erwägungen und Versuchen.

Wir sahen, daß die Abtragung der Wurzelspitze ohne Narkose eine schwere Schockwirkung zur Folge hat, die sich offenbar auf irgendein zentral gelegenes Gebilde bezieht, was aus den Ergebnissen mit Operation unter Narkose gefolgert werden darf. Die stärkste Traumatisierung der Zwiebel, die bei unseren Induktionsversuchen jedesmal stattfindet, indem wir a l l e Wurzeln einer Zwiebel bis auf die eine, die induzierende oder die induzierte, entfernen und einen beliebigen Zwiebelstumpf in

Verbindung mit der Wurzel belassen, hemmt in keiner Beziehung das Induktionsvermögen der letzteren. Da somit die Schockwirkung von einer Wurzel auf die benachbarte nicht übertragen wird, haben wir allen Grund, jeden Wurzelursprung als mehr weniger autonom zu setzen. Daß aber andererseits der Wurzeltrichter die Quelle ist, von der aus die Teilungsimpulse für die betreffende Wurzel und gleichzeitig ihre Induktionswirkung auf andere Wurzeln hervorgehn, erhellt aus den Versuchen, diese Region einer streng lokalisierten Narkose zu unterwerfen, ohne gleichzeitig die Wurzel in Mitleidenschaft zu ziehen. Die Methodik der lokalen Narkose, die wir bisher übten, ist sehr primitiv und deren Ergebnisse leider insofern schwankend, als die Narkose nicht jedesmal mit Sicherheit erzielt werden kann. Es wird an der Wurzel ein möglichst kleiner Stumpf der Zwiebelsohle belassen und in eine möglichst weiche Gelatinegallerte, die mit 1 proz. Chloralhydratlösung bereitet wird, eingeschlossen (vgl. Abb. 5 S. 29). Daß eine solche an sich sehr energisch narkotisierend wirkt, ist uns schon durch langjährige Erfahrung an tierischen und pflanzlichen Objekten bekannt. Der kaum zu überwindende Mißstand der Methode besteht darin, daß man den Sohlenstumpf nicht zu klein nehmen darf, da die genaue Lage des Ursprungstrichters innerhalb desselben nie genau bestimmt werden kann und eine Beschädigung oder Entblößung unbedingt vermieden werden muß, falls wir die Reinheit des Versuches beanspruchen.

Es scheint aber das Narkoticum nicht immer in genügender Konzentration durch das dichte Gewebe der Sohle durchdringen zu können. Es blieb daher bei manchen Versuchen jede nachweisbare Wirkung der Narkose aus: die betreffende Wurzel besaß nach etwa 15 Stunden eine offenbar normale Mitosenzahl und übte ihre gewöhnliche Induktionswirkung aus.

Die Ergebnisse der positiven Versuche sind aber trotzdem insofern höchst instruktiv, als nach entsprechender Versuchsdauer sowohl die Wurzel selbst faktisch mitosenfrei vorgefunden wurde als auch jede Induktionswirkung aus ihrer Spitze wegblieb.

Der direkte Beweis, daß in der Zwiebelsohle tatsächlich die eigentliche Strahlungsquelle enthalten ist, wurde schließlich auf einem Wege erbracht, der aus folgenden Erwägungen hervorging.

## 2. Die Quelle der strahlenden Energie.

Als energetische Quelle der Erzeugung von Strahlen im Organismus können wohl am ehesten chemische Umsätze in Betracht kommen. Die Gedanken werden dabei von selbst auf die Verhältnisse der Entstehung sichtbarer Strahlen in den verschiedenen tierischen und pflanzlichen Leuchtorganen gelenkt, obwohl die Analogie etwas gewagt erscheint, da eine Chemiluminsecenz so kurzwelliger Art wie in unserem Falle bisher unbekannt war und auch aus theoretischen Gründen nicht besonders wahrscheinlich erschien. Es blieb aber immerhin der entscheidenden Versuch zu wagen.

Es war schon seit den klassischen Untersuchungen Dubois' aus den achtziger Jahren bekannt, daß das Leuchten zwar ein Erzeugnis der Lebenstätigkeit bestimmter Zellgruppen von drüsigem Typus ist, sich aber der leuchtende Stoff auch in dem wässerigen Auszug aus den Leuchtorganen wieder finden läßt. Durch ein höchst einfaches Verfahren gelang es ferner Dubois, in dem wässerigen Extrakt aus den Leuchtorganen zwei Fraktionen zu isolieren, deren jede für sich genommen kein Leuchtvermögen besitzt, beim Zusammengießen derselben in vitro dagegen ein helles Aufleuchten, allerdings von kurzer Dauer, auftritt. Der eine, wasserlösliche, durch mäßige Erhitzung auf 60° C nicht zerstörbare, nicht eiweißhaltige Körper wurde von Dubois als Luziferin, der andere, bei Erwärmung zerstörbare, als Luziferase bezeichnet und als ein Ferment aufgefaßt. Dubois' Befunde wurden in vollem Maße durch Newton Harvey bestätigt [1924][1]) und dahin erweitert, daß es sich um ein Oxydationsferment handelt, und daß seine Wirkung auf das Luziferin zur Bildung von Oxyluziferin führt, der vollständig reversibel ist.

Indem wir die hier angeführten Methoden Dubois' auf unser Objekt getreu zur Anwendung brachten, kamen wir zu Resultaten, die in vollem Maße die Berechtigung der weitgehendsten Analogie ergaben.

Indem man die Sohle einer kräftigen Zwiebel, aus der zahlreiche Wurzeln sprossen, fein zerhackt und unter geringer Wasserzugabe schnell in einem Mörser möglichst kräftig zerreibt, erhält

[1]) Vgl.: Die Naturwissenschaften. 1924.

man eine trübe Flüssigkeit, die, in eine Capillarröhre eingesogen, solange frisch (etwa $^1/_2$—$^3/_4$ Stunden), eine kräftige Induktion auf Zwiebelwurzeln ausübt. Die Versuchsanordnung bleibt natürlich die alte, nur daß man im Induktionsapparat die induzierende Wurzel durch die Glasröhre mit dem Brei aus der Sohlensubstanz ersetzt. Da es sich ganz offenbar um eine diffuse Strahlung aus der Flüssigkeitsoberfläche handelt, sind die Induktionsresiduen auch dementsprechend breit und betragen durchschnittlich einen medianen Streifen der Wurzel von beiläufig 250 bis 300 $\mu$ im Querdurchmesser. Daß der Induktionsstreifen nicht noch breiter ist, dürfte sich wohl daraus erklären, daß sehr schräg auffallende Strahlen wohl reflektiert werden und daher keinen Induktionseffekt ausüben können[1]).

Der 1 Stunde alte Extrakt aus der Sohlensubstanz hat sein Induktionsvermögen völlig eingebüßt; es steht demnach zu erwarten, daß die Intensität der Produktion mitogenetischer Strahlen schon viel eher, wahrscheinlich mit einem nicht unbedeutenden Dekrement erlischt, was ja ebenfalls in voller Analogie zum Leuchten des Auszuges aus den Leuchtorganen in Dubois' Versuchen steht.

Induktion mit frischbereitetem Brei aus der Zwiebelsohle.
(Nur Differenzen zwischen induzierter und nichtinduzierter Seite angegeben.)

—4, —5, 17, 22, 12, 17, 18, 14, 13, 17, 7, 19, 14, 13, 24, 27, 32, 28, 22, 16, 4, 9, 9, 28, 18, 33, 14, 23, 16, 15, 2, —1

(Nach Lydia Gurwitsch.)

Der weitere Schritt, der auf dem beschrittenen Wege zu machen war, beide, der Luziferase und dem Luziferin analoge Fraktionen zu isolieren, gelang ebenfalls im vollen Maße.

Indem der frischbereitete Brei in 3 Portionen geteilt wurde, von denen mit der einen sofort induziert, die zweite für 5 Minuten in ein Thermostat von 58—60° C kam und die dritte bei Zimmertemperatur aufgehoben wurde, ergab sich, wie zu erwarten war: 1. Ein kräftiger Induktionseffekt von der ersten Portion, ein völliges Versagen der Fraktionen 2 und 3 und ein deutlich positives Ergebnis mit einem frischen Gemenge von beiden letzt-

---

[1]) Es besteht auch die andere Möglichkeit, daß die relativ dünnen peripheren Lagen des Wurzelquerschnittes relativ durchsichtig sind und folglich kein merkbarer Unterschied zwischen der belichteten und der Schattenseite entstehen kann.

erwähnten Fraktionen. Die Vermischung beider Fraktionen wurde erst 24 Stunden nach ihrer Bereitung vorgenommen, was ihre gute Haltbarkeit, jede für sich genommen, erweist. Die in den bezüglichen Fraktionen offenbar enthaltenen Körper wurden von uns mit den provisorischen Namen „Mitotin und Mitotase“ belegt.

Auszug aus den Versuchsprotokollen.

Versuch 1.

A. Frisch bereiteter Brei aus einer Zwiebelsohle.

| | | | | | | | | | | | | |
|---|---|---|---|---|---|---|---|---|---|---|---|---|
| Mitosenanzahl an der induzierten Seite . . . . . | 51 | 59 | 90 | 82 | 61 | 60 | 57 | 53 | 72 | 62 | 59 | 37 | 45 |
| nichtinduzierte Seite . . . | 49 | 63 | 60 | 50 | 51 | 38 | 45 | 43 | 57 | 47 | 38 | 30 | 30 |
| Differenz . . . . . . . . . | 2 | —4 | 30 | 32 | 10 | 22 | 12 | 10 | 15 | 15 | 21 | 7 | 15 |

B. Auf 60° C erwärmte Fraktion desselben Breies.
(Wegen Bedeutung der Zeilen vgl. A.)

| | | | | | | | | | | | | | | | |
|---|---|---|---|---|---|---|---|---|---|---|---|---|---|---|---|
| 60 | 66 | 64 | 61 | 61 | 63 | 60 | 75 | 81 | 71 | 61 | 71 | 73 | 73 | 65 | 61 |
| 61 | 69 | 65 | 62 | 74 | 62 | 60 | 73 | 82 | 66 | 65 | 74 | 69 | 69 | 65 | 60 |
| —1 | —3 | —1 | —1 | —13 | 1 | 0 | 2 | —1 | 5 | —4 | —3 | 4 | 4 | 0 | 1 |

C. Bei Zimmertemperatur aufbewahrter Brei nach 24 Stunden.

| | | | | | | | | | | | | | | | | | | | | |
|---|---|---|---|---|---|---|---|---|---|---|---|---|---|---|---|---|---|---|---|---|
| 49 | 49 | 49 | 43 | 60 | 51 | 43 | 53 | 41 | 31 | 45 | 51 | 52 | 45 | 45 | 41 | 35 | 55 | 59 | 51 | 51 |
| 48 | 53 | 46 | 43 | 58 | 46 | 40 | 49 | 43 | 33 | 44 | 44 | 50 | 48 | 38 | 39 | 39 | 61 | 61 | 50 | 49 |
| 1 | —4 | 3 | 0 | 2 | 5 | 3 | 4 | —2 | —2 | 1 | 7 | 2 | —3 | 7 | 2 | —4 | —6 | —2 | 1 | 2 |

D. Fraktionen B und C gemischt und sofort mit dem Gemenge induziert.

| | | | | | | | | | | | | | | | | |
|---|---|---|---|---|---|---|---|---|---|---|---|---|---|---|---|---|
| 43 | 62 | 65 | 75 | 70 | 78 | 79 | 82 | 61 | 58 | 60 | 49 | 52 | 52 | 46 | 56 | 43 |
| 45 | 43 | 48 | 46 | 56 | 61 | 62 | 69 | 57 | 39 | 54 | 42 | 40 | 34 | 44 | 55 | 49 |
| —2 | 19 | 17 | 29 | 14 | 17 | 17 | 13 | 4 | 19 | 6 | 7 | 12 | 18 | 2 | 1 | —6 |

Es sei noch der Vollständigkeit halber erwähnt, daß, wie es bei enzymatösen Prozessen der Fall ist, bei Zugabe von größeren Dosen von Narkotica (Chloralhydrat) die Induktionswirkung, also offenbar auch die Mitotasewirkung, aufgehoben wird (S. Salkind).

Induktion mit einer Emulsion aus jungen Kaulquappen (1—1,2 cm Länge).

A. Frisch bereitete Emulsion mit geringem Ringer - Zusatz.
(Nur Differenzen angegeben.)

0, —3, 11, 7, 10, 8, 13, 28, 20, 3, 1, 11, 16, 12, 16, 16, 22, 12, 22, 12, 19, 10, 6, —3, 8.

(Nach Lydia Gurwitsch.)

B. Nach 15 Minuten Narkose in 0,5 proz. Chloralhydratlösung 9 Kaulquappen zerrieben, in 0,25% Chloralhydrat sofort zur Induktion verwertet.
(Nur Differenzen angegeben.)

3, —5, 7, —5, 6, 2, —3, 2, —3, —2.

(Nach S. J. Salkind.)

Diese mit Absicht etwas ausführlicher behandelten Versuche machen den Schluß wohl unabweisbar, daß mitogenetische Strahlen, die ja offenbar sehr kurzwellige ultraviolette Strahlen sind, als ein Erzeugnis einer eigenartigen Chemoluminescenz auftreten.

Dieses Ergebnis ist gewiß überraschend und birgt in sich noch manche Unklarheiten, da Fälle einer derart kurzwelligen Chemoluminescenz aus anorganischem Gebiete nicht bekannt und auch theoretisch schwer erklärlich sind. Als erster Fall ultravioletter Chemoluminescenz wurde allerdings ganz kürzlich eine Emission von Strahlen von 3000 Ångström gefunden (Haber und Zisch: Naturwissenschaften 1925, H. 20)[1]. Es handelt sich hier um eine Reaktion zwischen Quecksilber und Chlordampf, die sehr energisch vor sich geht und zu einer festen Bindung, d. h. zu einer sehr energischen Energieentbindung führt, somit nicht ohne weiteres mit einer offenbar lockeren Bindung von Sauerstoff an einen hochmolekulären Stoff, wie es offenbar das Mitotin (nach Analogie mit Luziferin), vergleichbar ist. Es kann demnach nicht geleugnet werden, daß hier bedeutende, möglicherweise in ihren weiteren Konsequenzen noch gar nicht übersehbare Schwierigkeiten für die Deutung der gefundenen Tatsachen liegen, was aber der Sicherheit der Befunde keinesfalls Abbruch machen kann, zumal es sich offenbar um eine weitverbreitete Erscheinung handelt. Es führen nämlich Induktionsversuche mit frischbereitetem Körperbrei aus sehr jungen Kaulquappen ebensogut zum Ziele wie die wässerigen Auszüge aus der Zwiebelsohle. Versuche mit Trennung der beiden Komponenten wurden bisher an diesem Objekt noch nicht vorgenommen.

Der Nachweis des fermentativen Charakters der Erzeugung mitogenetischer Strahlen führt uns naturgemäß auf die Suche nach Zellen, die die beiden Komponenten produzieren und verlangt gleichzeitig die Aufklärung der Frage, wo und wie die Reaktion zwischen dem Mitotin und der Mitotase in intakten Geweben geschieht. Wir sind hier leider vorderhand auf bloße

[1]) Anmerkung bei der Korrektur: Es wurde übrigens neuerdings der Nachweis erbracht (Kugelmass and Mc Quarrie Science 1924), daß manche antirachitische Substanzen (Lebertran, Eidotter) ultraviolette Strahlen aussenden.

Vermutungen angewiesen, die aber einen gewissen Wert als Fingerzeig für die weitere Forschung beanspruchen dürften.

Wir hätten natürlich als Ferment resp. Mitotinproduzenten Zellen von drüsigem Typus zu erwarten. Es kämen als solche im Ursprungstrichter der Zwiebelsohle am ehesten die relativ kleinen und plasmareichen Zellen in Betracht, die im Trichter regelmäßige kontinuierliche Lagen in der Umgebung der Zentralsäule bilden. Diese Zellagen setzen sich kontinuierlich in die Elemente der Gefäßbündel des Wurzelschaftes fort, stehen wohl auch in ihrer Beschaffenheit denselben nahe. Dieser Umstand führt uns auf den Gedanken, der sich auch von anderer Seite aufdrängt, in den Gefäßbündelelementen ganz allgemein die Produzenten der mitogenen Stoffe zu suchen. Eine direkte Bestätigung liefern uns die bereits mehrfach erwähnten Induktionsversuche mit frischen Querschnitten durch die Leptombündel der Kartoffelknollen.

Wir werden auf diese Schlußfolgerung auch durch den noch weiter zu besprechenden Induktionsmodus der Kotyledonen des Helianthuskeimlings geführt. Die Induktion erfolgt hier nämlich in Form eines feinen Bündels, das die direkte Fortsetzung des Hauptnerven des Blattes bildet, nicht aber von anderen Stellen desselben aus.

Ob beide mitogene Stoffe von den gleichen Zellen oder gesondert produziert werden, läßt sich vorderhand nicht mal in hypothetischer Weise erörtern.

Über die wichtige Frage, wo und unter welchen Umständen die Verbindung der beiden mitogenen Stoffe resp. die Entstehung der Strahlen erfolgt, dürfen wir wohl einige Vermutungen aufstellen, die im weiteren in kurzen Worten besprochen werden sollen (vgl. 2. Hauptteil).

## 4. Kapitel.

## Veranlassungs- und Stimulationsfaktoren.

Diese Sammelbezeichnung soll für eine heterogene Gruppe von Faktoren gelten, die Veranlassung zu Zellteilungen geben, aber im Gegensatz zu den bereits im vorangehenden analysierten Möglichkeits- und Verwirklichungsfaktoren körperfremd sind. Die Aufstellung dieser Sonderklasse entspricht in weit größerem

Maße praktischen Bedürfnissen der Analyse, als einem tiefgehenden Unterschiede, namentlich von der letztgenannten Klasse. Sollte sich im folgenden ergeben, daß die mitogenetischen Strahlen der einzige Verwirklichungsfaktor sind, so wird vollends jede scharfe Grenze schwinden, da ja dieselben sowohl körperfremd als körpereigen sein können. Es wird aber trotzdem berechtigt und zweckmäßig bleiben, eine bestimmte Gruppe von Faktoren als Stimulations- resp. Veranlassungsfaktoren für die Betrachtung auszuscheiden, da ihre Sonderstellung im Vergleich zu dem oder den Verwirklichungsfaktoren, wie bereits oben ausgeführt wurde, sich aus der Erwägung ergibt, daß sie stets nur Anfangsglieder der ganzen, zur Teilung führenden Ablaufskette bilden und ein genuiner Faktor, der höchstwahrscheinlich eben durch die mitogenetischen Strahlen vertreten ist, stets in den Verlauf derselben eingeschaltet ist.

Bei der Analyse der organismusfremden Teilungsfaktoren stoßen wir sofort auf die Notwendigkeit, die zwei in der Überschrift des Kapitels angeführten Bezeichnungen als gesonderte Kategorien auseinanderzuhalten. Von einer Anzahl derselben wissen wir vorderhand nur, daß sie die Intensität der physiologisch bereits bestehenden Teilung steigern können, was in der Bezeichnung „Stimulationsfaktoren" zur Geltung kommen soll. Es gehören hierher gewisse Ernährungsverhältnisse, Beeinflussung durch gewisse chemische und physikalische Agentien. Auch die mitogenetischen Strahlen gehören auf Grund bisheriger Erfahrungen in diese Kategorie. Wenn wir letzteren eine Sonderstellung einräumen, die so weit geht, daß wir in ihm sogar den genuinen Teilungsfaktor erblicken, so geschieht es nicht nur, weil es sich um einen offenbar universellen körpereigenen Faktor handelt, sondern vor allem, weil seine Konstanz es unwahrscheinlich machen würde, ihm eine gewissermaßen suplementäre, nicht inhärente Stellung einzuräumen. Als Veranlassungsfaktoren hätten wir dagegen diejenigen Faktoren zu bezeichnen, die im normalen Körpergetriebe fehlen, bei ihrer Anwendung oder Einwirkung auf den Organismus dagegen die Entstehung von Mitosen veranlassen, und zwar auch da, wo solche normalerweise gar nicht vorgesehen waren. Es gehören in diese Kategorie Mitosen bei regenerativen und pathologischen Prozessen, letztere wiederum von sehr verschiedener, nur zum geringen Teil bekannter Ätiologie.

Sowohl für Stimulations- als für Veranlassungsfaktoren gilt als erstes die Frage, die uns schon beim Studium embryonaler Mitosen entgegentrat:

Warum wird der Reiz, der ja ganz offensichtig größere Zellkomplexe ganz gleichmäßig trifft, stets nur von einer geringen Minderzahl der betreffenden Zellen beantwortet? Der tiefere Zusammenhang kann indes hier und da verschieden sein, da die Stimulationsfaktoren es mit Zellkomplexen zu tun haben, wo eine allgemeine Teilungsbereitschaft (Möglichkeitsfaktoren) im allgemeinen, evtl. im individuell schwankenden Maße bereits vorliegt, in den Fällen dagegen, wo Veranlassungsfaktoren in Frage kommen, wir von einer Teilungsbereitschaft keine unmittelbare Kunde besitzen, und eine solche noch recht fraglich erscheint. Ziehen wir zuerst die erste Kategorie, diejenige der Teilungsstimulation in Betracht, so entsteht naturgemäß zunächst die Frage, ob es sich dabei um Steigerung der Teilungsimpulse oder der Teilungsbereitschaft (Möglichkeitsfaktoren), evtl. um beides handelt.

Der wohl wichtigste Stimulationsfaktor, der in den Ernährungsverhältnissen der Gewebe gegeben ist, wurde neuerdings einer eingehenden Prüfung durch Kornfeld unterzogen. Indem er in systematischer Weise die älteren Versuche Häckers mit forcierter Fütterung von Salamanderlarven, mit und ohne Einschaltung von Hungerperioden, wiederholte, kam er zum Schluß, daß der Fütterungseffekt noch langsamer wie in Häckers Material (der die Latenzzeit auf 4 Tage schätzte), und zwar frühstens am 6.—7. Tage nach einer starken Ausfütterung eintritt, die fördernde Einwirkung nach einer Hungerperiode aber auch wenigstens 5—7 Tage anhält (Abb. 38). Dieser „recht schwerfällige, langsam einsetzende und lange nachwirkende Einfluß“ dürfte nach Kornfeld mit einer Steigerung der Teilungsbereitschaft (Möglichkeitsfaktoren unserer Terminologie) gleichbedeutend sein und auf einer Anreicherung der Zellen an Assimilaten beruhen.

Es stehen damit auch mannigfache Erfahrungen auf botanischem Gebiete im besten Einklange, wo das Auftreten der Zellteilungen vorwiegend in den Nachtstunden, darauf zurückgeführt werden kann, daß, solange den Zellen (z. B. Conjugaten nach Karsten) Tageslicht zu Gebote steht, die Zelltätigkeit einseitig auf Assimilation der Kohlensäure und Aufspeicherung chemischer

Energie eingestellt ist, die Assimilate dagegen nachts zum größten Teil zum Zwecke der Zellvermehrung wieder aufgebraucht werden. Es entspricht dieses auch dem Peterschen Prinzip von dem reziproken Verhältnis von Zellarbeit und Zellteilung.

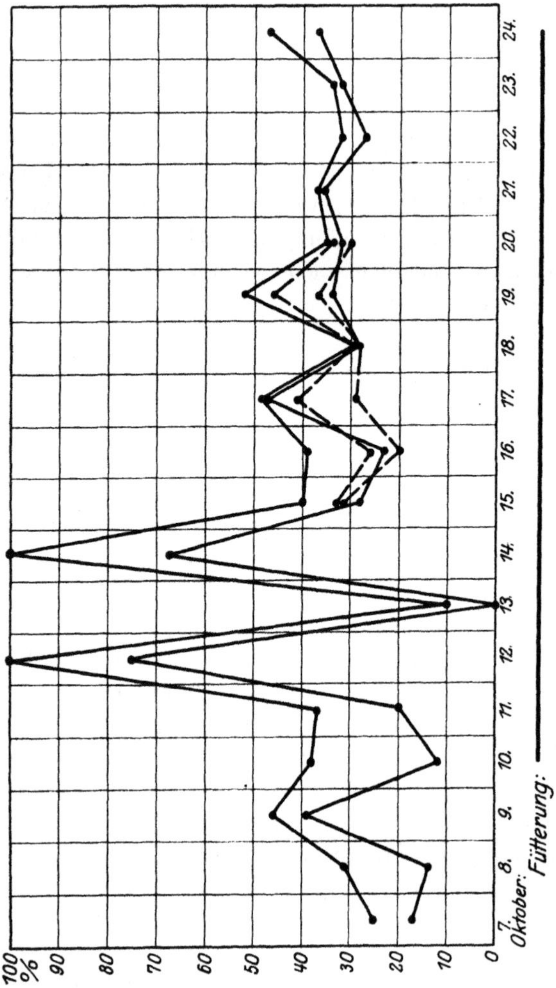


Abb. 37. Prozentualer Anteil der Teilungssendphasen in den beiderseitigen Corneaepithelien. Serie Syn. IV., 1. Gruppe. (Nach Kornfeld: Archiv für Entwicklungsmechanik Bd. 50.)

Im Gegensatz zum langsamen Einfluß der Assimilation ist der kurzfristige Einfluß der schnell wechselnden auslösenden Faktoren (unsere Verwirklichungsfaktoren) nach Kornfeld aus den Charaktereigentümlichkeiten der Stadienverteilung in beiden

Corneae herauszulesen. Trifft man beiderseits wesentlich verschiedene Gesamtzahlen und liegt die Verteilungskurve der Teilungsstadien der einen Cornea deutlich über jener der anderen bei gut übereinstimmender Kurvenform, so wäre es als ein Ausdruck einer ungleichen Teilungsbereitschaft aufzufassen (Abb. 37). Erscheint dagegen bei sonst guter Übereinstimmung der Verteilungskurven nur ein bestimmtes Maximum an der Verschiedenheit der Kurvenform beteiligt, dann wäre es zu schließen, daß ein bestimmter, zeitlich scharf umschriebener auslösender Faktor die beiden Corneae in verschiedener Weise betroffen hat (Abb. 39 u. 40).

Wir können uns diesen Ausführungen von Kornfeld vollständig anschließen. Sie geben indes an sich noch wenig Anhaltspunkte für das weitere und tiefere Problem, warum stets ein nur geringer Bruchteil der Zellen die Teilungen tatsächlich ausführen.

Ob es die kolloidchemischen Vorbedingungen für die Zellteilungen, die neuerdings vielfach in den Vordergrund gestellt werden und die

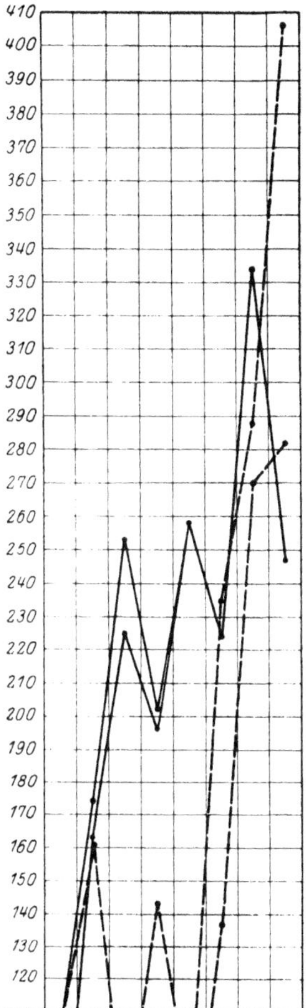
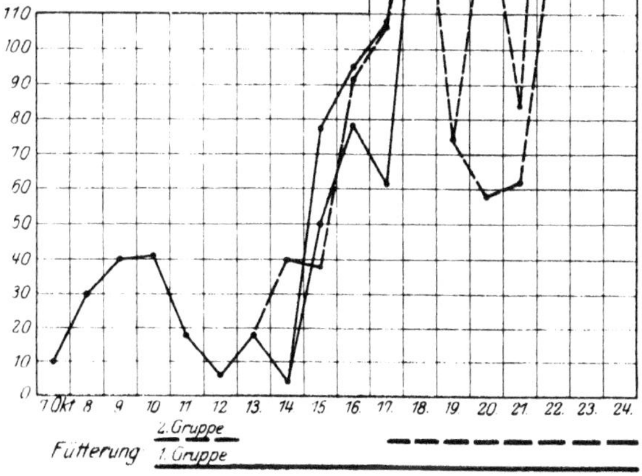


Abb. 38. Abhängigkeit der Mitosenzahl (Summe aus beiden Corneae) von der Fütterung. (Nach Kornfeld: Archiv für Entwicklungsmechanik Bd. 50.)

in einem weiteren Abschnitte kurz gewürdigt werden sollen, sind, die durch die Ernährungsverhältnisse eine den Bereitschaftszustand steigernde Modifikation erfahren, wäre in Erwägung zu ziehen. Es könnte etwa daran gedacht werden, daß unter günstigeren Viscositätsverhältnissen, die für das Zustandekommen der Mitosen tatsächlich vom Werte zu sein schei-

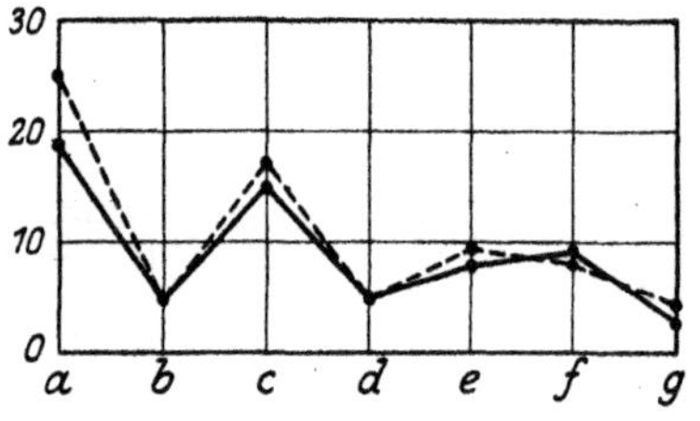


Abb. 39.

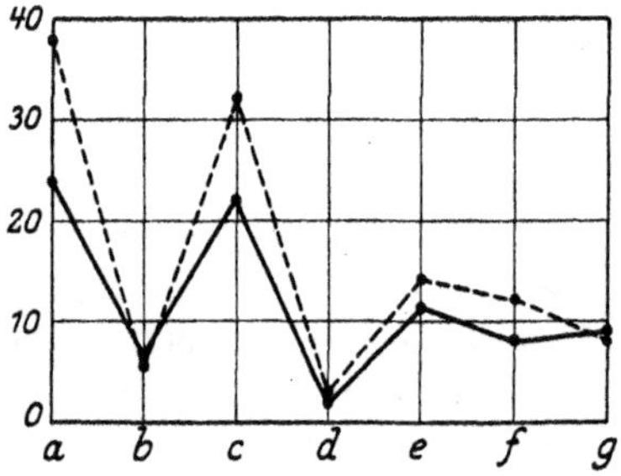


Abb. 40.

Abb. 39 u. 40. Verteilungskurve der einzelnen Frequenzstadien der Mitosen in beiden Corneae (vgl. Text). (Nach Kornfeld.)

nen, ein relativ schwacher Teilungsimpuls resp. eine weniger vollkommene Beschaffenheit des Reizperzeptionsorgans für den positiven Ausfall der Teilungsreaktion genügt.

Es handelt sich aber zur Zeit nur um vage Vermutungen, die immerhin den Wert haben könnten, zur experimentellen Prüfung der Frage anzuspornen.

Die Teilungsbereitschaft, die in den soeben analysierten Fällen in höherem oder geringerem Grade bereits vorlag, muß bei Regenerationsprozessen und verschiedenen pathologischen, zu Zellteilungen führenden Prozessen völlig als Novum entstehen. Wir müssen daher den Veranlassungsfaktoren, um die es sich nach unserer Definition handelt, eine zweifache Bedeutung beimessen, indem sie sowohl den Bereitschaftszustand wachrufen als auch den genuinen Teilungsreiz abgeben. Unter diesem doppelten Gesichtspunkte wollen wir nun die Erscheinungen nach der Wundsetzung, kurz das Wundfeld als Ganzes studieren.

Die spärlichen, noch durchaus ungenügenden Ermittlungen, die uns persönlich über diese Frage vorliegen, mögen hier kurz geschildert werden. Es wurde des näheren das Verhalten des Cornealepithels des Frosches nach Setzung kleiner Brandwunden studiert.

Mitosen gehören, wie bekannt, zu den Spätreaktionen bei der Regeneration. Sie pflegen in einiger Entfernung vom Wundrande aufzutauchen, wobei in übereinstimmender Weise (vgl. namentlich die Schilderung bei Boveri[1]) bei Säugern und bei Sommerfröschen der 4. Tag nach Wundsetzung der Zeitpunkt des ersten, massenhaften Auftretens derselben zu sein scheint. Wird eine lineäre Wunde gesetzt, so treten die Mitosen am 4. Tage nach der Wundsetzung simultan, über ein weites Feld zerstreut, auf. Es ist aber im selben ein ziemlich scharfes Maximum und ein relativ steiles Dekrement der Teilungsintensität unverkennbar. Das Maximum liegt von vornherein in einiger Entfernung von dem Wundrande, verschiebt sich indessen im Laufe der nächsten 2—3 Tage distalwärts, von der Wunde fort, indem gleichzeitig die absolute Teilungsfrequenz des ganzen Feldes ebenfalls bedeutend abflaut und allmählich erlischt. Es gewinnt den Anschein, als ob eine Mitosenwelle sich langsam über das ganze Feld ausbreite (Boveri). Prüfen wir des näheren das Verhalten eines größeren gleichartigen Wundfeldes (Froschcornea), so ergibt sich die Notwendigkeit, eine eigenartige antagonistische Doppelwirkung der Wunde zu setzen: neben der allgemein bekannten stimulierenden Wirkung derselben besteht offenbar auch eine eigenartige hemmende Beeinflussung des Feldes, was aus folgenden Tatsachen gefolgert werden muß:

1. Obwohl Mitosen in nicht geringer Zahl auch in der nächsten Nachbarschaft der Wunde auftreten, liegt das Maximum der Teilungsintensität ganz unverkennbar in ziemlich bedeutender Entfernung vom Wundrande.

2. Werden zwei nicht sehr intensive Wunden gleichzeitig in einiger Entfernung voneinander gesetzt, so summiert sich ihre Wirkung, soweit man dieselbe nach der Verteilung der Teilungsintensität beurteilen kann. Wird aber neben einer mäßigen Wunde eine zweite von übertriebener Intensität, z. B. eine penetrierende Cornealwunde mit Irisprolaps gesetzt, so ist nicht nur ihr Eigenfeld bedeutend schwächer als dasjenige der ersten, sondern beeinflußt das letztere im negativen, depressiven Sinne.

3. Ungefähr die Hälfte der Latenzzeit scheint durch die hemmende Wirkung der Wunde beherrscht zu sein. Es läßt sich

[1]) Über Entstehung maligner Tumoren usw. Jena: Gustav Fischer 1913.

dieses durch folgende Versuche erweisen: Bei Herbstfröschen, bei denen die Latenzzeit 6 Tage dauert, werden zwei Wunden, und zwar nicht gleichzeitig, mit einem Abstande von 4 Tagen ge-

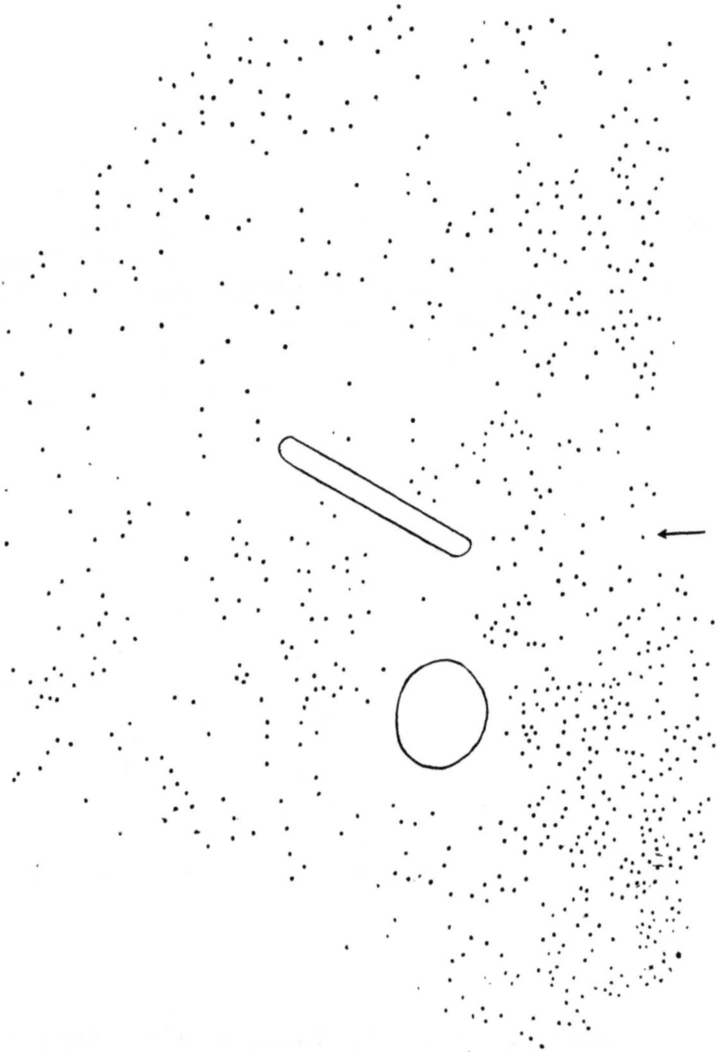

Abb. 41. Herbstfrosch. 6 Tage nach Setzung der runden, 4 Tage nach der Strichwunde. Deutliche reine Hemmungswirkung der Strichwunde. Zu beachten namentlich der mit Pfeil angedeutete Bezirk, wo die hemmende Wirkung der Nachbarschaft der Strichwunde sich besonders bemerkbar macht. (Nach Gurwitsch, Archiv für Entwicklungsmechanik Bd. 100.)

setzt. Die Wirkung der zweiten, 2 Tage vor der Fixierung gesetzten Wunde, erweist sich nun rein hemmender Art, indem ihre Umgebung deutlich ärmer an Mitosen wie die übrigen Feldabschnitte sind.

Es kann auf Grund dieser Erfahrungen mit großer Wahrscheinlichkeit gesetzt werden, daß die große Latenzzeit der Mitosen jedenfalls nicht in ihrer ganzen Länge auf Rechnung der Reaktionsunfähigkeit der Zellen selbst gesetzt werden darf. Wissen wir ja, daß sonstige Gewebsreaktionen, z. B. Zellverschiebungen resp. Formwechsel der Epithelzellen auf den Wundreiz sehr prompt erfolgen. Es läßt sich daher wohl kaum annehmen, die Wunde bliebe in den ersten 2 Tagen nach ihrer Setzung untätig.

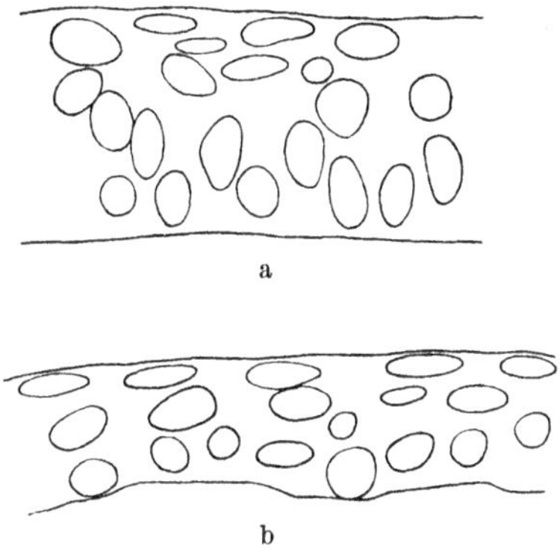


Abb. 42. Umrisse der Conjunctiva der Froschcornea. *a* Normal, *b* in ziemlicher Entfernung vom Wundrande zwei Tage nach Wundsetzung. (Nach einem Präparat von A. Sorin.)

Über das Wesen dieser primären, hemmenden Wundwirkung sind wir zur Zeit in voller Unkenntnis. Es lassen sich hier nur Vermutungen aufstellen, deren Berechtigung aus unseren Erfahrungen über den Zusammenhang zwischen Zellteilungen und morphogenen Prozessen einigermaßen hervorgeht. Es scheint ganz allgemein zu gelten, daß Zellen, die sich im lebhaften Formwechsel und Bewegung befinden, von Teilungen absehen. Die theoretische Deutung dieses Zusammenhanges soll im weiteren versucht werden. Die tiefgehenden Umwälzungen, die in der Architektonik der mehrschichtigen Epithelien in der Nachbarschaft der Wunde auftreten und zur provisorischen Wunddeckung beitragen, mögen daher als zureichender Grund für die von der Wunde ausgehende „Hemmungswirkung" auf die Mitosenverteilung gelten. Es fällt namentlich die bedeutende Dehnung und Abflachung der Epithelzellen auch weit distalwärts von der Wunde auf (Abb. 42). Mitosen pflegen in der Tat in diesen abgeflachten Bezirken nur spärlich aufzutreten. Wir können uns außerdem überzeugen, daß die hemmende Wirkung der Wunde im allgemeinen gleichsinnig mit der Intensität resp. der Ausdehnung der Wunde zunimmt.

Die primäre hemmende Wirkung der Wunde dürfte, wie aus diesen Überlegungen hervorgeht, sich wohl nur auf einen relativ beschränkten Bezirk in der Umgebung der Wunde erstrecken. Die große Latenzzeit der Mitosen, namentlich außerhalb des Wirkungsbereiches der letzteren, dürfte daher von der Hemmungswirkung wesentlich unabhängig sein. Um den hier vorliegenden Zusammenhängen etwas näherzutreten, müssen wir uns vor allem vergegenwärtigen, daß unter allen Veranlassungsfaktoren die Wundsetzung derjenige mit der kürzesten Latenzperiode ist. Die reaktiven Wucherungen, die gewissen chemischen Reizen nachfolgen, treten in der Regel erst nach Verlauf von mehreren Wochen auf. So verhält es sich z. B. mit krebsartigen Zellproliferationen nach wiederholter Bestreichung der Haut mit verschiedenen Teerpräparaten. Über die Latenzperiode der spontanen Geschwülste sind wir natürlich aus naheliegenden Gründen in voller Unkenntnis.

Der gemeinsame Grund für die große Dauer der Latenzperiode dieser Teilungskategorien ist wohl darin zu suchen, daß der Bereitschaftszustand der Zellen gegebenenfalls, im Gegensatz zu den Fällen der Betätigung der Stimulationsfaktoren, erst als etwas Neues geschaffen werden muß. Es liegt nämlich absolut kein Grund vor, in den Gewebselementen des erwachsenen Organismus, wo normalerweise Zellteilungen nie auftreten, eine stete Anwesenheit der Teilungsbereitschaft zu setzen, die ja zweifelsohne einem eigenartigen temporären Zustande der Zelle gleichkommt.

Als Symptom der langsamen Ausbildung des Bereitschaftszustandes kann auch die oben bereits erwähnte Erscheinung des wellenförmigen Fortschreitens des Teilungsmaximums betrachtet werden. Eine nähere Analyse ergibt folgendes:

Da Teilungen simultan in der ganzen Ausdehnung des Wundfeldes auftreten und nur das Intensitätsmaximum ein langsames Vorwärtsschreiten distalwärts von der Wunde zeigt, muß geschlossen werden, daß der Bereitschaftszustand gegebenenorts langsam ansteigt und ebenso allmählich abfällt. Die Eigenperiode des ganzen Zyklus braucht natürlich keinesfalls mit dem Tempo der Ausbreitung des von der Wunde ausgehenden Erregungszustandes zusammenzufallen, der den Bereitschaftszustand wachruft. Der Zusammenhang kann vielmehr etwa folgendermaßen gedacht werden. Der Impulsfaktor, der von der Wunde ausgehend sich über das ganze Feld ausbreitet und den Bereitschaftszustand wachrufen soll, könnte mit beliebiger Geschwindigkeit aber mit einem merkbaren Dekrement fortschreiten. Der Bereitschaftszustand der Zellen, der als Antwortsreaktion einsetzt, müßte in einem bestimmten Rhythmus anwachsen und dann nach einem bestimmten Maximum wieder abklingen.

Wenn wir die Steilheit des Anstieges des Bereitschaftszustandes als Funktion der Intensität des Impulsfaktors setzen, so wären natürlich die verschiedensten zeitlichen Beziehungen zwischen der Ausbreitung des Impulsfaktors über das ganze Wundfeld und dem Fortschreiten des Teilungsmaximums (dessen Größe natürlich seinerseits als Funktion der Höhe des Bereitschaftszustandes gesetzt wird) denkbar.

Das Anwachsen des Bereitschaftszustandes resp. der Begriff eines bestimmten Intensitätsgrades in Anwendung auf denselben ist mit der Voraussetzung gleichlautend, daß zwar alle Zellen des Wundfeldes der Anregung mehr oder weniger folgen, aber eine bestimmte Höhe des Bereitschaftszustandes bei einer gegebenen Intensität des Auslösungsfaktors (z. B. der mitogenetischen Strahlen) erforderlich ist, damit eine Teilung auch wirklich zustande komme. Dieser Punkt wurde von uns schon mehrmals im vorangehenden behandelt. Machen wir für den Bereitschaftszustand die Beschaffenheit der Zelloberfläche verantwortlich, so wäre die Höhe des Bereitschaftszustandes der Zelle etwa gleichbedeutend mit der Vollkommenheit des Oberflächenmosaiks. Es muß aber natürlich vorderhand ganz unbestimmt bleiben, ob in der Tat das Auftreten des Bereitschaftszustandes sich auf die adäquate Umgestaltung der Zelloberflächen beschränkt. Es wäre auch hier daran zu denken, daß die bereits oben erwähnten Viscositätsänderungen des Plasmas, als Vorbedingungen der Mitose (vgl. Heilbrunn, Chambers, Weber, Speck), eine bedeutende Rolle für den Bereitschaftszustand spielen dürften.

Welcher Art der von der Wunde ausgehende Impuls ist, der den Bereitschaftszustand im Wundfelde erzeugt, ist uns zur Zeit völlig unbekannt. Es wäre sogar vorzeitig, eine Duplizität der Wundfaktoren in dem Sinne zu setzen, daß der eine von ihnen nur für die Teilungsbereitschaft gelte, der andere die eigentliche

Auslösung bewirke und der mitogenetische Faktor im engeren Sinne sei.

Über die Natur des Wundreizes wurde schon oft geforscht und nachgedacht. Man scheint ganz allgemein darin übereinzustimmen, daß es die Zerfallsprodukte der durch den Eingriff geschädigten resp. abgetöteten Zellen sind, die als eigentlicher spezifischer teilungsanregender Faktor anzusehen sind. In diesem Sinne wurde auch, wie bekannt, die hier schon mehrmals besprochene Wundhormonlehre Haberlandts aufgebaut. Von besonderem Interesse sind in dieser Hinsicht seine Versuche mit Kohlrabiknollen. Dünne Scheiben aus denselben werden in dreifacher Weise verwendet: 1. ohne weitere Eingriffe einer Kultur in feuchter Kammer auf 8—10 Tage überlassen; 2. die Schnittfläche unter einem kräftigen Wasserstrahl längere Zeit abgespült, um nach Möglichkeit alle Reste der verwundeten Zellen zu entfernen, und wie 1. weiterbehandelt; 3. die wie in 2. behandelten Scheiben mit einer dünnen Schicht eines Gewebebreies bedeckt, der aus dem gleichen Objekt durch Abschaben oder Zerreiben gewonnen wurde.

„Die zahlreichen angestellten Versuche ergaben klare Resultate. Unter den abgespülten Wundflächen traten die Zellteilungen bedeutend spärlicher oder wenigstens in einer geringeren Anzahl von Zellschichten auf als unter den nichtabgespülten. So waren z. B. in einem Versuche unter der nichtabgespülten Wundfläche alle Zellen bis in die fünfte Zellage hinab je einmal, in der ersten Lage oft zweimal geteilt, während in der abgespülten Fläche die Teilungen nur in der ersten und zweiten Zellage häufig, in der dritten nur noch vereinzelt auftraten ... Wurden aber die abgespülten Wundflächen mit einer dünnen Schicht von Gewebebrei überzogen, so traten darunter meist ebenso zahlreiche, zuweilen sogar noch reichlichere Zellteilungen auf als unter den nichtabgespülten Flächen. Damit ist die Wirksamkeit von Zersetzungsprodukten der getöteten Zellen als Wundhormone, und zwar als traumatische Teilungshormone erwiesen"[1] (S. 223). Der grundlegenden Versuche Haberlandts mit den Leptombündeln der Kartoffelknollen wurde bereits im vorangehenden gedacht. Es wurde auch darauf hingewiesen, daß deren Ergebnisse, die für ein Wundhormon als spezifischen Teilungsfaktor

[1]) Sitzungsberichte d. preuß. Akademie 1921.

gewiß beweisend sind, noch nicht darüber präjudizieren, ob durch das Hormon ein chemisches Feld erzeugt werde, d. h. dasselbe sich über den ganzen Wundbezirk als solches ausbreitet, oder ob nicht vielmehr das Hormon als Erzeuger mitogenetischer Strahlen auftritt, demnach ein Strahlungsfeld erzeuge. Zu der vorangegangenen Diskussion dieser Frage wären noch einige Daten aus unseren Versuchen an der Froschcornea zu erwähnen, die allerdings eher für die zweite Eventualität verwertet werden können. Wird die Wundwirkung einer relativ kräftigen runden Wunde durch eine sehr leichte lineäre Wunde gewissermaßen „abgeschirmt", so wird durch die letztere, deren Eigenwirkung relativ schwach ist, ein ziemlich scharf abschneidender Halbschatten geworfen, der jedenfalls einer geradlinigen Ausbreitung des Wundimpulses, d. h. für einen strahlenden Faktor spricht (Abb. 28 S. 55). Ein direkter Weg zur Entscheidung dieser Frage liegt in einer Prüfung des Induktionsvermögens der Wunden, wobei als Detektor natürlich Zwiebelwurzeln in Betracht kämen. Hätte sich ein positives Resultat ergeben, so wäre eine weitgehende Analyse der Latenzperiode der Wundreaktion als gesichert zu betrachten, indem man die zeitlichen Verhältnisse der von der Wunde ausgehenden Impulse in der Hand hätte.

Von besonderem Interesse wäre auch die allseitige Prüfung der Wucherungsreaktionen der Gewebe ohne Wundsetzung, wie sie nach verschiedenen chemischen Eingriffen auftritt. Die Möglichkeit einer solchen ist von besonderer Bedeutung in Anbetracht der offenbaren Schwierigkeit, dieselbe in Beziehung zu unserem allgemeinen Schema der mitogenetischen Induktion zu bringen. Die erste Frage, die hier zu erledigen wäre, bezieht sich auf den Kernpunkt des ganzen Erscheinungskomplexes. Ist überhaupt eine rein chemische Anregung zur Zellteilung möglich, resp. welcher Art sind die in Betracht kommenden Zwischenglieder? Es wäre wohl möglich und bei Berücksichtigung der Art der Stoffe und der Methodik sogar nicht unwahrscheinlich, daß als unmittelbare Folgen des Eingriffes lokale Nekrosen einer Anzahl Elemente auftreten. Sollte diese Vermutung zutreffen, so wäre die ganze Erscheinung der Klasse der Nekrohormone Haberlandts untergeordnet.

Was aber letztere betrifft, so glauben wir in den schon mehrfach zitierten Ergebnissen mit erfolgreicher Induktion mit frischen

Querschnittsflächen durch Leptombündel der Kartoffelknolle einen Beweis erbracht zu haben, daß Wundhormone, wenn nicht ausschließlich, so doch jedenfalls auch durch Aussendung mitogenetischer Strahlen teilungsfördernd wirken. Es eröffnet sich im Lichte dieser Ermittlungen ein Ausblick auf die Möglichkeit, das unserer ganzen Auffassung zugrunde liegende ätiologische Schema der Hervorrufung der Zellteilungen auch auf diejenigen Fälle der Zellteilungen zu übertragen, die mehr konventionell ins Gebiet des pathologischen fallen. Wir haben natürlich die Mitosen maligner Geschwülste im Auge.

Sofern es sich um Reiztheorien derselben handelt, fallen sie in die soeben analysierte Kategorie. Huldigt man dagegen der Anschauung, es möge sich um ererbte Konstitutionsanomalien oder analoge, tiefer wurzelnde ätiologische Momente handeln, so stehen wir vor einem Problem, demgegenüber unsere bisherigen Ermittlungen uns vorderhand keine neue Handhabe zu liefern vermögen. Sollte sich unsere Erwartung bewahrheiten, es möge bei jeder Art von Veranlassungsfaktoren auch der Strahlungsfaktor als Erzeugnis der am Applikationsorte des Reizes entstehenden Hormone entstehen, so wäre damit das Problem natürlich keinesfalls erschöpft, da uns sofort die Frage entgegentritt, wie es mit der Ausbildung der Möglichkeitsfaktoren resp. des Reizperzeptionsorgans bestellt ist. Man kann die Frage stellen: Warum hören die Mitosen im erwachsenen Organismus allmählich auf? Es ist unbestreitbar, daß ein reziprokes Verhältnis zwischen Differenzierungshöhe der Zelle und ihrem Teilungsvermögen besteht. Es reicht indes dieser Umstand an sich noch nicht aus, um in eindeutiger Weise die Frage zu beantworten, warum das Teilungsvermögen der allermeisten Zellarten des erwachsenen Individuums erlischt. Stellt man z. B. die histologische Differenzierungshöhe der Epithelien der Lieberkühnschen Drüsen mit mehreren anderen Epithelarten zusammen, so fällt es schwer, von diesem Gesichtspunkte aus die rege Vermehrung der ersteren mit dem Fehlen einer solchen bei letzteren verträglich zu machen. Der teleologische Gesichtspunkt, es entstünden die Mitosen nach Maßgabe und an den Orten der Bedürfnisse, zeigt, ins Kausale übertragen, daß auch im Erwachsenen lokale mitogene Felder bestehen, als deren Erzeuger wiederum bestimmte Hormone herangezogen werden könnten. Es erweckt diese Zusammenstellung den Verdacht, daß die so hochgradig beschränkte Lokalisation der Teilungsherde im erwachsenen Organismus wohl nicht auf das Fehlen der Teilungsimpulse, sondern eher auf die Abwesenheit der Möglichkeitsfaktoren zurückzuführen sei[1]). Doch handelt es sich vorderhand um bloße Vermutungen, deren experimentelle Bearbeitung der Zukunft vorbehalten bleibt und keine unüberwindlichen methodischen Schwierigkeiten bereiten dürfte.

[1]) Anm. bei Korrektur. Diese Vermutung hat inzwischen an Berechtigung gewonnen, da ein bedeutendes mitogenes Strahlungsvermögen des strömenden Blutes (innerhalb der Gefäße) nachgewiesen wurde und folglich die Induktionsmöglichkeit nirgendswo fehlen dürfte.

# II. Die Zellteilung als Entwicklungsfaktor.

Die Zellvermehrung gehört ganz vorwiegend zur Embryonalentwicklung. Die Zellteilungen im erwachsenen Organismus beschränken sich auf einige wenige Organe. Sofern es sich aber um Abweichungen von der Norm handelt, bei verschiedenen Reparationsprozessen im Organismus, finden wir wiederum bestimmte Anklänge an embryonale Prozesse. Zweifelhaft bleibt allerdings die Stellung der neoplastischen Vorgänge, die eine gesonderte Betrachtung erheischen.

Die Fragestellungen, die der Betrachtung der Zellteilungen als eines Faktors der Embryogenese zugrunde liegen, lassen sich etwa wie folgt formulieren:

1. Wie werden die zeitlichen Verhältnisse im Laufe der Embryogenese geregelt?

2. Läßt sich die Reaktions- (resp. Reflex-) Theorie der Zellteilung so weit verallgemeinern, daß sie auf die ganze Embryogenese, von der ersten Furchungsteilung angefangen, Anwendung finden könnte?

Sollte die Antwort auf diese Frage positiv ausfallen, so hätte die folgende zu lauten:

3. Wie sind die einzelnen, im Laufe der Embryogenese auftretenden Teilungen in Beziehung zu den übrigen morphogenen Prozessen zu setzen? Da wir den Inbegriff der letzteren als die Betätigung des oder der „embryonalen Felder" nehmen, so könnte die Frage, kurz gefaßt, auch so lauten:

Wie sind die Beziehungen zwischen einem embryonalen und dem entsprechenden „mitogenen Felde" zu denken?

1. Kapitel.

## Die zeitlichen Verhältnisse der embryonalen Mitosen.

Embryologisch betrachtet ist die Zellteilung, strenggenommen, der einzige zyklische Vorgang, der sich in das Entwicklungskontinuum der übrigen embryonalen Prozesse sozusagen dazwischenschiebt oder einschaltet. Er darf auch dementsprechend eine Sonderstellung bei der embryologischen Analyse beanspruchen.

Das Ideal, das der embryologischen Betrachtung vorschwebt, ist die Möglichkeit, die embryonalen Abläufe, womöglich im ganzen, wenn nicht, so doch jedenfalls in längeren Etappen als stetige Funktionen einer endlichen, womöglich geringen Anzahl von im Beginn aufgegebenen Parametern und Veränderlichen darzustellen. Wir können daher von einer „Lebenslinie" eines Individuums sprechen, die, graphisch aufgetragen (und die Zeit als Abszisse genommen), in ihren als Embryonalentwicklung bezeichneten Etappen einen im allgemeinen aufsteigenden stetigen Verlauf zeigen würde. Es ist nun die erste Frage, ob die eingeschalteten Zellteilungen die Stetigkeit der Lebenskurve unterbrechen, z. B. als horizontale, geradlinige Strecken derselben aufgetragen werden müßten. Oder, mit anderen Worten, ob die embryonale Evolution der Zelleigenschaften während (oder infolge) jeder Zellteilung gefördert, gehemmt oder überhaupt unbeeinflußt bleibt.

Es läßt sich aber auch eine andere, allgemeinere Frage formulieren, die aus der vorangehenden Erwägung hervorgeht, daß die im allgemeinen stetigen Entwicklungsabläufe als Funktionen bestimmter Parameter und der Zeit als der in letzter Instanz einzigen unabhängigen Variablen hervorgehen. Wie lassen sich die in den vorangehenden Kapiteln des näheren analysierten Möglichkeits- resp. Verwirklichungsfaktoren in diesen stetigen Fluß einschalten resp. die Zellteilungen als periodische Funktionen nach der Zeit denken? Daß wir überhaupt die Möglichkeit einer Periodizität embryonaler Mitosen erwägen, braucht keinesfalls im Widerspruch zu unseren Erfahrungen über die „Zufälligkeit" spätembryonaler Mitosen zu stehen, da eine Unregelmäßigkeit der Perioden resp. ein Ausfall einzelner vorschriftsmäßigen Teilungen eine Zufallsmäßigkeit vortäuschen kann. Es wurde ja übrigens schon am entsprechenden Orte hervorgehoben, daß die „Zufälligkeit" der Embryonalteilungen nicht etwa so zu verstehen wäre, daß eine sonst normale embryonale Zelle sich häufig längere Zeit resp. überhaupt jeder Teilung enthalte, sondern daß, von solchen Vorkommnissen als möglichen Singulärfällen abgesehen, die Perioden zwischen zwei konsekutiven Teilungen großen Schwankungen unterworfen sind.

Um der ersten Frage etwas näherzutreten, müssen wir dieselbe zunächst zergliedern, indem wir zweierlei an ihr auseinanderhalten. Es kann zuerst die Frage von Interesse sein, ob die progressiven embryonalen Abläufe einer gegebenen Zelle durch eine dazwischenlaufende Teilung im Vergleich zu benachbarten Zellen etwa gehemmt oder gefördert oder unbeeinflußt gelassen werden. Unabhängig von dieser Frage wäre eine zweite zu erörtern: Ist eine bestimmte Anzahl von Teilungen für jede Zellenart artspezifisch festgesetzt und gehört demnach zur Voraussetzung der Histogenese resp. zum Abschluß des Lebenszyklus derselben? Und, wenn ja, handelt es sich um eine Gesetzlichkeit rein statistischer Art oder um eine individuell geltende?

Über den ersten Punkt sind wir zur Zeit in fast völliger Unkenntnis. Bei den meisten bisher studierten Objekte ist die durchschnittliche Dauer der Zellteilung — die etwa 2—3 Stunden in Anspruch nehmen dürfte[1]) — für die übrigen Embryonalabläufe an sich ziemlich belanglos. Sollten daher die inzwischen sich abspielenden embryonalen, zumal histogenetischen Prozesse in den betreffenden Zellen auch zum Stillstande kommen, so könnte dieses unserer Aufmerksamkeit sehr wohl entgehen. Eine längere hemmende Nachwirkung einer abgelaufenen Teilung könnte aber wiederum nur unter ganz speziellen Beobachtungsbedingungen zu unserer Kenntnis gelangen, da ja in der Regel die Teilungsresiduen ziemlich schnell verstreichen. Es wäre allenfalls noch daran zu denken, daß in einem an sich ziemlich gleichartigen Zellkomplex eine Anzahl offenbarer Nachzügler gefunden werden, die evtl. als neulich aus der Teilung hervorgegangene Zellen vermutungsweise diagnostiziert werden könnten. Es käme aber dieses nur für späte Embryonalstadien in Betracht, wo Teilungen relativ spärlich auftreten und daher nur auf einzelne wenige Zellen fallen, die dadurch wohl eine Ausnahmestellung beanspruchen könnten. In jüngeren embryonalen Geweben sind gleichartige Zellen in annähernd übereinstimmender Lage.

Obwohl wir daher die Frage über einen eventuellen Stillstand progressiver embryonaler Abläufe während der Teilung vorläufig

[1]) Von eigentlichen Furchungsteilungen wird natürlich dabei abgesehen.

offen lassen müssen, so dürfen wir trotzdem annehmen, daß eine einigermaßen bedeutende Nachwirkung einer solchen nicht besteht.

Ist aber keine merkbare Verzögerung im allgemeinen evolutiven Verhalten embryonaler Zellen während und unmittelbar nach der Mitose zu verzeichnen, so ist jede Teilung eine gewaltige Mehrleistung der Zelle, wenn man den Teilungszyklus als Ganzes betrachtet. Eine Zellteilung ist daher im allgemeinen mehr als eine bloße Teilung, da sie eine gewaltige Anreicherung an spezifischen Plasma- und Kernstoffen zur Voraussetzung hat. Soweit wir aus den allerdings spärlichen Erfahrungen schöpfen können, handelt es sich dabei zum Teil um prä-, zum anderen um ein postmitotisches Wachstum. Daß bei pflanzlichen Meristem-(Wurzel-) Zellen ein echtes mitotisches Wachstum (an der Längenzunahme der Zellen gemessen) nicht besteht, wurde schon vor längerer Zeit auf statistischem Wege durch meine Schülerin M. Agaphonowa-Sorokina nachgewiesen. Daß das Kernvolum resp. sein Chromatinbestand schon in den frühsten Stadien, die eher ebenfalls prämitotisch genannt werden dürften, gewaltig zunimmt, ist übrigens allgemein bekannt.

Das mit der Mitose verknüpfte Wachstum ist ein Vorgang sui generis, der sich wie eine Pulswelle dem kontinuierlichen langsamen embryonalen Wachstum überlagert. Dieses gegenseitige Verhältnis tritt mit besonderer Deutlichkeit im pflanzlichen Meristem zutage, wo, wie z. B. in keimenden Wurzeln, die Stetigkeit und strenge Regelung des Streckungswachstums sich in seinem exponentiellen Typus zu erkennen gibt (vgl. S. 35), aus dem gleichzeitig hervorgeht, daß das mehrfach eingeschaltete Teilungswachstum den ganzen Mechanismus des Streckungswachstums ganz unbehelligt läßt. Wir können daraus, zumal für pflanzliche Zellen, mit Bestimmtheit schließen, daß die enorme, mit der Zellteilung verknüpfte Wachstumsbeschleunigung ein vollständiger zyklischer Vorgang ist, d. h. keine dauernden Veränderungen der Zellbeschaffenheit und ihrer Mechanismen hinterläßt. Dieser aus der Betrachtung relativ einfacher, keiner weiteren Differenzierung fähiger Zellen abgeleitete Satz findet eine noch prägnantere Bestätigung im Verhalten der Samenzellen der Urodelen, das schon bei anderer Gelegenheit zur Sprache kam (S. 25). Es erweist sich hier, daß die Spermatiden der Urodelen meistens der 9. Zellgeneration (von der Urzelle eines

Follikels ab gerechnet), ebensogut aber auch der 8. oder 7. Generation angehören können. Alle Stadien der Spermiogenese erfolgen aber trotzdem mit staunenswerter Identität und Synchronismus innerhalb jedes Follikels. Der Ausfall eines oder auch zweier Teilungsschritte in der Vorgeschichte dieser Zellen, oder wenn man will umgekehrt, zwei überzählige Teilungen der Mehrzahl derselben, gehen demnach in jeder Hinsicht spurlos vorüber. Es könnten in diesem Zusammenhange auch die von Morgan, Driesch u. a. stammenden Angaben Erwähnung finden, nach welchen in den aus Halbeiern stammenden Zwergembryonen die Anzahl der Zellgenerationen $n - 1$ beträgt, was den normalen Habitus derselben offenbar keinesfalls beeinträchtigt.

Wenn man demnach den Sachverhalt objektiv beurteilt, so kann man den paradox klingenden Satz verantworten, daß die Zellteilung ein nichtembryonaler (weil streng zyklischer, nicht progressiver) Vorgang ist, der im Dienste der Embryogenese steht. Daß dies überhaupt möglich ist, d. h. daß nach der gewaltigen Perturbation, die mit einer Mitose einhergeht, eine unverzögerte Restitutio ad integrum eintritt, die sich nicht nur auf die gröberen morphologischen Verhältnisse, sondern auch auf die unendlich komplizierten Erbpotenzen (der Fall mit der Spermiogenese) erstreckt, ist eine schwerwiegende Tatsache, die reichlich Stoff zum Nachdenken gibt.

Sind einmal die Zellteilungen als in den stetigen geregelten Gang der Embryogenese eingreifende Perturbationen erkannt, so entsteht naturgemäß die weitere Frage: Wie sind die zeitlichen Verhältnisse der Entstehung der spezifischen Teilungsfaktoren zu denken? Wie verhalten sich dieselben innerhalb des allgemeinen Entwicklungsplans?

Aus der Tatsache, daß Zellteilungen in der Embryogenese unaufhörlich und in gleicher oder stetig abgestufter Intensität auftreten, lassen sich keine eindeutigen Schlußfolgerungen über unser Problem ziehen, da ja ganz allgemein eine Stetigkeit des Erzeugnisses sehr wohl mit einer Periodizität und, allgemeiner, mit einer Unstetigkeit der erzeugenden Faktoren verträglich ist.

Die Fragestellung lautet: Bleibt die mitogenetische Strahlung (resp. das eventuelle, nicht direkt nachgewiesene Haberlandtsche Hormon) im allgemeinen stetig und von gleicher Intensität für längere Zeitabschnitte, oder hätten wir in dem Verhalten der

Teilungen ein Analogon des Tetanus der Muskelfaser, wo eine Überlagerung schnell aufeinanderfolgender Impulse eine Stetigkeit des Resultates vortäuscht?

Es liegen leider bisher nur ganz vereinzelte Daten in dieser wichtigen Frage vor.

Der schon öfters von botanischer Seite hervorgehobene Tagesrhythmus der Zellteilungsintensität, wie er namentlich neuerdings ausführlicher von Karsten an Algenkulturen studiert wurde, läßt natürlich keine eindeutige Verwertung in unserem Sinne zu, da es sich erstens um Folgen physiologischer Außenbedingungen handeln kann, andererseits aber unentschieden bleibt, ob wir es mit Schwankungen der Teilungsbereitschaft der Zellen (vgl. I. Kap. 2) oder der Intensität der Teilungsimpulse zu tun haben. Von größerem Interesse für unser Problem sind die Ermittlungen von Kornfeld, der den Teilungsrhythmus an den Corneae von Salamanderlarven untersuchte.

Stellt man an verschiedenen Exemplaren die relative Häufigkeit der verschiedenen Teilungsphasen zusammen, so erhält man individuell verschiedene Verteilungskurven, die eingipflig, zwei- und dreigipflig, steil ansteigend oder flach hingezogen sein können. Kornfeld erblickt darin mit Recht einen Beweis, daß „die Zellteilungstätigkeit keineswegs auch nur annähernd konstant ist, daß vielmehr ... die Kurven ein Ausdruck eines noch durch unbekannte Faktoren bedingten Zellteilungsrhythmus, eines schubweisen Anschwellens und Abflauens der mitotischen Tätigkeit sind, ähnlich wie es schon Häcker angenommen hat“.

Ich habe schon vor längerer Zeit versucht, dieser Frage auf experimentellem Wege näherzutreten.

Nehmen wir das prozentische Verhältnis der einzelnen Stadien der Mitose in mehreren einer Zwiebel gleichzeitig entnommenen Wurzeln von möglichst verschiedener Größe, so finden wir bedeutende, 20% und darüber hinaus betragende Divergenzen. Wie sollen dieselben gedeutet werden?

Haben wir ein relatives Übergewicht an Spiremen, so war die Teilungsintensität im Augenblicke der Fixierung in Zunahme begriffen. Besteht ein relatives Übermaß an Telophasen, so stand die Teilungsintensität offenbar im Abflauen. Es darf jedenfalls eine gewisse Periodizität des Prozesses vermutet werden, die einer unmittelbaren kathetometrischen Beobachtung des Wurzelwachstums entgehen kann, da ja die Zellvermehrung ein relativ belangloser Faktor der Längenzunahme der Wurzel im Vergleich zum Streckungswachstum ist. Daß die Perioden in den einzelnen Wurzeln der gleichen Zwiebel zeitlich nicht zusammenfallen, läßt sich in verschiedener Weise verständlich machen: Es wäre denkbar (und auf Grund der auf S. 84 ff. dargelegten Erfahrungen sogar wahrscheinlich), daß die Strahlungszentren jeder Wurzel ein bedeutendes Maß von Autonomie besitzen, die sich auch auf die von ihnen ausgehenden Impulse erstrecken. Es wäre aber auch nicht ausgeschlossen, daß die individuellen Verschiedenheiten der Wurzeln auf einer Überlagerung mehrerer Impulse beruhen, deren in einer langen Wurzel naturgemäß eine größere Anzahl als in einer kürzeren zu erwarten wäre.

Daß es sich jedenfalls um Perioden handelt, die offenbar auf entsprechende Impulse zurückführbar sind, läßt sich durch folgende Experimente plausibel machen:

Durch vorsichtige Narkose (10fach verdünnte konzentrierte Chloretonlösung) lassen sich Zwiebelwurzeln nach 6stündiger Einwirkung praktisch mitosenfrei machen, indem alle von der Narkose betroffenen Mitosen ablaufen und keine neuen entstehen. Ein längeres Verweilen der Wurzeln im fließenden Wasser (ca. 12 Stunden) bringt die Zellteilung wieder in Fluß. Sollte es sich um wirkliche periodische oder allenfalls in bestimmten Zeitabständen erfolgende Impulswellen für die Teilungen handeln, so wäre jedenfalls zu erwarten, daß alle Wurzeln einer Zwiebel gleichzeitig nach der Erholung „starten" und folglich auch gleichzeitig fixierte Wurzeln verschiedener Länge ein wesentlich gleiches prozentisches Verhältnis ihrer Teilungsstadien aufweisen. Die Ergebnisse haben diese Erwartungen in weitgehendem Maße bestätigt, indem das Prozentverhältnis der einzelnen Mitosen in den einzelnen Wurzeln nur um einige Einheiten differierte.

Sollten diese Befunde durch weitere Untersuchungen eine Bestätigung erfahren, so müßte es trotzdem bis auf weiteres fraglich bleiben, ob diese Tatsachen an sich extrapolationsfähig sind, da es sehr wohl denkbar wäre, daß die gegebenenfalls beobachtete Periodizität einfach auf langsamer Anhäufung mitogener Stoffe in bestimmten Bezirken und einer Erschwerung seiner Ausscheidungsverhältnisse beruht, demnach ein Ausfluß von rein lokalen, nicht verallgemeinerungsfähigen Bedingungen ist.

Einen Aufschluß darüber könnten uns nur spezielle Untersuchungen geben. Von größtem Interesse sind weitere Fragen, die ebenfalls einer empirischen Prüfung zugänglich sind, bisher aber keine entsprechende Bearbeitung fanden. Es sind dieses die Probleme des Zusammenhanges zwischen der Differenzierungshöhe resp. der Differenzierungsart der embryonalen Gewebe und entsprechendem Schwund ihres Strahlungsvermögens. Wir gehen allerdings von der bislang noch nicht bewiesenen Voraussetzung aus, daß in den Furchungs- resp. frühen Entwicklungsstadien die Erzeugung mitogener Stoffe allen embryonalen Elementen zukommt. Von größtem Interesse ist schließlich die Frage, ob das mitogenetische Vermögen auch bei älteren Embryonen resp. erwachsenen Organismen persistiert und, falls nicht, in welchem Rhythmus und unter welchen Bedingungen es erlischt[1]).

All diese Probleme können zur Zeit nur gestellt werden. Ihre Beantwortung ist von der Zukunft zu erwarten. (Vgl. auch Kap. 3 des II. Teiles.)

2. Kapitel.

## Versuch einer Verallgemeinerung der Reiztheorie der Mitose auf die frühesten Embryonalprozesse.

In den bisherigen theoretischen Betrachtungen über die Furchungsteilungen, soweit solche überhaupt vorliegen, ist ein eigentümlicher Gegensatz zwischen der Auffassung des ersten und der nachfolgenden Furchungsschritte zu verzeichnen. Daß die erste Teilung eine unmittelbare Folge der Befruchtung (oder der künstlichen Parthenogenese) ist und mithin eines Anstoßes von außen bedarf, resp. einen echt reaktiven Vorgang darstellt, wird natürlich von Niemandem bezweifelt und ist ein geradezu trivialer Satz. Es ist uns aber keine einzige Äußerung bekannt geworden, die von einer entsprechenden oder analogen Auffassung der nachfolgenden Furchungsteilungen ausginge. Von der stupenten Regelmäßigkeit der ersten Furchungsschritte beeinflußt, glaubt man vielmehr, in derselben einen fein geregelten Uhrmechanismus vor sich zu haben, der durch den Befruchtungsreiz ein für allemal „ausgelöst" und in Gang gesetzt wird, ohne daß der jedesmalige

[1]) Vgl. Anmerkung S. 105.

Elementarprozeß derselben, d. h. die jeweilige Zellteilung eines speziellen Anstoßes bedürfte. Vom Standpunkte des Ganzen wäre demnach die Furchung ein reaktiver Vorgang, vom Standpunkte jedes Furchungsschrittes dagegen ein durch „innere Kräfte“ erzeugter Prozeß, wobei für die nähere Bestimmung dessen, wessen „innere Kräfte“ dabei in Betracht kommen könnten, nicht einmal ein Anlauf in der vorliegenden Literatur zu finden ist. Es liegen indes zahlreiche Tatsachen der experimentellen Embryologie bereits vor, aus denen weitgehende theoretische Konsequenzen wohl gezogen werden könnten.

## A. Die Befruchtung (künstliche Parthenogenese) als Teilungsreiz.

Die reichhaltige Literatur über die aktivierende Wirkung natürlicher Befruchtung und künstlicher Parthenogenese hat bisher, wie bekannt, zu keinem abschließenden und allgemein anerkannten Ergebnisse, sc. Theorie geführt. Es wäre eine unzulässige Abschweifung von unserem unmittelbaren Zwecke, wollten wir alle diesbezüglichen Tatsachen und die an dieselben geknüpften Anschauungen kritisch besprechen[1]).

Es möge nur dasjenige hervorgehoben werden, was an tatsächlichem Material vorliegt, unwidersprochen bleibt und für die weiter zu entwickelnden Erwägungen von Bedeutung sein kann.

Es ist wohl unbestreitbar, daß sowohl bei Befruchtung als bei künstlicher Entwicklungsanregung die Eioberfläche, sc. die Corticalsubstanz, in erster Linie in Mitleidenschaft gezogen wird resp. reagiert. Ein sichtbarer und in die Beschaffenheit der Cortex unbestreitbar tief eingreifender Vorgang ist u. a. die Entstehung der sog. Befruchtungsmembran.

Unbestreitbar sind auch Permeabilitätsänderungen des Eies während der Befruchtung resp. der darauffolgenden Teilungsanregung. Die Permeabilität scheint zu steigen.

Auch die Ausscheidung bestimmter Substanzen (des Fertilizins — R. Lillie) durch das Ei scheint ebenfalls vorwiegend ein die Eirinde betreffender Vorgang zu sein.

Daß unmittelbar nach der Befruchtung die Sauerstoffkonsumption der Echinideneier gewaltig ansteigt, ist ebenfalls eine seit Warburg allgemein bekannte und anerkannte Tatsache.

---

[1]) Vgl. namentlich R. Lillies Schilderung in der General Cytology 1924.

Wenn wir von den Vorgängen der künstlichen Teilungsanregung als eines relativ einfacher zu übersehenden Prozesses ausgehen, so können wir unser unmittelbares Problem dahin formulieren, daß wir von diesem exquisiten Falle einer rein chemischen Teilungsanregung ausgehend, den Versuch machen, auf denselben unser im vorangehenden gewonnenes und experimentell erhärtetes Schema der Verursachung der Zellteilung zur Anwendung zu bringen. Die dabei gewonnenen Ergebnisse können natürlich auch auf alle Fälle scheinbar rein chemischer Teilungsanregung, wie wir sie an somatischen Zellen kennen, extrapoliert werden.

Die Frage lautet demnach: Ist es wohl denkbar, daß durch die verschiedenen in Betracht kommenden, künstliche Parthenogenese erzeugenden Agentien die Faktoren ins Leben gerufen werden, die für sonstige Zellteilungen nachgewiesen wurden?

Wenn wir vor allem an die Induktion als maßgebenden Teilungsfaktor denken, so müßten wir in bezug auf Eier (wie übrigens auch auf etwaige Fälle freilebender isolierter Zellen) ein Prinzip einer „Selbstinduktion"[1]) zur Anwendung bringen, das sowohl näher bestimmt als auch gerechtfertigt werden soll.

Wenn wir an der gewiß berechtigten Vorstellung festhalten, daß die Ablaufskette, die man unter dem Begriff der Zellteilung zusammenfaßt, von einem Erregungszustande der Zelloberfläche seinen Ausgang nehmen muß, der durch einen genuinen adäquaten Reiz erzeugt wird, so ist es eine nicht zu umgehende Konsequenz, daß auch in dem Falle einer scheinbar spontanen Zellteilung dieses erste Glied nicht umgangen werden darf oder, mit anderen Worten, zuerst die Zelloberfläche in den adäquaten Erregungszustand versetzt werden muß. Die Faktoren wiederum, die diesen Erregungszustand erzeugen — „induzieren", mögen in diesem Falle von der Zelle selbst herrühren, statt wie sonst aus anderen Zellen desselben oder eines anderen Organismus zu stammen. Wir wären in diesem Falle wohl berechtigt, von einer „Selbstinduktion" zu sprechen.

Nun ist es durchaus nicht ausgemacht und nicht mal wahrscheinlich, daß die mannigfaltigen, zur künstlichen Parthenogenese verwendeten Stoffe und Eingriffe an sich wirklich adäquate Reize für das betreffende Perzeptionsorgan der Zelle darstellen. Daß

[1]) Oder „gegenseitiger Induktion".

hier ein Glied als wirklicher genuiner Reiz eingeschaltet werden muß, wurde schon oben ausgeführt. Wir können uns vielmehr den wirklichen Hergang etwa so denken, daß durch die üblichen, die Parthenogenese erzeugenden Stoffe gewisse Bedingungen geschaffen werden, durch die die genuinen, von uns bereits im vorangehenden studierten Faktoren in Fluß gesetzt werden.

Um unseren Gedankengang hier zu präzisieren, wollen wir uns daran erinnern, daß die mitogenetischen Strahlen bei Zusammenwirken zweier im frischen embryonalen Gewebe offenbar enthaltener, aber noch nicht isolierter Körper, der Mitotase und des Mitotins, entstehen.

Wir werden noch im weiteren zahlreiche experimentelle Belege für den ohnedies höchst plausiblen Satz finden, daß das Ferment Mitotase nicht unbedingt stets im aktiven Zustande angetroffen wird, sondern vielfach als Proferment besteht. Daß viele Fermente erst beim Austritt aus der Zelle aktiviert werden, ist ebenfalls ein allgemein bekannter, des Beweises nicht bedürftiger Satz. Es steht demnach der Annahme nichts im Wege, daß die betreffenden mitogenen Stoffe, und zwar die Mitotase im inaktiven Zustande auch im Eiplasma enthalten sind und die jedenfalls bedeutend modifizierten Permeabilitätsverhältnisse der Eirinde bei der Anregung zur Furchung Veranlassung zum Austritte geringer Mengen der betreffenden Stoffe an die Eioberfläche geben können, wo Bedingungen zu sofortiger Aktivierung der Mitotase resp. zur Erzeugung mitogener Strahlen gegeben sind.

Ob die aus dem betreffenden Ei stammenden mitogenetischen Strahlen es selbst oder benachbarte Eier (und vice versa) induzieren, ist prinzipiell irrelevant. Es möge nebenbei erwähnt werden, daß von den mit Kulturen in vitro sich befassenden Forschern vielfach die Beobachtung gemacht wurde, daß isolierte Zellen resp. Einzellenkulturen sich nie teilen. Sollte diese Tatsache nicht in dem Sinne zu interpretieren sein, daß eine Selbstinduktion im strikten Sinne des Wortes in der Regel wenigstens nicht vorkommt und durch gegenseitige Induktion benachbarter Eier ersetzt wird?

Die Annahme einer Selbstinduktion des befruchteten Eies oder eines Protisten (oder einer gegenseitigen Induktion benachbarter), die auf den ersten Blick ganz willkürlich erscheint, hat eine zweifache Berechtigung: 1. ist sie von großem Erklärungswert für das Nachfolgende, 2. gehört sie zu experimentell verifizierbaren Hypothesen. Es wäre natürlich ein leichtes, eben befruchtete (oder zur künstlichen Parthenogenese angeregte) Eier oder Protistenkulturen als Induktoren auf geeignete Objekte, sc. Zwiebelwurzeln einwirken zu lassen[1]. Es wäre aber auch der weitere Versuch zu wagen, durch das gleiche Verfahren die künstliche Parthenogenese zu versuchen[2].

## B. Die Furchung.

Die Furchung gehört zu den am genauesten zeitlich-räumlich geregelten biologischen Prozessen, die uns eben aus diesem Grunde als ein Ausfluß eines dem Ei resp. den Blastomeren inhärenten Mechanismus imponieren, der durch die Befruchtung nur ausgelöst resp. in Fluß gesetzt zu werden braucht.

Das Regulationsvermögen des Furchungsprozesses ist von eigentümlichem Verhalten. Wird das Ei mechanisch (etwa durch Pressung oder durch Zentrifugieren) deformiert, so ändert sich der Furchungsrhythmus in weitgehendem Maße. Isolierte, aber sonst unbeschädigte Blastomeren, die im weiteren Verlaufe nicht etwa Teilembryonen, sondern harmonisch geformte kleine Ganze ausbilden, furchen sich zunächst nach dem Teiltypus. Der Furchung als solcher kommt demnach kein Regulationsvermögen zu. Diese auffallende Tatsache kann als weiterer Beweis für die Setzung eines inhärenten, fein und stabil geregelten Furchungsmechanismus gelten. Der abweichende Verlauf bei mechanischer Deformation wäre dann nicht als Regulation, sondern als Schädigung desselben zu betrachten.

Es liegen bisher keine erfolgreichen Versuche vor, eine tiefergehende Theorie dieses problematischen Mechanismus zu geben. Wir müssen uns mit der Tatsache begnügen, daß er sich mit einigen Teilungsschritten erschöpft, resp. daß früher oder später — je nach den Eitypen — die Furchung ihre exquisite Regel-

[1] Anmerkung bei der Korrektur: Es wurde inzwischen in meinem Laboratorium von Herrn Baren das Induktionsvermögen schnell wachsender Hefekulturen auf Zwiebelwurzeln nachgewiesen.

[2] Diese Versuche, die wohl nur an Echinideneiern einen Erfolg versprechen, liegen außerhalb des Möglichkeitsbereiches für uns und mögen daher nur Erwähnung finden, um andere Forscher zu ihrer Ausführung zu veranlassen.

mäßigkeit einbüßt oder dieselbe vielmehr sich so weit trübt, daß der Augenschein eine völlige Regellosigkeit, „Zufälligkeit“ der Mitosenverteilung vorzutäuschen beginnt und den Spuren einer Determination mit speziellen statistischen Methoden nachgegangen werden muß. Beim 9. oder 10. Teilungsschritt des Echinodermenkeimes sind noch Andeutungen einer Regelung in der Mitosenverteilung so weit nachweisbar als symmetrisch gelegene, d. h. spiegelähnliche Zellen sich etwa 10 mal so häufig simultan teilen als es wahrscheinlichkeitstheoretisch nach den Zufallsgesetzen der Fall sein müßte. Wieweit diese Determination wenigstens andeutungsweise noch weiter besteht, wurde bisher nicht nachgeforscht. In den verschiedenen späteren embryonalen Prozessen konnte keine Spur einer Determination mehr nachgewiesen werden.

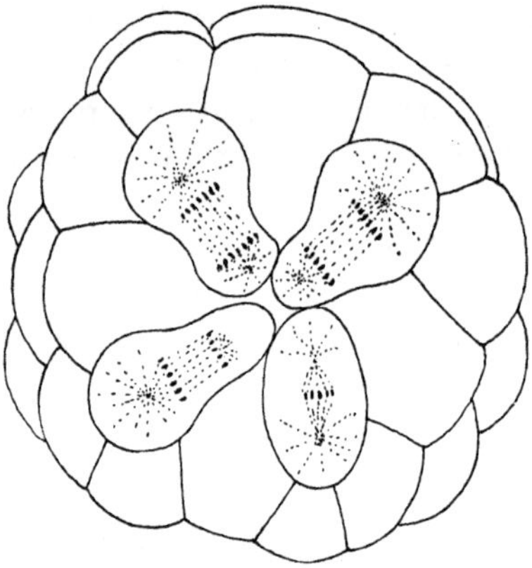

Abb. 43. Furchungsstadium des Anneliden Trochus. Nur die Quartettzellen in Teilung. (Nach Robert.)

Wir haben demnach eine eigenartige Gesetzlichkeit vor uns, die in ihren ersten Schritten gewissermaßen von absoluter Genauigkeit zu sein scheint, dann aber allmählich lockerer wird und offenbar völlig abklingt.

Das Wesentliche an den Gesetzlichkeiten der Furchungsteilungen besteht, wenn wir die Gesamtheit der Typen, nicht nur die Echinodermeneier überblicken, darin, daß nicht Schwesterzellen, sondern in bezug auf gewisse Keimesachsen symmetrische Zellen sich simultan teilen (Abb. 43). Daß in vielen Eiarten (darunter auch bei Echiniden) die ersten 4—5 Teilungsschritte alle spontan erfolgen, ist nur ein, allerdings sehr wichtiger Spezialfall.

Beim Versuch, dieser Gesetzlichkeit näherzutreten, bewegen sich unsere Gedanken naturgemäß innerhalb folgender Möglichkeiten:

Bei jeder Furchungsteilung wird jeder neuentstehenden Blastomere auch ihr weiterer Teilungsmechanismus gewissermaßen als Bestandteil ihres Erbgutes zugewiesen, oder aber — umgekehrt —, die Regelung des Furchungsrhythmus ist als Resultante der

Wechselwirkung aller beteiligten Blastomeren, über deren Wesen wir noch völlig im dunklen sind, zu betrachten.

Einen Schritt vorwärts bringt uns hier ein einfaches Experiment, das von meiner Schülerin Sorokina[1]) ausgeführt wurde: Es wurde zunächst an einem großen (an 300 Fälle) statistischen Material der hohe Grad des Synchronismus des zweiten Teilungsschrittes des Echinodermeneies festgestellt. Teilt man den Ablauf der Mitose in 10 Stadien ein, so ergibt sich, daß die Differenz zwischen links und rechts meistenteils bis auf ein Stadium genau ist. Nun wurde das Verhalten der isolierten Blastomeren geprüft. Durch Schütteln oder noch besser durch die Herbstsche Methode des Aufenthaltes in Ca-freiem Seewasser werden die ersten zwei Seeigelblastomeren voneinander isoliert und der Weiterentwicklung überlassen. Der Synchronismus des zweiten und dementsprechend auch der nachfolgenden Teilungsschritte wird dadurch bedeutend gelockert, so daß Zeitdifferenzen von einer Viertelstunde und darüber auftreten und die eine Blastomere der anderen um einen vollen Furchungsschritt nachhinken kann. Die Interpretierung dieser Versuchsergebnisse erscheint nicht so einfach. Die Zeitunterschiede im Teilungsrhythmus der beiden Blastomeren sind zu gering, um die Tatsache zu verdecken, daß jede Blastomere tatsächlich einen vollkommenen eigenen Teilungsmechanismus besitzt und daß beide Mechanismen wesentlich identisch sind. Auch sind die relativ zwar in die Augen springenden, aber absolut genommen sehr unbedeutenden Zeitunterschiede bei weitem nicht ausreichend, um dieselben etwa auf eine Schädigung der zurückbleibenden Blastomere zurückzuführen. Die Trennung der beiden Blastomeren bringt jedoch die Tatsache ans Licht, daß eine gegenseitige Regelung der beiden Mechanismen, die von hoher Vollkommenheit bei normalem Kontakt ist, normalerweise am Werke ist und bei den Versuchsbedingungen zum Fortfall kommt. Wir kommen daher zu einem, wie wir im weiteren sehen werden, provisorischen Schluß, daß jeder Blastomere ihr Teilungsrhythmus in seinen wesentlichen Zügen zwar gegeben ist, daß aber eine gegenseitige Beeinflussung oder Regelung desselben beim Kontakt unaufhörlich stattfindet. Um beiden eben genannten Begriffen einen konkreten Inhalt zu verleihen, müssen wir das ganze

[1]) Arch. f. Entwicklungsmechanik 1912.

Furchungsproblem, die erste Teilung mit einbegriffen, noch von einer anderen Seite ins Auge nehmen.

Wenn wir von einer genauen Regelung des Zellteilungsrhythmus sprechen, so hat die Aussage einen gewissermaßen konditionellen Sinn, daß, wenn überhaupt Furchung stattfindet, sie nach bestimmten zeitlich-räumlichen Regeln abläuft. Wir müssen aber außerdem die kapitale Tatsache ins Auge fassen, daß, den normalen Zustand der Eier vorausgesetzt, die Furchung als Reaktion gewissermaßen zwangsmäßig in 100%

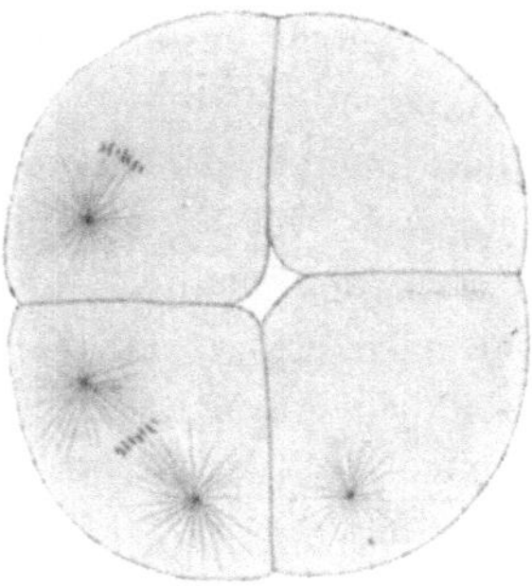

Abb. 44. Vierblastomerenstadium von Strongylocentrotus.

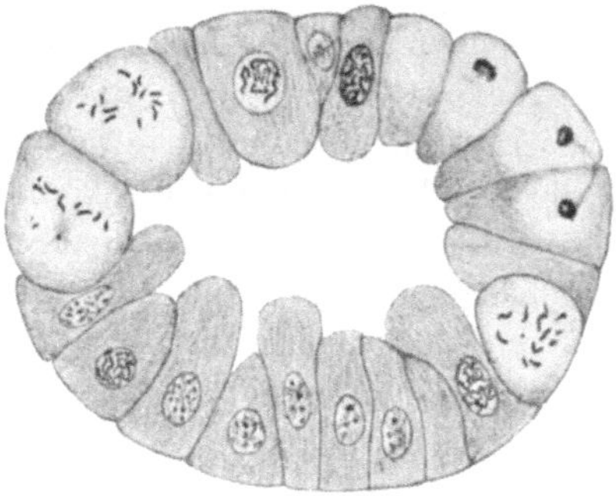

Abb. 45. Blastula von Strongylocentrotus. Synchronismus der Mitosen aufgehoben. Zu beachten die Abrundung und bedeutende Volumzunahme der in Teilung begriffenen Zellen (vgl. Text).

der Fälle auftritt und darin eine Sonderstellung in der Reihe der Teilungen einnimmt, da ja auf diesem Gebiete der Satz allgemein gilt, daß die Teilungsreaktion, in Abweichung von sonstigen Reflexen, nie mit Sicherheit hervorgerufen werden kann.

Wir haben die Furchung so weit analysiert, als es notwendig war, um unseren Maßstab anzulegen oder mit anderen Worten die Anwendbarkeit unserer vorangehenden Erfahrungen auf dieselbe zu erproben.

In erster Linie steht die soeben erwähnte Zwangsmäßigkeit der ersten Furchungsteilungen inkl. der ersten Teilung.

In unserer Denkweise bedeutet es vor allem, daß das reizperzipierende Organ — gegebenenfalls das Oberflächenmosaik des Eies — vollkommen ist, d. h. im Gegensatz zu sonstigen Zellen stets, den normalen Zustand natürlich vorausgesetzt, die für die Reizaufnahme adäquate Struktur besitzt. Wenn wir uns die ersten Furchungsschritte der meisten Eiarten vergegenwärtigen, so merken wir, daß die Abrundungstendenz der Blastomeren im allgemeinen spät auftritt und jede Blastomere der 2—4 ersten Generationen ohne Abrundung ihrer Außenfläche an der Begrenzung der Morula beteiligt. Die Außenfläche dieser Blastomeren ist mit anderen Worten ein Segment der ursprünglichen Eioberfläche (vgl. Abb. 44). In den späteren Furchungsschritten treten Abweichungen von der strengen Symmetrie, resp. von dem durchgehenden Synchronismus (wie z. B. bei Echinodermen)

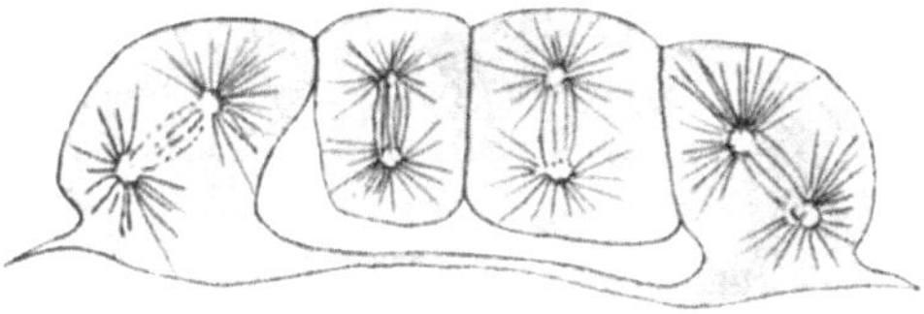

Abb. 46

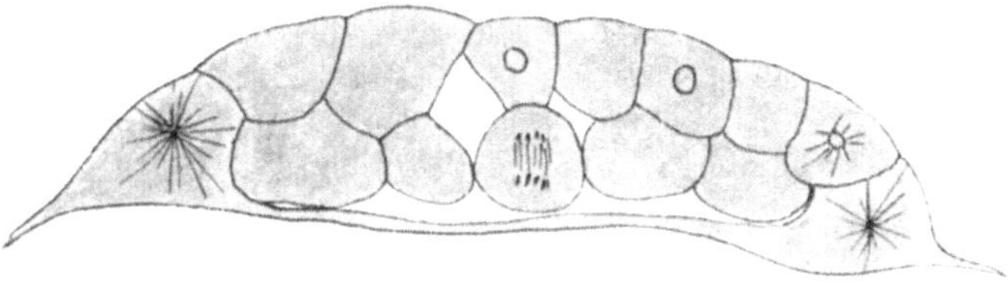

Abb. 47.

Abb. 46 u. 47. Vertikalschnitte durch Keimscheiben von Ctenolabrus. (Nach Agassiz und Whitman. Mem. Museum of comp. Zool. Bd. XIV. 1885.)

immer mehr in den Vordergrund. Das erste Versagen des Synchronismus im Seeigelei pflegt ungefähr mit der 5. Generation der Zellen zusammenzufallen (Abb. 45), was in ganz auffallender Weise mit dem ersten Auftreten nichtradiärer Furchungsrichtungen, d. h. Blastomeren ohne Beteiligung der äußeren Eioberfläche zusammenfällt. Ein gleich günstiges Zusammentreffen beider Umstände ist auch bei der Furchung der Teleostier zu konstatieren, wo der Furchungstypus aus beiliegenden Abbildungen leicht erfaßt werden kann. Die 8 ersten Furchungszellen entstehen durch drei die Oberflächen senkrecht schneidenden Furchen. Der 4. Furchungsschritt, bei dem die Spindeln sich senkrecht zur Oberfläche stellen, ist, wie der Voraussetzung entspricht, auch noch synchron (Abb. 46). Es entstehen aber dabei auch Zellen, die keinen Bestandteil der ursprünglichen Eioberfläche mehr enthalten. Beim

5. Teilungsschritt finden wir den strengen Synchronismus der Furchung dementsprechend bereits gestört (Abb. 47).

Ein naheliegender, aus anderen Furchungstypen entlehnter Einwand ist leicht zu entwaffnen, da der Begriff des Synchronismus leicht zu Mißverständnissen führen könnte. Wir brauchen uns nur den Furchungstypus des Amphibieneies zu vergegenwärtigen, wo die Blastomeren sehr lange einen Segment der ursprünglichen Eioberfläche in offenbar unveränderter Beschaffenheit erhalten, aber, wie allgemein bekannt, von einem Synchronismus der Teilungen nicht die Rede sein kann. Aber auch abgesehen von diesem, lassen sich auch zahlreiche andere Furchungstypen anführen, wo zwar eine geradezu ideelle Regelmäßigkeit und Symmetrie der Furchung, aber kein eigentlicher Synchronismus aller Teilungen auftritt.

Wir müssen hier zweierlei unterscheiden: die Zwangsmäßigkeit einer Teilung und ihren genauen Zeitpunkt. Nur erstere gehört zum eigentlichen, mit der Grundannahme verknüpften Postulat. Daß bei vielen Furchungstypen einige Teilungsschritte noch außerdem streng synchron ausfallen, ist ein Nebenumstand, der darauf zurückzuführen ist, daß auch die Reaktionszeit der betreffenden Zellen auf den für den ganzen Keim wohl simultan auftretenden Reiz die gleiche ist. Wir können daher die Vermutung wagen, daß in den aufs genaueste geregelten Furchungstypen, wo die Simultaneität aller Teilungen fehlt, die Reaktionszeit der Zellen individuell schwankende oder auch gesetzmäßig verschiedene Abweichungen zeigt. Etwas anderes ist es allerdings, wenn der bis dahin streng eingehaltene Synchronismus von einem bestimmten Entwicklungspunkte ab versagt, namentlich wo es sich um Schwesterzellen handelt, die, soweit ersichtlich, sich wesentlich identisch verhalten. Ein bedeutendes Nachhinken einer derselben oder gar der Ausfall eines Teilungsschrittes ist hier in berechtigter Weise auf ein Versagen des bis dahin streng regulierten Teilungsrhythmus zurückzuführen.

Interessante Belege in unserem Sinne finden sich bei der Furchung der Cephalopoden- (Loligo-) Eier, die schon vor langer Zeit mit außerordentlicher Genauigkeit von Watase geschildert wurde. Wir haben hier ein Beispiel einer discoidalen, außerordentlich regelmäßigen bilateralen Furchung vor uns, bei der mehrere Furchungsschritte durch senkrecht zur Eioberfläche gerichtete Furchen erfolgen, folglich alle Blastomeren sich an der ursprünglichen Eioberfläche beteiligen, dabei auch keine Abrundungstendenz der Blastomeren, die die Oberflächenbeschaffenheit beeinflussen könnte, sich merkbar macht. Die Regelmäßigkeit der Furchung und der Synchronismus der Mitosen in sämtlichen Blastomeren ist dementsprechend im allgemeinen ein ganz wunderbarer. Es werden aber dabei von Watase mehrere Fälle geschildert, die offenbar keinesfalls als Abnormitäten gelten dürfen, dabei aber ein Nachhinken im Teilungsrhythmus einzelner Blastomerengruppen aufweisen. Ein näheres Studium dieser Fälle gibt uns einige weitere Fingerzeige in dem uns interessierenden Problem.

1. Sofern nur wenige Zellen mit ihren Teilungen im Rückstande sind, handelt es sich um streng symmetrische Zellgruppen (Abb. 48 u. 50). Der Regelmäßigkeit resp. Zwangsmäßigkeit der Furchung wird dadurch keinesfalls Abbruch getan, es fehlt nur die Simultaneität aller Mitosen.

2. Größere Blastodermbezirke können ebenfalls in ihrer Teilung etwas zurückbleiben, wobei alle Zellen eines bestimmten Areals sich wiederum untereinander gleichartig verhalten (Abb. 49).

3. Dieses Zurückbleiben mancher Zellgruppen erfolgt in späteren Teilungsschritten, nachdem 3—5 Zellgenerationen sich streng simultan geteilt haben. Es handelt sich demnach um eine kleine Störung des zeitlichen Ablaufes der Mitosen, die weder zellindividuell ist noch auf der Vorgeschichte der betreffenden Zellen beruht.

Die Konsequenzen aus diesen Tatsachen sind zur Zeit nur teilweise klar: Da die Verzögerung meist symmetrische und genealogisch miteinander eng verknüpfte Zellgruppen berührt, läßt sich wohl kaum daran zweifeln, daß jede derartige individuelle Keimesvariation auf einer entsprechenden, ebenfalls individuellen Eikonstitution beruht. Wenn wir uns den ganzen Ablauf vergegenwärtigen, der z. B. zum Zustande der Abb. 50 führte, wo beide in ihrer Teilung zurückgebliebenen Zellgruppen aus je einer Zelle der zweiten Generation stammen, so liegt die Möglichkeit vor, daß auch die zwei, dem augenblicklichen Zustande dieser Zellgruppen vorangehenden Teilungsschritte mit geringer Verzögerung einhergingen. Der Sachverhalt könnte demnach etwa

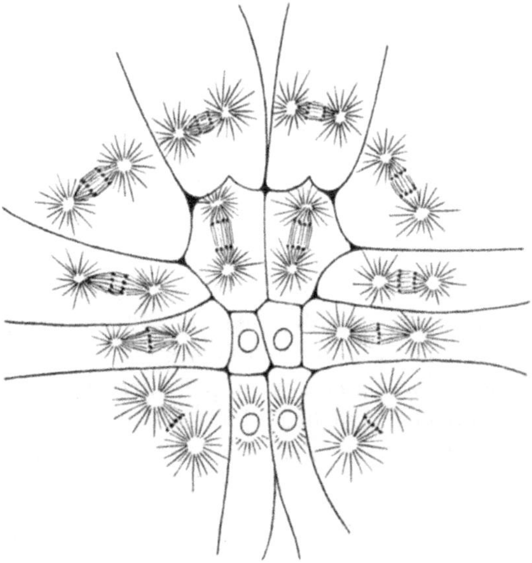

Abb. 48.

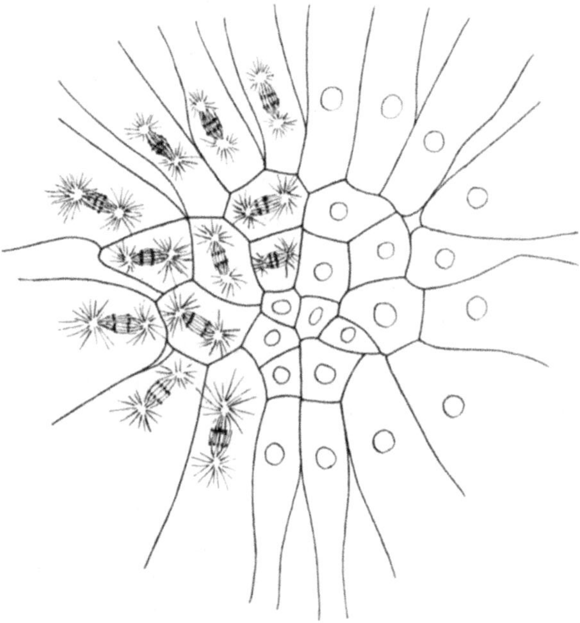

Abb. 49.

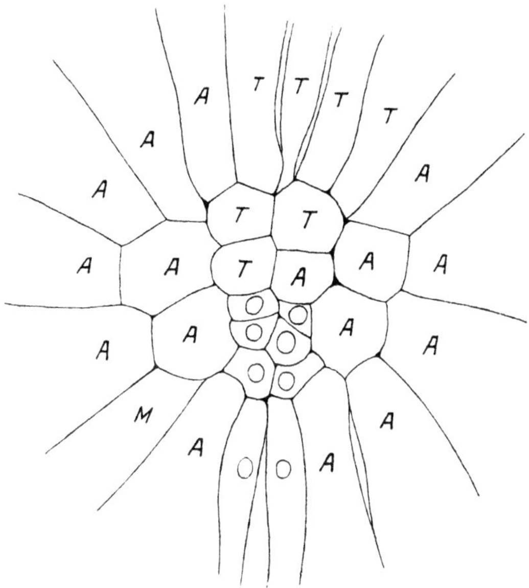


Abb. 50.

Abb. 48—50. Furchungsstadien von Loligo.
In Abb. 50 bedeuten: *M* Metaphase, *A* Anaphase, *T* Telophase.

so gedeutet werden, daß der betreffende Bezirk des Keimes durch einen gewissen Grad von Torpidität von den übrigen ausgezeichnet ist. Ob man mit diesem Deutungsversuch auch für Fälle wie in Abb. 49 auskommt, dürfte immerhin zweifelhaft sein.

Da wir demnach größere oder kleinere, aber stets kontinuierliche Zellkomplexe von der Verzögerung betroffen finden, können wir die Erscheinung auch von einem allgemeineren Gesichtspunkte fassen, indem wir einfach als eine neue Variable die Reaktionszeit nehmen. Wir können demnach den ganzen Hergang der Furchung des Loligoeies dahin zusammenfassen, daß wir im selben neben der höchsten Vollkommenheit des Oberflächenmosaiks, die sich durch die Zwangsmäßigkeit mehrerer Furchungsschritte zu erkennen gibt, ein relativ unvollkommenes Maß der Regelung der Reaktionszeit des reizperzipierenden (oder bestimmter Glieder des ausführenden) Apparates setzen.

Die Frage über den genuinen Teilungsreiz, den wir bei Betrachtung der ersten Entwicklungsanregung durch Befruchtung oder künstliche Parthenogenese besprochen hatten, tritt uns in etwas veränderter Form auch bei Betrachtung der Furchung entgegen. Einen gewissen Ausgangspunkt zur Analyse geben uns hier wiederum die bereits oben geschilderten Versuche Sorokinas. Obwohl der Teilungsrhythmus in getrennten Blastomeren des Seeigeleies wohl erhalten bleibt, kann doch kein Zweifel darüber bestehen, daß eine gewisse gegenseitige Regelung der Mechanismen der beiden ersten Blastomeren besteht. Wie haben wir uns nun dieselbe zu denken? Es kann sich wohl nur darum handeln, daß geringe Differenzen der Intensität des jedem der Blastomeren eigenen Reizes durch Kontakt der Blastomeren ausgeglichen werden und dadurch ein gemeinsames Agens für beide entsteht. Es würde sich etwas Analoges wohl auch bei der Trennung der Vierer usw. ereignen. Wir können daher unser für die Erklärung des ersten Teilungsimpulses ins Feld geführte Prinzip, es möge sich um Ausscheidung der mitogenen Stoffe an der Eioberfläche handeln, dahin verallgemeinern, daß wir die von jeder Blastomere ausgeschiedenen Portionen einfach zusammenfließen lassen. Sobald zwischen den Furchungszellen eine kleine Furchungshöhle entstanden ist, wäre es naturgemäß, in der daselbst sich ansammelnden eiweißhaltigen Flüssigkeit die mitogenen Stoffe zu suchen.

Der Anschein der Antinomie, der in den Ergebnissen der Versuche Sorokinas hervorzutreten scheint, indem einerseits, wie übrigens längst bekannt, die voneinander isolierten ersten Blastomeren sich als Halbgebilde teilen, mithin sich als völlig in sich abgeschlossene Mosaiksysteme verhalten, andererseits aber in ihren zeitlichen Verhältnissen bei normalem Kontakt eine unleugbare gegenseitige Beeinflussung besteht, wird durch unsere Auffassung in plausibler Weise aus der Welt geschafft, indem wir die von der Abgeschlossenheit jedes Systems zeugende Komponente in das Oberflächenmosaik der Blastomeren verlegen, das ja natürlich keine Alteration durch schonende Trennung derselben zu erfahren braucht. Der zeitliche Faktor, der als gegenseitige Regulation des Teilungsmomentes zum Ausdruck kommt, wird dagegen durch den oder die Reizfaktoren bedingt, die für alle in Kontakt miteinander verbleibenden Blastomeren gemeinsam sind.

Es wäre verfrüht, das entworfene Schema der Befruchtung und Furchung von unserem Standpunkte des weiteren auszuführen, solange die grundlegenden, meist leicht auszuführenden Versuche noch ausstehen. Es mag genügen, darauf hingewiesen zu haben, daß der Reiztheorie der Mitose unserer Auffassung auf diesem Gebiete nicht nur keine Schwierigkeiten erwachsen, sondern eher umgekehrt, dieselbe ein neues Licht auf das interessante, bisher wenig beachtete Problem wirft, wieso und warum die wunderbar genaue Gesetzlichkeit der Furchungsteilungen nach einigen Teilungsschritten versagt.

3. Kapitel.

# Das Problem der Verteilung der Zellteilungen in den späteren embryonalen Prozessen. (Das mitogene Feld.)

Obwohl das Material für alle vorangehenden Untersuchungen und Betrachtungen, die den Inhalt dieses Buches bilden, embryonalen Geweben entlehnt wurde, haben wir uns bisher mit dem Prozesse der Zellteilung ohne jede Rücksicht auf die Gesamtheit der Umstände befaßt, die das Auftreten zur nötigen Zeit und am nötigen Ort der nötigen Teilungsfaktoren veranlassen. Wir wissen aber andererseits, daß die Zellvermehrung in der Embryonalentwicklung eine maßgebende Rolle spielt, und daß dementsprechend die Verteilung der Mitosen innerhalb wachsender Gewebe gewissen Gesetzlichkeiten folgen muß, die jetzt zum Gegenstand unserer Analyse gemacht werden sollen. Wir werden dabei von einer Voraussetzung geleitet, die geradezu zu einem Postulat der Forschung erhoben werden muß: Die Gesetzlichkeiten müssen dermaßen übersichtlich gedacht werden, daß sie sich kurz formulieren ließen. Da in den gedachten Formeln die Bezugnahme auf bestimmte Achsen oder Orte der Teilungen von maßgebender Bedeutung sein dürften, soll der Inbegriff der gesuchten Gesetzlichkeiten als das oder die „mitogenen Felder“ bezeichnet werden.

Die Probleme, die uns hier entgegentreten, sind mannigfacher Art. Da das Zustandekommen der Zellteilung nach unserer provisorischen Auffassung mindestens eine Triade voneinander unabhängiger Faktoren voraussetzt, so wird vor allem die Frage zu erläutern sein, welcher derselben zum eigentlichen Bestande des mitogenen Feldes gehört. Denn es wäre ja eine nichtssagende Tautologie, wollte man die Gesamtheit derselben zu Feldattributen machen, da ja die Setzung eines Feldes zu einer Zergliederung des Geschehens und nicht zur Versetzung des ganzen Problems in ein anderes Niveau führen soll.

Sollte nun eine derartige Konstruktion des mitogenen Feldes, welches die Verteilung im Raume des einen der Faktoren bedingt, gelingen, so muß in analoger Weise auch über die beiden übrigen Teilungsfaktoren verfügt werden, wobei es selbstverständlich vorderhand unentschieden bleiben wird, ob sich dieselben ebenfalls dem Feldbegriffe fügen oder nicht vielmehr zu den eigentlichen Zellatributen gehören. Das zweite Problem, welches in unserer Darstellung allerdings in erster Reihe zur Sprache kommen soll, bezieht sich auf den Zusammenhang zwischen dem mitogenen und dem morphogenen Felde. Letzterer Begriff soll hier als bekannt vorausgesetzt werden[1]).

## A. Zusammenhang zwischen morphogenem und mitogenem Felde.

Daß ein allgemeiner Zusammenhang zwischen dem morphogenen Felde und der Verteilung der Mitosen im Keime bestehen muß, ist ein selbstverständlicher, keines Beweises bedürftiger Satz. Aufgabe der Forschung kann es nur sein, das Präzisionsmaß dieses Zusammenhanges zu bestimmen und Klarheit über den Grund desselben zu gewinnen.

Die Fragestellungen der pflanzlichen und tierischen Embryogenese gehen hier so weit auseinander, daß eine gesonderte Betrachtung beider zur Notwendigkeit wird.

### 1. Pflanzliche Morphogenese.

Wir müssen hier von den Frühstadien der pflanzlichen Embryogenese absehen, da uns eigene Erfahrungen auf diesem Gebiete fehlen, die Literaturangaben sehr spärlich sind, und wollen uns auf die Vorgänge der Samenkeimung beschränken. Da hier formbildende Prozesse ebenso wie Zellvermehrung auf die sog. Vegetationspunkte beschränkt bleiben, haben wir den Zusammenhang zwischen beiden Prozessen nur in diesen Gebieten zu studieren.

---

[1]) Vgl. Begriff d. embryonalen Feldes. Roux' Arch. 53. Versuch einer synthetischen Biologie. Schaxels Beiträge usw. H. 17.

Es rührt schon von Sachs die sehr tiefblickende Auffassung her, daß die Zellvermehrung in den Vegetationspunkten im wesentlichen den lokalen Formbildungsprozessen gewissermaßen untergeordnet ist. Diese Aufstellung ist ein Ausfluß der Tatsache, daß Zellvermehrung hier durchaus nicht gleichbedeutend mit lokalem Wachstum resp. Formänderung ist, da die beiden Tochterzellen zusammengenommen unter Umständen die ursprüngliche Größe der Mutterzelle eine Zeitlang beibehalten. Ihr postmitotisches Wachstum ist demnach nicht mit dem Zeitpunkte der vorangegangenen Teilung, sondern mit gewissen morphogenen Prozessen verknüpft, an denen sie sich zu beteiligen haben. Dieser Zusammenhang scheint in manchen Fällen recht inniger Art zu sein, wie es sich z. B. bei Betrachtung der Vegetationspunkte mit sog. Scheitelzellen ergibt, wo die Teilungen derselben unbestreitbar mehr weniger streng geregelt sein müssen. Es läßt sich schwer denken, daß der Zusammenhang zwischen den morphogenen Prozessen und den lokalen Teilungsherden sich dadurch erschöpfe, daß das nötige Material gewissermaßen im voraus für die kommenden morphogenen Bedürfnisse vorbereitet werde, wie es im weitgehenden Maße für die tierische Embryogenese der Fall ist. Der Unterschied hier und da scheint hauptsächlich auf dem Umstande zu beruhen, daß die Konstanz der Zellgröße für ein bestimmtes Gewebe, die in tierischen Geweben streng gewahrt wird, im pflanzlichen Meristemgewebe bei weitem nicht im gleichen Maße erhalten bleibt und es daher in geringerem Maße darauf anzukommen scheint, ob für einen lokalen circumscripten Wachstumsherd eine größere oder geringere Menge junger Meristemzellen verfügbar ist. Es läßt sich dieser Zusammenhang allerdings auch nicht vollständig leugnen. Die diesbezüglichen Tatsachen sind noch zu wenig untersucht worden, um eine einheitliche theoretische Betrachtung zu erlauben.

Die weitere Frage, die viel eher Hoffnung auf eine empirische Lösung verspricht, bezieht sich auf die Abstammung und räumliche Verteilung der Teilungsfaktoren in den Vegetationspunkten der Pflanzenkeimlinge.

Es ist uns gelungen, hier eine Reihe von Tatsachen zusammenzubringen, die bisher nur zum Teil veröffentlicht wurden. Wir werden uns allerdings wiederholt auch auf die in den vorangehenden Kapiteln bereits mitgeteilten Tatsachen beziehen müssen.

Der Grund, warum in Pflanzenkeimlingen nur im Meristem Zellteilungen auftreten, kann a priori ein mehrfacher sein.

Es ist sowohl möglich, daß die Receptivität der Zellen für den Teilungsreiz eine beschränkte ist, als auch daß die in Betracht kommenden Teilungsfaktoren (die Haberlandtschen Hormone und die mitogenetischen Strahlen) nur in bestimmten Bezirken des Keimlings vertreten sind. Alle vorangehenden Untersuchungen, über die bereits im Kapitel 2, S. 33ff. berichtet wurde, lassen wohl keinen Zweifel darüber aufkommen, daß die Receptivität der pflanzlichen Zellen in einem einfachen Verhältnisse zu ihrem Streckungswachstum resp. zu ihrem Alter erlischt. Das Altern der Pflanzenzellen ist aber wohl ausnahmslos mit Streckungswachstum derselben verbunden.

Es bleibt aber dabei noch die Frage offen, ob die Teilungsfaktoren über den ganzen Pflanzenkeim gewissermaßen diffus ergossen werden oder ob bestimmte „Zentren“ bestehen, von denen aus die Teilungsanregung ausgeht, und falls es der Fall ist, ob diese Zentren in bestimmten räumlichen Beziehungen zu den Vegetationspunkten resp. zum Meristemgewebe stehen.

Wir wissen bereits aus dem vorangehenden, daß für Zwiebelwurzeln solche Zentren, und zwar an der Basis jeder Wurzel, in der Zwiebelsohle nachgewiesen wurden (Lydia Gurwitsch). Dieser Befund läßt sich indes keinesfalls verallgemeinern, da ja die Zwiebel in ihrer ganzen Architektur gewissermaßen eine Sonderstellung einnimmt und die Verhältnisse z. B. auf Dikotylenkeimlinge keinesfalls ohne weiteres übertragen werden dürfen. Es ist in der Tat gewissermaßen plausibel, daß in dem Zwiebelkeimling, wo nur beide extremen Punkte, die Wurzeln nach unten und die Sprosse nach oben wachsen, wo keine Seitensprossen entstehen und in der Zwiebel gewaltige Mengen von Reservematerialien aufgestapelt sind, ein zentral gelegener Bezirk gewissermaßen auserkoren ist, der die nötigen mitogenen Stoffe sowohl nach unten wie nach oben liefern kann. In den Dikotylenkeimlingen liegen Verhältnisse vor, die nur schwer mit denjenigen der Zwiebel in Parallele gebracht werden können.

Eine Durchforschung des Helianthuskeimlings wurde in meinem Laboratorium von den Herren Frank und Salkind mit dem Zwecke durchgeführt, einen vollständigen Überblick über etwaige Zentren resp. über die Ursprungsquellen der mitogenen Stoffe und die Entstehungsorte der Strahlen zu gewinnen. Die Ergebnisse seien in ihren Hauptzügen an dieser Stelle mitgeteilt.

Es wurden zur Untersuchung Helianthuskeimlinge von etwa 2—3 cm Länge genommen, die Zimmerkulturen entstammten. Die Ausstrahlung aus der Wurzelspitze des Keimlings ist schon durch Rawins Untersuchung bekannt. Es wurde nun festgestellt, daß auch die jungen, zwischen den Kotyledonen kaum sichtbaren ersten Blattanlagen, aber auch die Kotyledonen selbst ausstrahlen. Letztere nur aus dem Endpunkt des Hauptnerven. Weder aus der Blattspreite noch aus einem beliebigen anderen Punkte des Kotyledorandes konnte eine Induktion erzielt werden. Das von den aufgezählten Organen ausgehende Strahlenbündel ist, soweit nach dem Induktionseffekt beurteilt werden kann, ebenso schmal wie aus der Wurzelspitze. Ob es sich um einen quasi — parallelen Strahlengang handelt, konnte bis jetzt nicht festgestellt werden.

Wenn wir all die nachgewiesenen Strahlungsorte überblicken, so drängt sich zunächst der Gedanke auf, es möge sich in dem Keimling um ein im Hypokotyl gelegenes gemeinsames Zentrum handeln, von dem aus der Strahlengang nach allen Richtungen sich einfach konstruieren ließe.

Die anatomische Untersuchung ergab indes, wie übrigens auch zu erwarten war, keine Spur eines mehr weniger abgesonderten oder differenten Zellkomplexes, der als ein der Zwiebelsohle analoges „Zentrum" angesehen werden könnte. Wir müssen daher die Quellen der mitogenen Substanzen resp. der Strahlen anderswo suchen. Und nun entsteht die kapitale Frage: Ist ein mitogenetisches Zentrum auch immer ein Strahlungszentrum? Oder anders ausgedrückt: Werden die mitogenen Stoffe stets auf Ort und Stelle ihrer Entstehung aktiviert oder kommen auch Fälle vor, wo sie in inaktivem Zustande an einen anderen Ort transportiert werden, um erst hier aktiviert zu werden resp. die mitogenetische Strahlung zu erzeugen?

Die ersten Zweifel an unserer ursprünglichen Auffassung, wo die trichterförmigen Ursprungsorte der Zwiebelwurzeln nicht nur als Zentren schlechtweg, sondern direkt als Strahlungszentren angesprochen wurden, tauchten bei uns schon seit langer Zeit auf, als wir mehrfach auf lange Wurzeln stießen, deren Krümmungen es sehr unwahrscheinlich machten, daß die aus der Trichterregion stammenden Strahlen trotz mehrfacher innerer Reflexion an den Krümmungen die Wurzelspitze noch in genügender Intensität erreichen könnten.

Zum zweiten Male wurden Zweifel wach, als wir feststellen konnten, daß intakte narkotisierte Wurzeln schwächer als solche mit Wundsetzung, d. h. mit abgetragener Spitze induzieren.

Induktion mit intakter Wurzel nach 1 Stunde Narkose (Chloralhydrat $^1/_2$%). (Nur Differenzen angegeben.)
—1, —5, —5, 13, 12, 17, 16, 4, —7.

Induktion mit narkotisierten Wurzeln, nach Abtragung eines 1 cm langen Endstückes.
—10, 23, 31, 16, 38, 15, 22, 38, 33, 27, 33, 3, 2 (ein Schnitt ausgefallen).

Durfte aus der Tatsache, daß tief narkotisierte Wurzeln überhaupt induzieren, mit Wahrscheinlichkeit gefolgert werden, daß die eigentliche Strahlungsquelle proximalwärts von derselben, d. h. irgendwo an der Wurzelbasis liegt, und konnte die relativ geringe Intensität des Induktionseffektes als eine gewisse Schädigung der narkotisierten Wurzel als Fortleitungsmedium gedeutet werden, so erscheint der Zusammenhang in einem neuen Lichte, nachdem nachgewiesen werden konnte, daß eine Wundsetzung an der narkotisierten Wurzel resp. Abtragung eines beliebig langen Endstückes desselben das Induktionsvermögen merklich steigert. Der Sachverhalt läßt wohl nur die eine Deutung zu: Da die Narkose den Stoffwechsel im allgemeinen und vor allem auch die enzymatösen Prozesse herabsetzt, dürfte auch die Mitotasewirkung in der Wurzel eine Schwächung erfahren, woraus sich auch der relativ schwache Induktionseffekt erklären ließe. Durch Wundsetzung resp. die damit einhergehenden Prozesse, wie Stoffaustritt aus den Zellen usw., dürften günstigere Wirkungen für die Aktivierung der Mitotase geschaffen werden, woraus sich auch die Steigerung der Strahlenproduktion resp. des Induktionseffektes erklären ließe.

Die Annahme, daß jedenfalls auch innerhalb der Wurzel des Helianthus selbst mitogene Stoffe vorhanden sein müssen resp. mitogenetische Strahlung entsteht, empfiehlt sich übrigens auch aus dem von Rawin erbrachten Nachweis, daß die Abtragung der Kotyledonen samt dem Hypokotyl das Induktionsvermögen der Wurzel nicht aufhebt. Da der Versuch kurz nach der Abtragung des Hypokotyls vorgenommen wurde, ist an eine von der Wunde ausgehende Induktionswirkung nicht gut zu denken. Daß die Eigenvermehrung der abgeschnittenen Helianthuswurzel längere Zeit recht intensiv fortbesteht, wurde schon im vorangehenden besprochen. Es wurde hier an einen echten Wundreiz gedacht. Es ist aber ebensowohl denkbar, daß auch die Vorräte an mitogenen Stoffen, die in der Wurzel verfügbar waren, dabei in bedeutendem Maße mitbeteiligt sind [1]).

Wir werden daher nicht fehlgehen, wenn wir die Gefäßbündel der Pflanzenkeimlinge ganz allgemein mit mitogenen Stoffen versehen sein lassen. Daß das Speichergewebe der Kotyledonen resp. die assimilatorische Tätigkeit der grünen Pflanzenteile für die Anreicherung derselben von maßgebender Bedeutung sein mögen, braucht nicht erst hervorgehoben zu werden.

Entscheidend für die Annahme, daß die mitogenen Stoffe in den Gefäßbündeln ganz allgemein im inaktiven Zustande kreisen, scheinen uns unsere Erfahrungen an Kartoffelknollen zu sein, die schon mehrfach erwähnt wurden und in einer speziellen Arbeit aus unserem Laboratorium noch des näheren behandelt werden sollen.

Frische Querschnitte durch Leptombündel der Kartoffelknolle induzieren in gewohnter Weise. Wenn wir uns die Tatsache überlegen, daß es sich um Winterknollen (November—Januar) handelt, die nicht die Spur einer bevorstehenden Keimung aufwiesen resp. aufweisen konnten, so wäre es ein ganz abstruser Gedanke, die intakte Knolle als solche im Inneren „strahlen" zu lassen. Es kann wohl kaum bezweifelt werden, daß die intakten Leptombündel die mitogenen Stoffe nur in inaktiven Vorstufen enthalten können, die bei der Wundsetzung aktiviert werden. Ob die mitogenen Stoffe der Leptombündel gerade mit den Wundhormonen Haberlandts identisch sind, bleibt vorläufig dahingestellt, ließe sich aber durch geeignete, allerdings recht mühsame Experimente, die gelegentlich noch vorgenommen werden sollen, wohl entscheiden.

---

[1]) Für die Zwiebelwurzel scheint das Gesagte, wenn überhaupt, so doch jedenfalls in sehr geringem Maße zu gelten: abgeschnittene Zwiebelwurzeln haben eine relativ kurze Lebensdauer (vgl. S. 20), induzieren auch nicht

Indem wir letztere Befunde extrapolieren, wollen wir nun den allgemeinen Satz aufstellen, daß die mitogenen Stoffe im allgemeinen in den Gefäßleitbündeln gebildet werden und längs derselben auf entfernte Bezirke, nämlich bis zu den Meristemherden (Vegetationspunkten) in inaktivem Zustand fortgeleitet werden. In der Nähe der letzteren werden erst die Vorstoffe aktiviert, was zur Entstehung von mitogenetischen Strahlen führt.

Die nähere Untersuchung der Verhältnisse am Helianthus, von der im vorangehenden schon die Rede war, sowie einige weitere Versuche an Zwiebelwurzeln verleihen der hier entwickelten Anschauung gewichtige Stützen. Was letzteres Objekt betrifft, so wurden in unserem Laboratorium ein paar Versuche mit langen Wurzeln vorgenommen, denen durch Einführung in gebogene Glasröhren verschiedene Krümmungen in ihren proximalen Teilen, also in größerer Entfernung von der Meristemzone aufgezwungen wurden. Sollten bereits hier mitogenetische Strahlen bestehen, so müßten sie durch die Krümmungsverhältnisse dermaßen reflektiert resp. gestreut werden, daß von der Erreichung der Wurzelspitze und namentlich von einer Ausstrahlung aus derselben nicht gut die Rede sein könnte. Sofern aber in diesen Wurzelbezirken noch mitogenetische Vorstoffe zirkulieren, können dieselben bis in die Nähe der Meristemzone sehr wohl fortgeleitet und dort wie normal aktiviert werden. Die Induktionswirkung von derart gebogenen Wurzeln müßte demnach mehr weniger normal ausfallen, was sich auch bestätigt fand. Dieses ist um so bemerkenswerter, als die vorangehenden Versuche Rawins, der mit Wurzelspitzen induzierte, die selbst stark gekrümmt waren, ebenfalls der Erwartung entsprechend völlig negativ ausfielen. Es mußten ja in der Tat gegebenenfalls die Strahlen, die ja in der Meristemzone der Wurzelspitze bereits als solche bestehen, durch die starke Krümmung und die dadurch hervorgerufene Dispersion für den Austritt aus der Wurzelspitze resp. die Induktion völlig verlustig werden.

Die Helianthuskeimlinge ergaben wiederum folgendes[1]):

Die Induktionsversuche mit den Kotyledonen zeigten uns, wie wir bereits sahen, daß nur in der Projektionsrichtung des Zentralnerven des Kotyledo, nicht auch von einem anderen beliebigen Punkte des Blattrandes oder der Blattspreite ein Induktionseffekt erzielt werden kann.

[1]) Die Arbeit ist im Drucke.

Wir sahen des weiteren, daß das Induktionsbündel sehr schmal ist und die Strahlen jedenfalls nicht in bedeutendem Maße divergieren können.

Es sprechen diese Tatsachen jedenfalls außerordentlich zugunsten der Annahme, daß auch hier der eigentliche Träger des Induktionsfaktors das zentrale Gefäßleitbündel ist. Nun bleibt es aber fraglich, ob dasjenige, was in den Kotyledostiel aus den zentraleren Abschnitten des Keimlings hineinlangt, bereits mitogenetische Strahlen oder nur mitogene Stoffe sind. Um dieser Frage näherzukommen, wurden von Frank parallele Versuche mit beiden Kotyledonen von Keimlingen angestellt, von denen der eine an seinem Stiel möglichst wenig, der zweite möglichst stark gekrümmt war. Sollte es sich um eine Durchstrahlung des Kotyledo seiner ganzen Länge nach handeln, so wäre in ersterem Kotyledo eine Ausstrahlung sehr wohl zu erwarten, nicht aber im zweiten, wo die Strahlen auf ihrem Wege dermaßen starke Krümmungen vorfinden, daß von einem regelmäßigen Strahlengang bis zur Spitze desselben und noch weniger von einer Ausstrahlung aus derselben nicht gut die Rede sein könnte. Sofern aber die kritische Krümmung des Kotyledostieles noch von den mitogenen Stoffen passiert wird und die Aktivierung derselben resp. die Entstehung der Strahlen erst innerhalb des Kotyledo selbst erfolgen sollte, wäre der Unterschied zwischen beiden Kotyledonen jedenfalls nur höchst unbedeutend.

Abb. 51. Zwei asymmetrisch gestaltete Kotyledonen von Helianthus, mit denen induziert wurde. (Nach Frank.)

Die Versuche, die mit gewissen technischen Schwierigkeiten verbunden sind, sprechen jedenfalls zugunsten letzterer Alternative, da beide Kotyledonen, wenn auch möglicherweise nicht im gleichen Maße, ihr Induktionsvermögen behalten.

Der Fall mit den Kotyledonen ist insofern eigenartig, als es sich hier nicht um ein Meristemgewebe handelt. Mitosen in den Kotyledonen sowie in deren Stiel kommen, wenn überhaupt, so nur ganz ausnahmsweise vor.

Es gibt uns daher dieses Objekt ganz besondere Veranlassung, auf die Umstände einzugehen, die die Aktivierung der in den Gefäßbündeln zirkulierenden mitogenen Stoffe veranlassen. Da uns die Tatsachen zur Annahme drängen, daß dieser Vorgang stets proximalwärts von dem Meristem, aber in seiner Nachbarschaft stattfände, so können wir uns den Sachverhalt etwa so zurechtlegen, daß die regeren Stoffwechselvorgänge und im speziellen wohl auch der Sauerstoffwechsel innerhalb und in der unmittelbaren Nähe des Meristems Veranlassung zur Aktivierung der Mitotase geben können. Diese Annahme steht auch mit der vorhin geäußerten Anschauung über aktivierende Wirkung der Wundfläche im besten Einklange. Es könnten sich auch die eben angeführten Verhältnisse mit den Kotyledonen in dieses

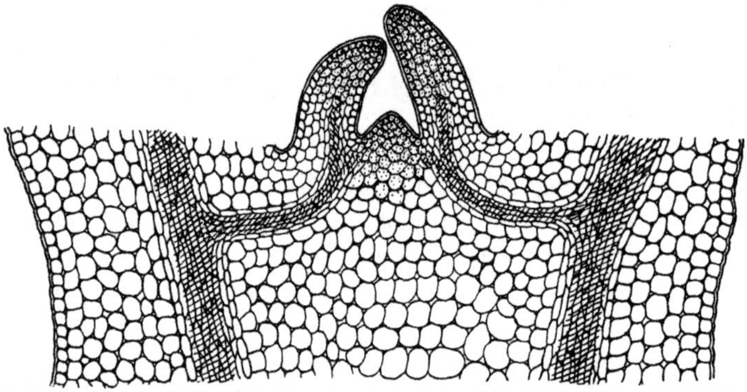

Abb. 52. Frontalschnitt durch die Hypokotylgegend des Helianthuskeimlings (schematisch). (Erklärung im Text.) (Nach Salkind.)

Schema ungezwungen fügen, da man wohl annehmen darf, daß die Chlorophylltätigkeit der kräftig grünen Kotyledonen, mit denen bisher stets gearbeitet wurde, von Belang sein könnte. Dieser Punkt ist übrigens einer experimentellen Verifikation leicht zugänglich, indem man Parallelversuche mit etilierten Keimlingen anstellt.

Von Interesse sind des ferneren die näheren Verhältnisse der jungen Blattanlagen, deren Induktionsvermögen von Salkind studiert wurden. Es wird auch hier ein sehr schmales Strahlenbündel ausgestrahlt. Die Oberfläche der Blättchen ist sehr rauh resp. mit feinen Haaren besetzt. Es scheint, daß dementsprechend auch das Strahlenbündel nicht parallel und offenbar unregelmäßig gestaltet ist: Induktion gelingt nämlich nur auf kleine (ein paar Millimeter) Entfernung.

Die Verhältnisse resp. die Krümmungen der aus dem Hypokotyl zur Basis der Blattanlagen herantretenden Gefäßbündel sind derart, daß auch hier die Möglichkeit eines Strahlenganges aus der Tiefe so gut wie ausgeschlossen erscheint (Abb. 52).

Wir gewinnen auf Grund des Ausgeführten ein übersichtliches Bild von den Verhältnissen der Pflanzenkeimlinge und des pflanzlichen Organismus im allgemeinen. Die mitogenen Stoffe werden in den Gefäßleitbündeln der Pflanze gebildet und in Form von Vorstoffen den verschiedenen Wachstumsorganen der Pflanze zugeführt, in deren Nähe sie aktiviert werden. Strahlungen entstehen demnach offenbar erst in der Nähe derjenigen Punkte, wo Zellvermehrung bevorsteht resp. verlangt wird.

Es wird dieses Bild eine oberflächliche Analogie zu Löbs Interpretation der Regenerations- resp. Adventivbildung bei Pflanzen (Bryophyllum, Botanical Gazette 1917) bieten, wo er in den Gefäßbündeln „Regenerationsstoffe" zirkulieren resp. an den nötigen Ort gelangen läßt. Der grundsätzliche Unterschied zwischen beiden Auffassungen liegt indes bei näherem Zusehen auf der Hand.

Indem Löb in seinen Stoffen den Schlüssel zum Verständnis der Formbildung erblickt und das Schwergewicht der wunderbaren Prozesse der Regeneration resp. der Adventivbildung auf dieselben verlegt, wollen wir uns in viel bescheideneren Grenzen halten. Die mitogenen Stoffe sind ja für uns nur das Mittel, um gegebenenorts Mitosen hervorzurufen, und zwar soweit die anderen Vorbedingungen dazu gegeben sind. Zu den eigentlichen Faktoren embryonaler Formbildung stehen sie demnach in lockeren und jedenfalls gewissermaßen untergeordneten Beziehungen.

Es wäre nun das letzte Problem von grundlegender Bedeutung zu erläutern. Es ist nämlich aus unseren vorangehenden Betrachtungen nicht zu ersehen, wie denn eigentlich die anscheinend mehr weniger gleichmäßige Versorgung des ganzen Meristems eines Vegetationspunktes mit mitogenetischen Strahlen geschieht.

Wir wissen allerdings in dieser Hinsicht noch so wenig Positives, daß wir eher auf Vermutungen angewiesen sind.

Es wäre erstens sehr wohl denkbar, daß die mitogenen Stoffe aus den Gefäßbündeln, die an das Meristem herantreten und sich hier gewissermaßen auflösen, in das umgebende Zellengewebe diffundieren, und indem sie hier aktiviert werden, entsteht eine gewissermaßen ganz diffuse Strahlung, die das ganze Substrat mehr weniger gleichmäßig „durchleuchtet". Den Einwand, daß in diesen Fällen das Meristemgewebe von seiner ganzen Oberfläche mitogenetische Strahlen auch aussenden resp. einen entsprechenden Induktionseffekt ausüben müßte, kann man leicht entkräften, indem man folgende Umstände in Betracht zieht:

Daß speziell die Zwiebelwurzeln nur aus ihren Spitzen, nicht auch aus ihren Seitenflächen induzieren, läßt sich in ungezwungener Weise durch den Strahlengang erklären, der mit großer Wahrscheinlichkeit aus der Gesamtheit der Erscheinungen abgeleitet wurde: Nimmt man nämlich in Einklang mit den Erfahrungen an, daß die mitogenen Stoffe etwa 1 cm proximalwärts von der Wurzelspitze aktiviert werden und sich zunächst diffus im umgebenden Meristem ausbreiten, so müßten die peripheren Teile des Strahlenbündels durch wiederholte diffuse innere Spiegelung von den Seitenwänden, evtl. auch durch teilweise ebenfalls sehr unregelmäßigen Austritt aus den Seitenflächen in dieser Wurzelregion für die distalen, meristematischen Abschnitte der Wurzel vollständig verlorengehen. Es verbleibt hier nur das zentrale Strahlenbündel, das parallel zur Wurzelachse zieht und das Meristem versorgt. Einige Erfahrungen mit abgeschnittenen Wurzelspitzen können als Stütze für die hier entwickelten Vermutungen angeführt werden.

Die Induktion mit narkotisierten Wurzeln, denen die konische Spitze abgetragen wurde, ergibt, was bereits im vorangehenden Erwähnung fand, eine kräftige Induktion. Der Induktionsstreifen ist indes viel weniger breit, als man es auf Grund der Erwägung vermuten könnte, daß ja von der Eigenstrahlung der ganze Querdurchmesser der Wurzel bis an das Dermatogen versorgt werde. Er entspricht ungefähr der Gesamtbreite des Gefäßbündels. Wird aber ein etwa 2 cm langes Wurzelstück abgetragen, so erfolgt die Induktion in einem schmalen Bündel, das in seinem Durchmesser nur etwa der Breite der zentralsten Abschnitte des Gefäßbündels resp. der zentralen großen Zellsäule nahekommt.

Induktion nach Abtragung der konischen Spitze (in Narkose).
(Nur Differenzen angegeben.)

—10, 24, 31, 16, 38, 15, 22, 38, 33, 27, 33, 3, 2
(ein Schnitt ausgefallen),

Induktion nach Abtragung von 2 cm.

| | |
|---|---|
| I. | —3, —3, 0, 10, 21, 12, 11, —1, 1 |
| II. | 6, —3, 23, 23, 5, —5. |

Letztere Zahlenreihen stimmen, wie wir sehen, sehr gut mit der Annahme, daß in den proximalen Wurzelabschnitten mitogene Stoffe nur innerhalb der Gefäßbündel vertreten sind. Es stimmt auch sehr gut, daß das Induktionsbündel aus den distaleren Wurzelregionen an Breite zunimmt[1]). Es bleibt aber trotzdem eine gewisse Schwierigkeit bestehen, die bereits oben Erwähnung fand: der Induktionsstreifen bei Abtragung der konischen Spitze ist zu schmal.

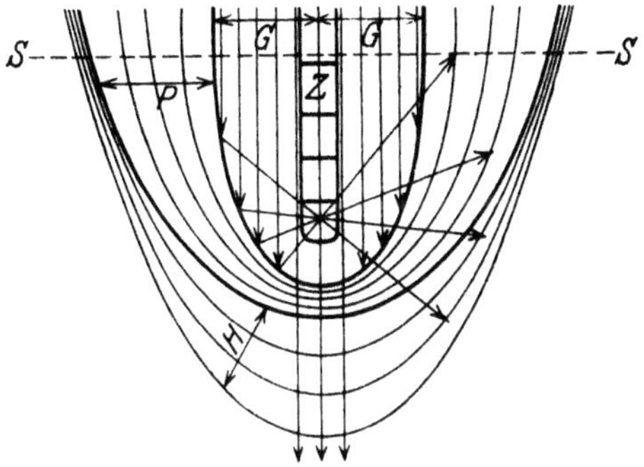


Abb. 53. Schematisierte Darstellung des präsumptiven Strahlenganges im Spitzenteil der Wurzel. *G* Gefäßbündel, *Z* Säule der großen Zentralzellen. *P* Periblem. *H* proximaler Haubenteil. *S* Schnittebene bei den Experimenten. Das Strahlenbüschel ist parallel gedacht und füllt das ganze Gefäßbündel aus. Die Reflexion ist schematisch nur von der Grenzfläche des letzteren, und zwar an der linken Seite dargestellt. Es wird aber angenommen, daß jede paraboloide Fläche einen Teil der einfallenden Strahlen zurückwirft, den übrigen gebrochen durchläßt usw. Das zentrale, annähernd normal die Paraboloidschalen treffende und ungebrochen aus der Wurzelspitze ausstrahlende Büschel ist durch drei Längspfeile angedeutet. (Nach Gurwitsch, Archiv für Entwicklungsmechanik Bd. 103.)

Die einzige Erklärungsmöglichkeit, die auch für die Deutung der quasi parallelen Ausstrahlung aus der normalen Wurzelspitze in Betracht kommt, liegt in der Analyse der architektonischen Verhältnisse der Wurzelspitze.

Das eigentliche Meristemgewebe der Wurzelspitze schließt ab mit mehreren regelmäßig gestalteten, annähernd paraboloiden, konfokalen Zellenlagen. Es schließt sich die Wurzelhaube an, deren innere Zellagen mit außerordentlich dicken Cellulosewänden versehen sind und eine Schar regelmäßig gestalteter, nach außen konvexer Flächen bilden, deren Krümmungsradius nach der Spitze zu abnimmt. Es erscheint auf Grund unserer vorangehenden Erfahrungen mit Spiegelung resp. Streuung der mitogenetischen Strahlen durch Celluloselagen durchaus plausibel, diese zahlreichen, regelmäßigen Celluloseflächen als ebenso viele Spiegelungs- resp. Brechungsflächen zu betrachten. Wenn wir, unserer ursprünglichen Auffassung gemäß, die Aktivierung

[1]) Es sei der Vollständigkeit halber noch erwähnt, daß ein einziger Versuch mit Abtragung eines 0,5 cm langen Spitzenstückes ein Induktionsresiduum von 6 Schnitten (etwa 65 $\mu$) ergab.

der mitogenen Stoffe resp. die Entstehung der Strahlung in eine proximal von dem Meristem gelegene Region verlegen, so muß sich die Strahlung aus der Achsenregion der Wurzel, wo sie ihren Ursprung nimmt, nach allen Richtungen ausbreiten. Die zentralen Abschnitte des Strahlenkegels, die parallel der Wurzelachse sind, werden die Paraboloidflächen annähernd normal treffen und folglich ungebrochen und nicht gespiegelt in Form eines schmalen, praktisch parallelen Bündels aus der Wurzelspitze heraustreten. Alle schief inzidierenden Strahlenbüschel werden dagegen von den Paraboloidflächen resp. von den konkaven Flächen der Wurzelhaube mehrfach und unregelmäßig gebrochen resp. reflektiert. Das Meristem dürfte daher im wesentlichen von den Strahlungsanteilen letzterer Kategorie versorgt werden. Es wäre daher begreiflich, daß, falls, wie in den S. 138 geschilderten Fällen, das spiegelnde und streuende System entfernt wird, sich nur die direkte zentrale ungestreute Strahlung für die Induktion geltend macht. Es versteht sich übrigens von selbst, daß für die Versorgung des Meristems auch die von den Seitenwänden der Wurzel reflektierten Strahlungsanteile in Betracht kämen. Zugunsten dieser Auffassung können einige bisher noch unveröffentlichte Versuche angeführt werden, die das Verhalten abgeschnittener Wurzelspitzen einigermaßen aufklären. Schaltet man zwischen einer Capillarröhre mit dem aus der Zwiebelsohle gewonnenen Brei und der induzierten Wurzel eine etwa 1—1,5 mm lange abgeschnittene Wurzelspitze (auf ca. 1 cm Entfernung), gewissermaßen als eine „Sammellinse", so erhält man deutliche, aber sehr circumscripte Induktionsresiduen. Kontrollversuche haben ergeben, daß die Induktionswirkung nicht aus den Wurzelspitzen selbst stammt.

Die soeben analysierten Tatsachen und die daran geknüpften Überlegungen geben keine Veranlassung, von eigenen „mitogenen" Feldern in pflanzlichen Keimen zu sprechen. Es sei aber damit nicht gesagt, daß ein derartiges Problem gar nicht existiere. Das Tatsächliche in der Verteilung der Mitosen in den Vegetationspunkten ist uns aber so wenig bekannt, daß eine derartige Analyse leider verfrüht wäre. Das einzige, was gegenwärtig nach dieser Richtung geschehen kann, ist eine Fragestellung für die Zukunft. Wir können, wie ich glaube, mit Zuversicht davon ausgehen, daß eine feinere Spezifikation in der Verteilung der mitogenen Strahlen in den meristematischen Organen nicht besteht, daß dieselben vielmehr mehr weniger gleichmäßig (evtl. mit relativ einfachem Dekrement nach der einen oder anderen Richtung) von mitogenetischen Strahlen versorgt werden. Sollte sich daher bei vertiefter Betrachtung eine weitgehende Spezifikation in der Mitosenverteilung in den Vegetationspunkten ergeben, so wäre jedenfalls der Grund für dieselbe in einer entsprechenden Verteilung der anderen Teilungsfaktoren zu suchen.

Das Haberlandtsche Teilungshormon kommt hier kaum in Frage, da sein Transport durch die Gefäßbündel eine strenge Lokalisation desselben resp. spezifische Verteilung in verschiedenen Bezirken nach Intensitätsgrad sehr unwahrscheinlich macht. Weitere Erfahrungen sollen übrigens entscheiden, ob das Haberlandtsche Leptohormon und die mitogenen Stoffe verschiedene Gebilde oder nicht, was, wie wir sehen werden, das bei weitem Wahrscheinlichere ist, zwei Namen für das gleiche sind.

Es kommt aber wiederum das schon mehrmals erwähnte Problem der Fortpflanzung eines genuinen Reizfaktors in Anbetracht der Teilungsverhältnisse in Syncytien und in den Teilungspandemien der sporogenen Zellen aufs Tapet. Handelt es sich hier in der Tat um ein spezielles, neben den mitogenetischen Strahlen bestehendes Agens oder nur um ganz eigenartige zeitlich-räumliche Entstehungsverhältnisse der mitogenen Strahlung?

Eine interessante und noch wenig beachtete Beobachtung von Němeč gibt uns die Möglichkeit in die Hand, ein befriedigendes, wenn auch vorderhand hypothetisches Bild von dem Sachverhalt zu entwerfen.

Es handelt sich um Teilungen in den vielkernigen, syncytialen Milchröhren der Wurzelspitzen der Euphorbiaceen (Euphorbia helioscopia). Die Kerne teilen sich hier in einer zeitlichen Aufeinanderfolge, „welche in gewisser Hinsicht an die Kernteilungen im protoplasmatischen Wandbelage der Embryosäcke bei der Endospermbildung erinnern". „In den Milchröhren erscheinen die ersten Stadien immer in einer bestimmten Entfernung vom Vegetationspunkte, sie beträgt etwa 0,3—0,6 mm in einer Zone, wo man auch in den übrigen Zellen die meisten Kernteilungsfiguren vorfindet . . . Die Vorbereitung beginnt in einem Kerne, seltener gleichzeitig in zweien oder dreien und pflanzt sich dann sowohl akropetal als auch basipetal fort. Akropetal kann sie sich bis ans Ende der Milchröhren verbreiten, basipetal schreitet sie nicht über die meristematische Zone der Wurzelspitze hinaus.“ Das Fortschreiten des Vorganges nach beiden Richtungen läßt sich aus der Verschiedenheit der Stadien benachbarter Kerne herauslesen. So fand sich z. B. in der in Abb. 54 dargestellten Röhre Kern 10 in Telophase, 11 und 9 in eben beendeter Metakinese, 12 und 8 im Anfangsstadium derselben, 13 und 7 sind Äquatorialplatten, 14—16 und 6 Spireme, die übrigen Kerne im Ruhestadium. Es ist u. a. zu beachten, daß das Fortschreiten des Vorganges nach beiden Seiten von dem Ausgangspunkte offenbar dem Tempo nach symmetrisch ist.

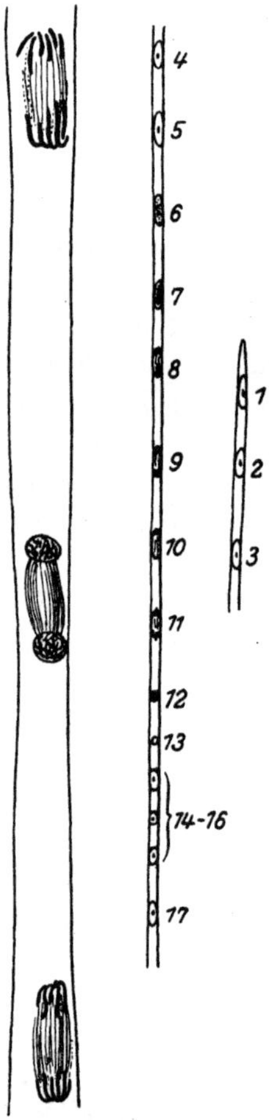


Abb. 54. Milchröhrenanlage von Ricinus. Eine mehrkernige Zelle, die wegen Raumersparnis in zwei Hälften gezeichnet wurde. Kerne numeriert (1 bis 17). Links drei Kerne (*8*, *9*, *10*) bei starker Vergrößerung. (Nach Nemeč.)

Die Erklärung, die Nemec selbst diesen interessanten Tatsachen gibt, bewegt sich in Überlegungen allgemeiner Art. Er gibt zwei Möglichkeiten zu bedenken: Erstens, es könnte der Fall sein, daß „sich das Cytoplasma der verschiedenen Zonen in bestimmter Hinsicht unterscheidet, aber wir wissen nicht, ob diese Unterschiede nicht von dem Kerne dem Plasma induziert wurden. Andererseits könnte man meinen, daß diese Ungleichmäßigkeit den Milchröhren seitens ihrer Nachbarzellen aufgenötigt, induziert wird. Der Protoplast der Milchröhren hängt ja mit jenem der Nachbarzellen durch Plasmodesmen zusammen und es ist sicher, daß in manchen physiologischen Vorgängen zwischen beiden Beziehungen bestehen. Der Umstand, daß die Kernteilung in den Milchröhren eben in einer Zone beginnt, wo auch im übrigen Gewebe der Wurzelspitze die meisten Teilungen vor sich gehen, spricht tatsächlich für eine Beeinflussung der Milchröhren durch die Nachbarzellen“.

Wenn man gegen die zweite von Nemeč erwogene Eventualität eben wegen ihrer Allgemeinheit nichts einwenden kann, so scheint uns doch, daß mit derselben der Schwerpunkt des Problems nicht getroffen ist, da derselbe in dem merkwürdigen Umstande zu suchen ist, daß die Kernteilungen in den Milchröhren von einer bestimmten mittleren Zone derselben, nicht von einem der Pole ausgehen, und gleichmäßig nach beiden Seiten fortschreiten. Soll hier nicht der Impuls von der Nachbarschaft, der für Nemec in Betracht kommt, nur als auslösender Faktor wirken und das Fortschreiten des Erregungszustandes innerhalb der Milchröhre auf inneren, denselben inhärenten Prozessen beruhen? Für einen ähnlichen Sachverhalt ließe sich eine weitgehende Analogie im Verhalten einer Muskelfaser finden, wo ja auch der primäre Reiz einen ganz bestimmten, eng circumscripten Applikationsort in der motorischen Endplatte hat und der einmal gesetzte Erregungszustand als ein genuiner Zustand der Muskelsubstanz selbst sich fortpflanzt. Es könnte daher daran gedacht werden, daß innerhalb der enormen Oberfläche der Milchröhre, die von der Nähe der Wurzelspitze bis in die Streckungszone heranreicht und natürlich auch das Streckungswachstum der Wurzel nach dem allgemein geltenden exponentiellen Gesetze, d. h. in den proximalen Abschnitten viel energischer als in den distalen mitmacht, das Reizperzeptionsorgan resp. das Mosaik ganz vorwiegend in derjenigen Zone zur Ausbildung kommt resp. erhalten bleibt, die dem Beginne des Streckungswachstums entspricht. Das Kernproblem liegt für uns in der Frage, welcher Erregungszustand es ist, der sich mit so geringer Geschwindigkeit fortpflanzt, resp. in welchem Medium die Fortpflanzung stattfindet.

Sowohl der Umstand, daß die Zelloberflächen resp. Zellwände eine Barriere für die Fortpflanzung des Erregungszustandes bilden, als daß die Fortpflanzungsgeschwindigkeit so gering ist, scheinen wiederum zugunsten der Annahme einer stofflichen Übertragung des Erregungszustandes zu sprechen. Auch für das langsame Fortschreiten des letzteren läßt sich leicht ein Analogon in den bekannten, von Verworn geschilderten Fällen der Übertragung des Erregungszustandes in manchen Difflugia-Arten finden. Das Problem ist aber damit keinesfalls erledigt, die Schwierigkeiten der Deutung scheinen vielmehr durch die vorangehenden Erwägungen erst gesteigert.

Der fragliche Erregungszustand erscheint bei dieser Kombination als ein Folgezustand der bereits stattgefundenen primären mitotischen Anregung und wird durch das Plasmacontinuum auf sämtliche Kerne eines solchen im langsamen Fortschreiten übertragen. Wir dürfen wohl mit Zuversicht schließen, daß etwas Wesensgleiches auch in einer einkernigen Zelle stattfindet, daß der sich langsam im Plasma fortpflanzende Erregungszustand das erste Glied der Ablaufskette der Mitose ist, die sich an die positive Reaktion des reizperzipierenden Zellorganes anschließt. Sollte es sich auch bei demselben um gewisse chemische Umsätze, um ein „Hormon“ im weitesten Sinne des Wortes handeln, so wäre ja damit etwas von den Haberlandtschen Teilungshormonen Grundverschiedenes zu verstehen, da letztere als primäre spezifische Teilungsfaktoren[1]) verstanden werden und es auch sein müssen.

Die soeben entwickelte Vorstellung muß aber wiederum eine Weiterausgestaltung erfahren, wenn wir den Umstand in Betracht ziehen, daß das soeben von uns studierte langsame Fortschreiten des Erregungszustandes im Plasmacontinuum ein Gegenstück in den pandemischen Teilungen der sporogenen Zellen besitzt.

Konnte in den Syncytien daran gedacht werden, daß nur eine, und zwar räumlich eng beschränkte „Eingangspforte“ für den adäquaten Reiz besteht, so muß diese Annahme angesichts der Verhältnisse, wie sie z. B. in den Antheren gegeben sind, offenbar versagen. Es wäre absolut nicht plausibel zu machen, daß eine bestimmte Pollenmutterzelle (und dann die apikale) insofern bevorzugt werde, als nur sie allein den primären mitogenetischen Reiz (sc. die mitogenetische Strahlung) empfängt und ihren Erregungszustand dann über das ganze Feld durch Vermittlung des flüssigen Mediums fortpflanzt.

Es wäre dieses mit dem Zugeständnis gleichwertig, daß bei diesen Zellen die mitogenetischen Strahlen als adäquater Reiz gar nicht in Betracht kommen.

Die Frage ist zur Zeit noch durchaus nicht spruchreif, ist aber einer weitergehenden und wohl entscheidenden experimentellen Prüfung zugängig. Es muß vor allem geprüft werden, ob

---

[1]) In unserem Muskelvergleich also ein Kontraktionsreiz, z. B. elektrischer oder mechanischer Schlag usw.

aus dem Antherenmaterial (sporogene Zellen samt dem eiweißhaltigen Medium zwischen denselben) mitogenetische Strahlungen überhaupt erhalten werden können. Es käme im positiven Fall die weitere Frage, ob dieselben aus dem Tapetenbelag, den Pollenmutterzellen oder der eiweißhaltigen Flüssigkeit stammen.

Sollte ersteres zutreffen, so wäre der Sachverhalt etwa so zu denken: Der eigentümliche Erregungszustand der Tapetenzellen, der sie zu „Strahlern" macht, entstehe zuerst in der apikalsten Zone der Anthere und pflanze sich mit der geringen Geschwindigkeit, die so vielen Erregungszuständen des Plasmas eigen ist, dem Tapetenbelag innerhalb desselben entlang fort. Die Strahlung müßte dann den Antherenhohlraum vorwiegend der Quere nach durchsetzen und in entsprechender langsamer Zeitabfolge über die ganze Anthere streichen.

Ähnliche Verhältnisse hätte man auch in den Nestern der Samenzellen vieler Wirbeltiere und Wirbellosen zu setzen, bei denen die Teilungen sich ebenfalls wellenförmig über den ganzen Komplex ausbreiten.

Wir sind auf diese Verhältnisse mit Absicht des näheren eingegangen, weil die hier entwickelten Deutungsmöglichkeiten uns einer großen Schwierigkeit entheben, die noch in unseren früheren Mitteilungen über diesen Gegenstand von Bedeutung waren. Es war gerade der langsam fortschreitende Rhythmus der Teilungswelle in Syncytien und Nestern von sporogenen Zellen, der uns als zwingender Grund erschien, neben der mitogenetischen Strahlung auch unbedingt das Haberlandtsche Hormon als selbständigen Faktor zu setzen. Wir sehen jetzt, daß ein derartiger Zwang nicht besteht, und daß man prinzipiell mit mitogenetischer Strahlung allein auskommen kann. Ob diese Ansicht zu Recht besteht, dürften weitere, technisch nicht besonders schwierige Versuche lehren.

## 2. Tierische Morphogenese.

Der Gang der tierischen Morphogenese ist von demjenigen der Samenkeimung in vielen wesentlichen Zügen so grundverschieden, daß wir aus der vorangehenden Betrachtung nur die eine, allerdings grundlegende Erwägung mit heranziehen können: Es ist dies die Möglichkeit, daß mitogene Stoffe eine Zeitlang in inaktivem Zustande kreisen könnten, um am Verbrauchsorte aktiviert zu werden. Aber gerade diese Möglichkeit, die sich in der pflanzlichen Morphogenese direkt von selbst aufdrängte, dürfte in den tierischen Objekten, wie wir sehen werden, kaum in Betracht kommen, da ein ähnlicher Gegensatz zwischen meristematischem und Dauergewebe, wie in pflanzlichen Keimlingen, in tierischen Embryonen natürlich nicht besteht, sofern wir allerdings von der sog. Stolonisation absehen.

Da eine dem pflanzlichen Streckungswachstum analoge forcierte Größenzunahme der tierischen Embryonalzellen nicht besteht, spielt die Zellvermehrung in der tierischen Morphogenese eine weit größere Rolle als in der pflanzlichen. Da aber gleichzeitig bei allen formbildenden Prozessen weitgehende und komplizierte Zellwanderungen und Verschiebungen bestehen, läßt sich ein komplizierteres und feiner geregeltes Verhältnis zwischen lokalen morphogenen und Zellteilungsprozessen, als in der pflanzlichen Morphogenese vermuten. Das Problem der Beziehungen zwischen einem morphogenen und mitogenen Felde tritt uns hier in einer konkreteren Form entgegen.

### a) Die Regelung der Zellteilungen in den Spätstadien der Embryogenese.

Bevor wir auf die Beziehungen zwischen Zellteilungen und Embryogenese des näheren eingehen, müssen wir bestimmte Vorstellungen über die Regelung der Zellteilungen im allgemeinen bilden.

Die mehr oder weniger strenge Determination der Zellteilungen auf den Frühstadien der Embryogenese macht im weiteren Verlaufe derselben ganz allgemein einer laxeren Regelung derselben Platz, die ich schon vor Jahren des näheren analysierte und als „Normierung" bezeichnet hatte[1]).

Das Wesentliche der „Determination und Normierung" und den durchgreifenden Unterschied zwischen beiden hatte ich in meiner ersten Arbeit dahin präzisiert, daß die Determination einer Zellteilung ein individuelles Verhältnis zwischen dem extracellulären Teilungsimpuls und jeder Zelle entspräche, die Normierung dagegen einem Verhältnis gleichkäme, das ich gegenwärtig als

[1]) Über Zufall, Normierung und Determination usw. Roux' Arch. f. Entwicklungsmech. d. Organismen **30**.

Schaffung eines „mitogenen Feldes“ bezeichne. Diese Definition der Determination ist in Anwendung auf die Furchung wohl unhaltbar, da die Gesamtheit unserer Erfahrungen über die Teilungsimpulse mit individuellen Beziehungen derselben zu einzelnen Zellen unverträglich sind. Die Tatsachen, die zur Distinktion von Determination und Normierung führten, bleiben aber natürlich bestehen, und lassen sich ungezwungen auf die im vorangehenden Abschnitte analysierten Verhältnisse zurückführen.

Da die ersten Furchungsschritte des befruchteten Eies zwangsmäßig sind, d. h. ein nie versagender Mechanismus denselben zugrunde liegt (den wir auf das Oberflächenmosaik des Eies resp. der Blastomeren zurückführen), so können wir setzen, daß eine Determination der Zellteilungen (wenn auch von einem nur geringen Präzisionsmaße) nur solange vorliegt, als noch Furchungszellen mit dem ursprünglichen Bestande der Eioberfläche bestehen, was bereits im Vorangehenden ausgeführt wurde. Wir können aber noch des weiteren annehmen, daß determinierte Zellteilungen auch sekundär, im weitern Ablaufe der Embryogenese auftreten können, sofern die Ausbildung adäquater Oberflächenmosaiken durch spezielle Faktoren gewährleistet wird, und dies in einem gewissen Gegensatze zu dem allgemeinen Verhalten, wo dieses in jeder neuentstandenen Zelle dem Zufall überlassen bleibt. Dieser Art scheinen u. a. die schon mehrmals besprochenen Verhältnisse bei den Reifeteilungen der sporogenen Zellen, oder die Teilungen der sog. Teloblasten der Annelidenkeime (vgl. S. 6) zu sein.

Die Regelung der Zellteilung, die wir als Normierung definieren, ist aber die bei weitem vorherrschende bei der späteren Embryogenese bis auf den erwachsenen Zustand.

Über das Präzisionsmaß der Normierung liegen bisher nur spärliche Untersuchungen vor. Daß dasselbe einen sehr hohen Grad erreichen kann, werden wir im nächsten Abschnitte aus der Arbeit von Frank erfahren. Es liegen aber außerdem sehr interessante Ermittelungen von Kornfeld vor, die möglicherweise einen etwas tieferen Einblick in die Verhältnisse gewähren werden.

Eine Abzählung der Mitosen von Salamanderlarven hat erwiesen, daß die Mitosenzahlen in beiden Corneae eines Tieres unter allen Umständen, d. h. auch bei bedeutenden durch ungleichmäßige Ernährung herbeigeführten Schwankungen der Teilungsintensität, hochgradig übereinstimmen, d. h. daß „die durch die Ernährungsbedingungen geregelte Zellteilungstätigkeit in gleichwertigen Zellkomplexen der beiden Seiten im allgemeinen genau parallel geht". Es wurde des weiteren nachgewiesen, daß eine gewisse Übereinstimmung des Teilungsrhythmus sich auch auf die einzelnen Phasen der Zellteilung erstreckt. Auf die bedeutenden Schwankungen des prozentischen Verhältnisses der einzelnen Stadien wurde bereits im vorangehenden hingewiesen. Es zeigte sich nun, daß die „den Zellteilungsrhythmus bestimmten Faktoren meist die beiden Cornea gleichzeitig treffen und gleichartig beeinflussen".

Das Fazit, welches Kornfeld aus seinen detaillierten Untersuchungen zieht, steht im besten Einklange mit den hier vertretenen Anschauungen. Er hält es für erwiesen, „daß auch in späteren Entwicklungsphasen höherer Tiere in den verschiedenen Organen ablaufenden Zellteilungen eine Regelung vom Gesamtorganismus her erfahren". Diese Regelung wird des ferneren dualistisch gedacht, indem man langsam veränderliche „Zellteilungsbereitschaft" von schneller wechselnden auslösenden Faktoren unterscheidet.

Wir sind damit an das Hauptproblem dieses Kapitels angelangt.

### b) Beziehungen zwischen Formbildungsvorgängen und Zellvermehrung.

Der Mechanismus der morphogenen Prozesse wurde von mir schon vor Jahren des näheren an verschiedenen epithelialen Anlagen, speziell an den Gehirnblasen der Selachierembryonen studiert. Es ergab sich eine bis dahin wohl ungeahnte Kompliziertheit und feine Regelung der Zellverschiebungen innerhalb der Epithelialplatten, die uns nicht mehr als passive, plastisch äußeren mechanischen Faktoren, wie Zug, Druck usw. ausgesetzte Baumaterialien, sondern als Zellenkomplexe mit komplizierten inneren fortbildenden Prozessen imponieren, die eine weitgehende Regelung durch das „morphogene" Feld erfahren, unter dessen Beeinflussung sie sich befinden.

Die Elementargeschehnisse, durch die die epitheliale Formbildung zustande kommt, wären demnach Zellverschiebungen innerhalb der Plattendicke, wobei die Verschiebungsrichtung vor allem durch den Entstehungsort neuer Zellen festgelegt werden muß: in den mehrschichtigen embryonalen epithelialen Lamellen, speziell in den Anlagen des Nervensystems, erfolgen ja Mitosen, wie allgemein bekannt, ausschließlich an der Innenseite der

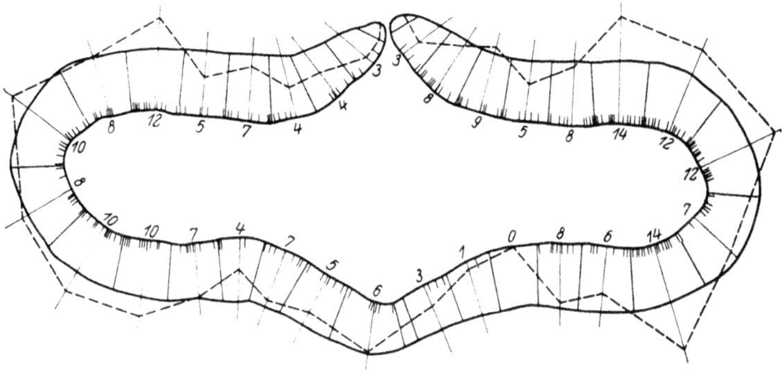

Abb. 55. Querschnitt durch die Augenregion des Großhirnes. Individueller Fall (kein Sammelbild) aus 8 Schnitten kombiniert. Die kleinen Striche geben die mit dem Zeichenapparat eingetragenen Mitosen an, die auch aus den beigegebenen Zahlen abgelesen werden können. Die Strichlinie gibt die Verteilung der Mitosenintensität an. (Nach Frank, Archiv für Entwicklungsmechanik Bd. 104.)

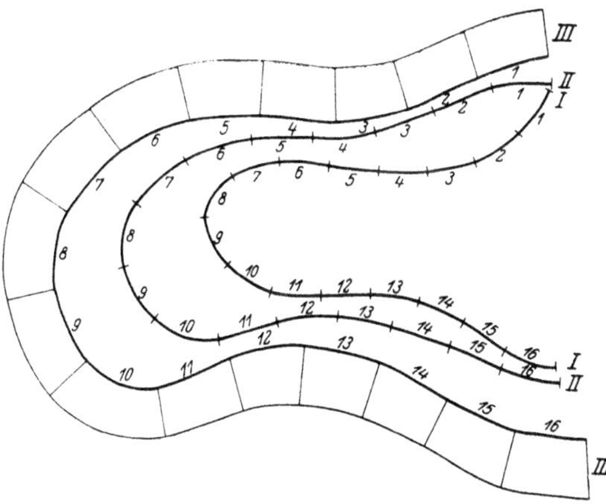

Abb. 56. Die inneren Konturen der Stadien *1*, *2*, *3* ineinander gezeichnet. Die Ordnungsnummern der Bezirke eingetragen. Im Stadium *2* sind die Streckenlängen proportional dem Längenzuwachs im Vergleich zu *1* eingetragen, im Stadium *3* sind die Bezirke der Bequemlichkeit wegen in gleicher Größe dargestellt. (Nach Frank, Archiv für Entwicklungsmechanik Bd. 104.)

Lamellen. Es entsteht hier über kurz oder lang ein Übermaß von Zellen, das dadurch ausgeglichen wird, daß ein Teil derselben aus dieser Keimzone in die Tiefe der Platte hineinwandert. Es besteht aber andererseits ein Bedarf an neuen Zellen sowohl innerhalb der Keimschicht selbst als auch in den inneren Schichten der Epithelplatte.

Es nimmt ja in der Tat die Epithelplatte während der Embryonalentwicklung ständig an Größe, und zwar in allen ihren Teilen zu und muß gleichzeitig jede Gestaltänderung durch speziellen Zuzug neuer Zellscharen bestreiten. Denken wir uns einen bis dahin durch ebene Konturen begrenzten Plattenabschnitt, der nur an Flächenausdehunng zunimmt und einen analogen anderen, der noch außerdem sich vorwölbt, so versteht es sich von selbst, daß der Zellbedarf letzterenfalls größer als ersterenfalls sein wird. Es ist nun die Frage, wieweit die beiden lokalen Prozesse — Gestaltänderung der Platte und ihre Zellvermehrung — miteinander koordoniert sind, und wie dieser Zusammenhang kausal verstanden werden kann.

Es liegt uns über dieses wichtige Problem bisher nur eine spezielle Untersuchung aus meinem Laboratorium von G. Frank vor.

Es wurde die Augenregion des Großhirnes von Hühnerembryonen auf die Verteilung der Mitosen studiert und eine außerordentlich weitgehende Symmetrie zwischen rechts und links mit entsprechend genauer topographischer Verteilung der Mitosen innerhalb einzelner zueinander symmetrischer Bezirke der beiden Hälften gefunden. Es wird von Frank in treffender Weise hervorgehoben, daß „diese strenge Normierung der Mitosenverteilung und Anzahl ist natürlich ganz anders zu beurteilen, als die zahlenmäßige Übereinstimmung zwischen rechts und links in radiärsymmetrischen Gebilden, wie etwa Zwiebelwurzeln, wo wir ja, wie Gurwitsch nachwies, mit rein zufallsmäßiger Verteilung innerhalb eines gewissermaßen homogenen Zellmaterials zu tun haben. In unserem Objekt ist die Mitosenverteilung planmäßig und das Substrat sowohl bezüglich derselben als der unmittelbar bevorstehenden Formbildungsprozesse keinesfalls homogen“. Wird die Intensität der Mitosen innerhalb eines bestimmten Plattenbezirkes mit seinem „Entfaltungsmaß“[1]) zusammengestellt, so ergibt sich, wie auch zu erwarten, eine befriedigende allgemeine Übereinstimmung zwischen beiden Größen: dieselben variieren m. a. W. vom Ort zum Ort im allgemeinen gleichsinnig. Sollten aber Kausal-

[1]) Als „Entfaltungsmaß“ bezeichnet Frank das Verhältnis zwischen der Länge der Außenkontur und der Innenkontur eines durch zwei zur inneren Kontur senkrecht geführte Begrenzungslinien umfaßten Plattenabschnittes.

beziehungen zwischen morphogenen Prozessen und lokaler Teilungsintensität in dem Sinne bestehen, daß das morphogene Feld bestimmend für die letztere ist, so steht zu erwarten, daß die Korrelation zwischen der Intensitätsverteilung der Mitosen und derjenigen des Entfaltungsmaßes des nächstbevorstehenden Entwicklungsstadiums eine nähere, als die soeben geschilderte zwischen den augenblicklich herrschenden Zuständen ist. Es

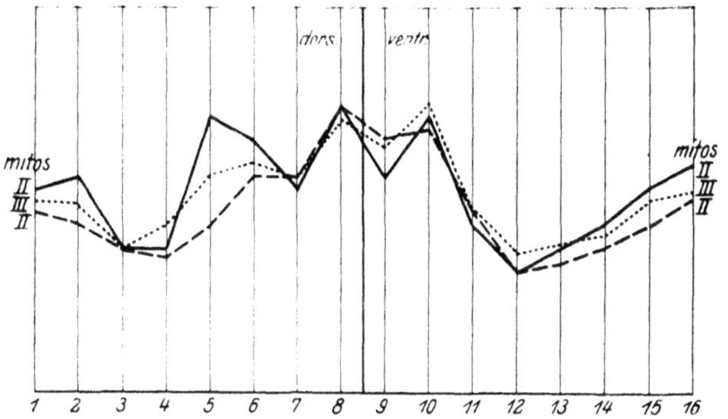


Abb. 57. Verteilung der Mitosen und Entfaltungsmaß der einzelnen Bezirke (vgl. Text).
——— Intensitätsverteilung des Stadiums 2.
– – – – Entfaltungsmaß des gleichen Stadiums.
······ Entfaltungsmaß des Stadiums 3. (Nach Frank.)

muß sich m. a. W., aus der augenblicklichen Verteilung der Intensitäten eine detaillierte Vorhersage über die unmittelbar bevorstehenden Entwicklungsprozesse der Epithelplatte resp. Sinn und relative Größe der bevorstehenden Krümmungen ergeben. Franks Ermittelungen entsprechen in der Tat in vollem Maße diesen Erwartungen (vgl. Abb. 57).

Der unabweisbare Schluß aus den soeben mitgeteilten Tatsachen — nämlich daß die Regelung der Intensität der Zellvermehrung am gegebenen Orte der Formbildung daselbst zeitlich vorangeht, gibt dem gegenseitigen Verhältnis zwischen morphogenem und mitogenem Felde ein eigentümliches Gewand. Daß die Spezifizität der Formgestaltung am gegebenen Orte (z. B. die spezielle Konfiguration einer Falte) ganz eindeutig mit Faktoren zusammenhängt, die in keiner direkten Beziehung zur Zellteilung, vielmehr zu Achsenneigungen der Zellen der betreffenden Region stehen[1]), braucht hier nicht näher motiviert zu werden.

[1]) Vgl. A. Gurwitsch, Vererbungsmechanismus d. Form Roux' Archiv 1914 Bd. 39.

Diese Achsenneigungen der Zellen werden aber wiederum als Leistungen eines Feldes betrachtet, welches von uns als etwas für sich Bestehendes und Genuines angesehen wird.

Es resultiert daraus die Konsequenz, das mitogene Feld mit dem morphogenen in ein funktionales Verhältnis zu bringen, was auf den ersten Blick große, man möchte beinahe sagen, unüberwindliche Schwierigkeiten zu bereiten scheint. Wenn wir für einen Augenblick den offenbaren Zusammenhang zwischen den beiden Feldern außer acht lassen wollen und nur die Eigenschaften des mitogenen, an und für sich genommen, betrachten, so ist vor allem seine feine und reiche Gliederung in Betracht zu ziehen. In benachbarten und sonst in der Gesammtheit ihrer Eigenschaften und prospektiver Potenz gleichartigen Zellgruppen der embryonalen Epithelplatten ist die Intensität der Zellvermehrung im allgemeinen nicht nur verschieden, sondern auch ziemlich genau geregelt, wie z. B. die Befunde von F r a n k ergeben, der an entsprechend gelegenen, d. h. symmetrischen Bezirken links und rechts eine sehr weitgehende Übereinstimmung der Mitosenzahl nachweisen konnte.

Welcher der drei Faktoren unserer provisorischen Triade ist als dermaßen gegliedert zu denken? So ist u. E. das Problem am zweckmäßigsten zu formulieren.

Oder auch anders: braucht das H a b e r l a n d t sche Hormon außer der Strahlung postuliert zu werden? —Die erste Eventualität, es möge sich um eine entsprechende Verteilung der Strahlungsintensitäten handeln, kommt hier wohl kaum ernstlich in Betracht, da es ja direkt widersinnig wäre, eine derart weitgehende Gliederung der Strahlenbündel zu denken, die ja nur unter ganz bestimmten hochgradig spezialisierten Vorrichtungen nicht nur für lokale Strahlenerzeugung, sondern auch Fortpflanzung, Brechung, Spiegelung usw. gegeben sein könnte, die im Keime sicher nicht nur nicht vorliegen, sondern auch schwer fingiert werden könnten. Die große Frage, ob das Strahlungsfeld in tierischen Keimen im großen Maßstabe nicht anisotrop sein könnte, ob nicht spezielle Strahlungsquellen resp. Zentren im tierischen Keime bestehen und alles, was damit zusammenhängt, kommt allerdings dabei noch nicht in Betracht.

Es läßt sich nur das eine mit größter Zuversicht behaupten, daß die bis auf einzelne Zellgruppen im Epithelkontinuum reichende Spezifizität der Mitosenintensität jedenfalls mit einer

Anomogeneität der Strahlung nichts zu tun hat. Es kämen daher nur die zwei anderen Faktoren der Triade für diese Tatsache in Betracht. Wir wollen demnach zunächst das Hormonen, dann das Rezeptivitätsproblem studieren.

### c) Die Teilungshormone in der tierischen Embryogenese.

Wir sahen bereits im Vorangehenden, daß man die Lehre Haberlandts von den Teilungshormonen akzeptieren kann, ohne sich dadurch an die Vorstellung einer rein chemischen Anregung zur Teilung, resp. an ein chemisches mitogenes Feld zu binden. Letztere Frage wird daher durch das Vorangehende für die tierische Embryogenese nicht entschieden. Es kommt aber ein neues wichtiges Problem hinzu, das durch eine Reihe wichtiger Untersuchungen über hormonale Beeinflussung der Embryonalentwicklung ins Leben gerufen wurde.

Die merkwürdigen diesbezüglichen Tatsachen, die von den Untersuchungen von Gudernatsch ihren Ausgang nahmen und eine reichhaltige Literatur aufweisen, dürfen im allgemeinen als bekannt vorausgesetzt werden. Sie haben aber in einigen neueren Untersuchungen, namentlich in den Arbeiten von Romeis eine Bereicherung erfahren, die für unser spezielles Problem von enormer Wichtigkeit werden kann.

Die Verabreichung von Thyreoideasubstanz oder verschiedener aus derselben gewonnenen Präparate (Thyreoidins, Tyroxins) hat wie bekannt das frühzeitige Auftreten der Metamorphose der Kaulquappen zur Folge. Letztere hat aber natürlich eine Reihe sowohl regressiver als progressiver Prozesse zur Voraussetzung. Es wird im speziellen die Entwicklung der Extremitäten in ganz außerordentlichem Grade beschleunigt, was sich u. a. durch eine enorme Steigerung der gleichzeitig ablaufenden Mitosen in den knospenartigen Extremitätenanlagen zu erkennen gibt. Die von Romeis ermittelten Tatsachen sind in der Tat frappant.

| | Obere Extremität | | Untere Extremität | |
|---|---|---|---|---|
| | rechts | links | rechts | links |
| Kontrolle . . . . . . . . | 12 | 22 | 7 | 5 |
| 2 mal Thyreoid . . . . . | 113 | 154 | 188 | 186 |
| Desgl. . . . . . . . . . | 193 | 150 | 581 | 580 |

(nach Romeis)

Die Bedeutung des Hormons für das Zustandekommen dieser enormen Mitosenintensität ist unverkennbar, die nähere Analyse des Sachverhaltes führt uns indes zu ganz eigenartigen Schlußfolgerungen.

Als erstes lehrt uns zunächst die nähere Überlegung, daß der Gesamteffekt des Hormons auf die Zellvermehrung durchaus nicht positiver Art ist. Zieht man nämlich die Gesamtmenge der Zellen in der ausgebildeten Extremität des Thyreoidinfrosches in Betracht, so steht sie um ein bedeutendes derjenigen der normalen Extremität nach, da ja die Thyreoidinfrösche winzige Zwerge sind. Das Hormon hat demnach die Zellbildung als Ganzes betrachtet eher gehemmt, aber gleichzeitig die zulässigen Mitosen gefördert, gewissermaßen auf eine abnorm kurze Zeitspanne zusammengedrängt.

Diese Deutung der Befunde an den Extremitäten gibt uns auch ein Verständnis des weiteren: Das gleiche Hormon hat gleichzeitig im selben Keime in anderen Organen die Zellteilungen fast zum völligen Stillstand gebracht, und zwar ohne Rücksicht auf die dieselben zusammensetzenden Gewebe. Es ergibt sich in der Tat die paradoxe Tatsache, daß im allgemeinen identische Mesenchymzellen der Extremitätenknospen und verschiedener anderer Anlagen in gewissen Entwicklungsetappen durch das Thyreoidin zur Teilung sowohl quasi gefördert als auch scheinbar gehemmt werden. Von einem gewissermaßen „cellulären" Standpunkte aus betrachtet, dürfen wir dagegen direkt sagen, daß für viele Zellen das Hormon als teilungsbestimmender Faktor auftritt. Indem wir hier in den Sachverhalt etwas tiefer einzudringen versuchen, können wir hoffen, dem Wesen der Teilungshormone im allgemeinen etwas näher zu treten.

Die Thyreoidinbeeinflussung der Zellteilungen ist in strikter Weise den morphogenen Prozessen der Embryonalentwicklung resp. der Metamorphose beigeordnet. Es folgt daraus, daß irgendwelche Funktionalbeziehungen zwischen dem morphogenem Felde und der Hormonalwirkung bestehen müssen, die darin ihren Ausdruck finden, daß letztere sich an gleichen Gewebselementen (z. B. Mesenchymzellen) je nach ihrer topographischen Lage in verschiedener, sogar entgegengesetzter Weise äußert.

Von einer Beeinflussung des Feldes seitens des Hormons zu reden, wäre natürlich ein direkter Widersinn, eine Contradictio, sofern wir an unserer Auffassung des morphogenen Feldes festhalten. Es bleibt daher nur das eine übrig, — das Hormon als ein Bindeglied zwischen dem Felde und demselben untergeordneten Zellen zu setzen.

In unserem Falle der Thyreoidalbeeinflussung werden die Körperelemente daran gehalten, sich vorzeitigen Beeinflussungen seitens des morphogenen Feldes zu fügen. Gewisse Gewebselemente, die unter normalen Verhältnissen noch längere Zeit in einem bestimmten Sinne evolutionieren müßten, werden in Bahnen gelenkt, die entweder sie selbst erst später oder nur ihre späteren Nachkommen durchlaufen sollten. Für gewisse Gewebselemente ist dieser Schicksalswandel gleichbedeutend mit Atrophie, für andere mit vorzeitiger Histogenese, für dritte endlich mit vorzeitiger Teilung.

Die einzig mögliche einheitliche Charakteristik der Hormonbeeinflussung all dieser verschiedenartiger Prozesse ist wohl die, daß wir uns alle Gewebselemente für vorzeitige Feldzustände gewissermaßen sensibilisiert denken.

Der Ausdruck „Sensibilisierung und Sensibilisator“ wird in so mannigfacher und verschiedener Weise sowohl in der Physik als in der Bakteriologie gebraucht, daß seine Anwendung auf unser Problem an sich noch einer näheren Definition bedarf.

Der Begriff erscheint uns aber von Wert und auch verallgemeinerungsfähig, in einer Auffassung wie der unsrigen, wo wir das Zustandekommen einer Reaktion, gegebenenfalls der Zellteilung, von dem Reaktionsvermögen eines Sinnesorganes abhängig machen. Gerade die sehr plausible Annahme, daß ein Hormon, und zwar offenbar in ganz minimaler Konzentration gegebenenfalls als Reizsensibilisator wirken kann, vermag möglicherweise ein Streiflicht auf den Charakter des Reizrezeptors zu werfen.

Das Verhältnis ist aber nicht zu einfach zu nehmen, da die Sensibilisierung einem Reiz gilt, der vom morphogenen Felde ausgeht und in unserer Auffassung etwas Genuines, dem physikalischen Begriffsschatz bislang noch Fremdes oder jedenfalls noch nicht Einverleibtes ist.

Es sei daher ausdrücklich hervorgehoben, daß die Feldwirkung durchaus nicht unmittelbar als mitogener Reiz aufgefaßt wird, und hier vielmehr ein ganz anderes Verhältnis vorschwebt.

Durch die vermutete Hormonalsensibilisierung sollen die Gewebselemente vorzeitig für gewisse Feldeinwirkungen empfänglich gemacht werden, und was daraus folgt, bestimmte vorzeitige, der Zeit nach zusammengedrängte Modifikationen und Evolutionen eingehen. Es soll nun gesetzt werden, daß die ebenfalls vorzeitigen evtl. zeitlich zusammengedrängten Mitosen Folgen resp. Funktionen von diesen Evolutionsschritten sind.

Man kann den gedachten Zusammenhang auch durch den Satz ausdrücken: Das Thyreoidin wirkt in bestimmten Fällen als „Teilungshormon" teilungsstimulierend durch Vermittelung bestimmter intermediärer Zellmodifikationen, die als vorzeitige Feldwirkungen zu betrachten sind. Wir wollen nun zusehen, ob dieser Satz sich nicht verallgemeinern ließe, indem man zur Aufstellung von zwei folgenden Sätzen kommt:

1. Die experimentelle Thyreoidinbeeinflussung ist ein künstlich gesteigerter Ausdruck eines normalen Entwicklungsfaktors, der ganz allgemein als „Sensibilisierung" der Gewebselemente in bezug auf die von den morphogenen Feldern ausgehenden Impulse bezeichnet werden mag.

2. Die Rezeptivität der Zelle den mitogenen Strahlen gegenüber ist eine Funktion des durch die morphogene Feldwirkung bedingten momentanen Zustandes der betreffenden Zelle.

Es leuchtet ein, daß die „beschleunigende Sensibilisierung" des Thyreoidehormons nur ein Spezialfall der „morphogenen" Spezialisierung im allgemeinen ist, da wir ja aus analogen Experimenten mit Thymushormon einen gewissermaßen umgekehrten Effekt (Verzögerung der Metamorphose und Neotenie) kennen.

Wie die Sensibilisierung der Zellen im speziellen gedacht werden kann, mag hier nur angedeutet werden, da eine ausführliche Behandlung des großen Problems zu weit aus dem Rahmen unserer speziellen Aufgabe führen würde. Denkt man an das in der Einleitung in den Hauptzügen entworfene Bild der „Zellbahnen" zurück, so hätten wir den Umstand zu berücksichtigen, daß der gegebene Zellzustand Funktion sowohl von den augenblicklichen und vorangehenden Bahnkonfigurationen, als von dem Chemismus der in den Bahnen kreisenden und zwischen denselben in der Zelle eingelagerten Stoffen ist. Obwohl wir die Feldwirkung nur auf die Bahnkonfigurationen erstrecken, kann der unter der

Hormonaleinwirkung abgeänderte Chemismus der Zelle sofern auf die Ergebnisse der Feldbeeinflussung von Bedeutung werden, als bestimmte Bahnen, die bis dahin gewissermaßen blockiert, resp. von den Stoffen unbefahren blieben, durch die neue chemische Konstellation freigegeben werden.

Wie die Modifikationen der Zellabläufe, die zur Änderung der Rezeptivität für den mitogenen Reiz führen, beschaffen sein mögen, soll im nächsten Abschnitte zur Sprache kommen. Wir wollen hier nur noch die Frage erörtern, ob eine gewisse Veranlassung vorliege, die sensibilisierenden Teilungshormone topographisch ebenso fein gegliedert zu denken, wie uns die lokalen Teilungsintensitäten in den verschiedenen Bezirken des Keimes erscheinen?

Die Erfahrungen mit experimenteller Anwendung des Thyreoidea- und Tymushormons geben uns allerdings keine Anhaltspunkte zugunsten letzterer Annahme, da es ja wohl keinem Zweifel unterliegen kann, daß die per os eingeführten Hormone in den Körpersäften kreisen, allen Geweben zugeführt werden und trotzdem die morphogenetisch postulierte Gliederung der Teilungsintensität richtig gewahrt bleibt.

Was die Frage betrifft, ob auch körpereigene Teilungshormone auftreten, und wo dieselben gebildet und wie sie verteilt werden, so erfährt dieselbe durch das Vorangehende keine unmittelbare Klärung.

Wollten wir aber die einzelnen Körperzellen mit individuell abgestufter Hormonbildung versehen denken, so müßte ja dieselbe, in Anbetracht der engen Coordination des morphogenen Feldes mit der lokalen Teilungsintensität wiederum vom ersteren aus bestimmt werden.

Es wäre dann dem morphogenen Felde an Stelle der einen Leistung — die Zellbewegungen resp. Orientierungen zu beeinflussen — auch noch eine zweite, von derselben, ihrem Charakter nach unabhängige aber trotzdem mit ihr eng verknüpfte zu vindizieren, was natürlich das ursprüngliche Bild seiner Einfachheit beraubt, ohne irgendwie durch die vorliegenden Tatsachen eine Rechtfertigung zu erfahren. Wir werden daher diese Eventualität bis auf weiteres fallen lassen, und uns auf den provisorischen Standpunkt stellen, daß die Teilungshormone, sofern sie überhaupt als Sensibilisatoren benötigt werden, von gewissen

Quellen aus gewissermaßen im großen bereitet und ausgeschieden werden. Es kann auf diesem Wege auch eine größere Analogie mit entsprechenden Abläufen in pflanzlichen Organismen erhofft werden.

## B. Die mitogenetische Strahlung in der tierischen Embryogenese. (Das mitogene Feld.)

Das Induktionsvermögen embryonaler tierischer Gewebe auf die Zwiebelwurzel wurde von uns an jungen, etwa 1 cm langen Kaulquappen nachgewiesen. Die Kaulquappen werden in Glasröhren eingesogen, von einem Durchmesser, der eine schonende Einklemmung ihres Kopfes veranlaßt. Induktionsversuche mit dem Kopfscheitel fielen sämtlich positiv aus, die bisherigen, allerdings nicht zahlreichen Versuche mit den übrigen Regionen der Körper- und Kopfoberfläche führten dagegen zu keinem Resultate. Mit älteren, etwa 2 cm langen Kaulquappen konnten bisher keine positiven Ergebnisse erzielt werden.

Induktion mit einer 1 cm langen Kaulquappe (Scheitelregion). (Nur Differenzen angegeben.)

1, 2, 0, 16, 15, 13, 13. 29, 16, 23, —6, —2, 2.

Eine frischbereitete, mit Ringer leicht verdünnte Emulsion aus dem Körperbrei entsprechend großer Kaulquappen besitzt ein Induktionsvermögen, welches demjenigen des Breies aus der Zwiebelsohle gleichkommt.

Induktion mit frischbereiteter Emulsion aus 1 cm langen Kaulquappen.

0, —3, 11, 7, 10, 8, 13, 28, 20, 3, 1, 11, 16, 12, 16, 16, 22, 12, 22, 12, 19, 10, 6, —3, 8.

Die Versuche mit lebenden Tieren geben uns einige, allerdings spärliche Anhaltspunkte, um der Frage über die Lokalisation der mitogenen Quellen etwas näher zu treten.

Wir müssen hier zwei Tatsachen zusammenstellen: 1. Induktion konnte nur mit der Scheitelregion des Kopfes, nicht auch mit anderen Körperbezirken erzielt werden. 2. Soweit aus der Breite der Induktionsresiduen an der Zwiebelwurzel gefolgert werden kann, ist das Induktionsvermögen auf einen eng circumscripten Bezirk der Scheitelplatte beschränkt. Es scheint aus diesen Feststellungen mit Evidenz zu folgen, daß es vor allem nicht die Epidermis ist, die der eigentliche Strahlensender ist, da es ganz ungereimt wäre, dieses Vermögen, das ja vor allem dem strahlenerzeugenden Organismus selbst zugute kommen muß, auf eine kleine, circumscripte Scheitelplatte beschränkt sein zu lassen. Es liegt wohl nahe, den Sachverhalt so zu deuten, daß die irgendwo im Innern des Keimes entstehende Strahlung im allgemeinen von den umliegenden Geweben zurückgehalten wird und nur durch die aus irgend einem Grunde durchlässige Scheitelplatte heraustreten kann. Die anatomischen Verhältnisse stimmen sehr gut zu dieser Vorstellung, sofern man die eigentliche Strahlungs-

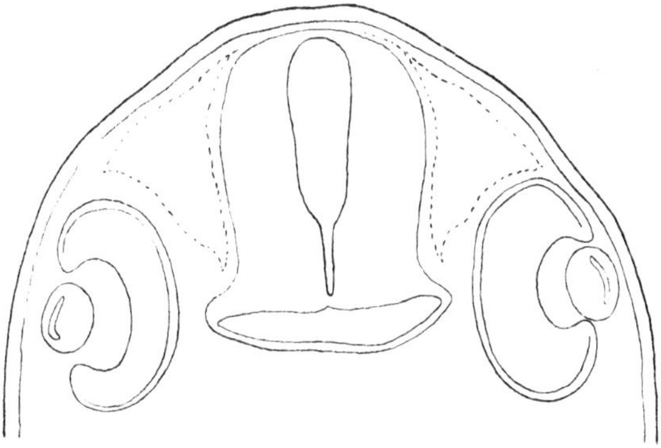

Abb. 58. Frontalschnitt durch den Kopf der Kaulquappe.

quelle im Zentralnervensystem lokalisiert. Nur in der Scheitelplatte, und zwar in einem, der nachweisbaren Induktionsbreite sehr gut entsprechenden Areal, liegt die Gehirnblase unmittelbar der Epidermis an. Am Rande der Scheitelplatte schieben sich ganz unvermittelt tiefe Lagen von Mesenchym zwischen Gehirn und Epidermis ein, die übrigen Abschnitte des Gehirnes werden durch andere, noch mächtigere Gewebeschichten und Organanlagen von der Epidermis ausgeschieden.

Verfolgt man den Gedanken weiter, so kann man noch auf einen Umstand hinweisen, der von Interesse werden könnte. Die Gehirnblase ist nämlich in der Region, die der Scheitelplatte unmittelbar anliegt, sehr dünnwandig, und zwar im Gegensatz zur massiven Beschaffenheit der übrigen Abschnitte. Sollte nicht die Cerebrospinalflüssigkeit das eigentliche Substrat der mitogenen Stoffe, resp. der mitogenen Strahlung sein? Diese Vermutung ist einer experimentellen Verfikation zugänglich, die in meinem Laboratorium gegenwärtig im Gange ist. Ohne den definitiven Ergebnissen vorzugreifen, darf wohl schon jetzt erwähnt werden, daß frisch herauspräparierte Gehirnblasen (resp. frischbereiteter Brei aus denselben) etwa 10 bis 20 mm langer Kaulquappen deutlich induzieren, was für Emulsionen aus anderen Geweben und Organen nicht gilt[1]). Wir sehen demnach, daß, soweit unsere bisherigen, allerdings recht spärlichen Erfahrungen reichen, die Erzeugung der mitogenen Strahlung in tierischen Embryonen, ebensowenig übrigens wie in pflanzlichen Keimlingen, keinesfalls allen Bestandteilen derselben zukommt, und daß offenbar bestimmte „mitogene" Quellen bestehen. Abgesehen von dieser allgemeinen Übereinstimmung dürften aber die Verhältnisse bei tierischen Embryonen offenbar ganz anders als bei pflanzlichen liegen, da wir bei tierischer Embryogenese nichts, dem pflanzlichen Meristemgewebe (von wenigen Ausnahmefällen abgesehen) vergleichbares wiederfinden. Alle Gewebe tierischer Embryonen wachsen bis in relativ späte Entwicklungsstadien vermittelst Zellteilungen, wenn auch die Teilungsintensitäten vom Ort zum Ort bedeutend variieren. Sollte bis in späte Entwicklungsstadien in der Tat eine circumscripte mitogene Quelle für den ganzen Keim bestehen, so wären die lokalen Verschiedenheiten der Teilungsintensität auf zwei Momente zurückzuführen: 1. Die Entfernung eines gegebenen Bezirkes von der Quelle. 2. Die Teilungsdisposition der betreffenden Gewebselemente, d. h. auf die Ausbildung entsprechender Reizperzeptionsorgane.

Die Entfernung von der Strahlungsquelle wäre allerdings nicht nach rein geometrischen Verhältnissen allein zu beurteilen, da hier vor allem noch die Abschirmung durch dazwischenliegende Gewebe in Betracht käme. Es wäre aber verfrüht, Spekulationen über das nähere Verhalten der Strahlenverteilung anzustellen, zumal es sich um Probleme handelt, die die reichste Gelegenheit zum experimentellen Eingreifen gewähren. Entsprechende Untersuchungen sind bereits im Gange[2]).

---

[1]) Nach noch nicht veröffentlichten Versuchen von Anikin aus meinem Laboratorium.

[2]) Es wurde inzwischen höchst wahrscheinlich gemacht, daß im erwachsenen Organismus (Winterfrosch) das Blut der vornehmste, wenn nicht einzige Träger der mitogenetischen Strahlung ist.

## C. Beziehungen zwischen morphogenem Felde und Rezeptivität für den mitogenen Reiz.

Unser definitives Schema der kausalen Zusammenhänge bei der Verteilung embryonaler Mitosen ist demnach folgendes:

Bestimmte durch das morphogene Feld gesetzte Abläufe in den Zellen regulieren im allgemeinen resp. erhöhen ihre Rezeptivität für den mitogenen Reiz. Letzterer (als mitogenetische Strahlen gedacht) sowie das allgemein sensibilisierende Hormon sind bei der topographischen Verteilung der Mitosen nicht mitbestimmend, bilden vielmehr ein für größere Regionen gemeinsames und wenn nicht homogenes, so doch jedenfalls sehr einfach gegliedertes Feld.

Wir stehen nun vor einem neuen konkreten Problem: Was können wir zur Zeit über die Art der durch das morphogene Feld bedingten cellulären Abläufe sagen, die eine Steigerung der Rezeptivität der Zelle für den mitotischen Reiz zur Folge haben könnten.

Diese Frage ist eine speziellere Formulierung des allgemeineren Problems, das auch so lauten kann: durch welche cellulären Abläufe wird ihre Teilungsfähigkeit gefördert, durch welche andere dagegen gehemmt?

Es liegen über dieses Thema verdienstvolle und interessante Untersuchungen von Peter aus der allerneuesten Zeit vor, die uns ein Stück weiter bringen, wenn auch eine gewisse Unbestimmtheit der Formulierung der Feststellungen nicht verkannt werden kann.

Peters Hauptsatz: „Eine Zelle, die arbeitet, teilt sich nicht indirekt, eine Zelle, die sich indirekt teilt, arbeitet nicht“, ist den Verhältnissen der erwachsenen spezifisch tätigen Drüsenzellen angepaßt, wo er in der Tat etwas Bestimmtes und Definiertes aussagt, dürfte aber nur schwer auf die embryonalen Mitosen in dieser seiner Form Anwendung finden. Wir werden aber sehen, daß ein gewisser Anhaltspunkt oder Konnex zwischen den Bedingungen der Embryogenese und den von Peter studierten in sehr plausibler Weise gefunden werden kann, obwohl die kausalen Zusammenhänge hier und da sehr verschiedener Art sind.

Da der intime Zusammenhang zwischen lokaler Formbildung und Mitosenintensität bisher nur an embryonalem Epithelgewebe studiert wurde, können wir nur hier versuchen, dem kausalen Zusammenhange nachzuspüren.

Es wurde hier von Frank in besonders überzeugender Weise dargetan, daß die größte Mitosenintensität in diejenigen Epithelbezirke fällt, denen die größte „Entfaltung" unmittelbar bevorsteht (S. 178 ff.) Daß die Entfaltung eine rege Zellvermehrung zur Voraussetzung hat, ist teleologisch selbstverständlich, es ist nun aber die Frage, wie sich hier der kausale Zusammenhang darstellt.

Es kommt uns hier ein Nebenumstand zu Hilfe, der sich möglicherweise als wertvolles heuristisches Prinzip erweisen wird.

Wie ich schon vor längerer Zeit an einem großen Material dartun konnte, sind die Achsenstellungen der Epithelzellen in verschiedenen Abschnitten derselben Epithelplatte sehr verschieden je nachdem, ob denselben eine Entfaltung ohne Winkeldrehung, oder umgekehrt, letztere ohne erstere bevorsteht. Die Zellachsen der ersteren Bezirke (die nach den Kernstellungen beurteilt werden können) sind in ersteren Bezirken streng normal zur Innenkontur der Epithelplatte, in letzteren Bezirken dagegen deutlich von der Normale (bis auf etwa 20 Grad) abweichend (Abb. 59). Zieht man dabei die Zellkonfigurationen in beiden Bezirken in Betracht, so darf man wohl behaupten, daß diejenige der Zellen mit Normalstellung der Norm oder einem Ruhe- resp. Gleichgewichtszustande der Zelle entspricht, die Schiefstellung dagegen einer Verzerrung oder Deformation der Zelle gleichkommt. Dürfen wir nicht in diesem Umstande den Kausalnexus zwischen lokaler Formbildung und Teilungsintensität erblicken, indem wir den Gleichgewichtszustand als für die Rezeptivität der Zelle günstig, die Zelldeformation als für dieselbe ungünstig betrachten? Eine gewisse Berechtigung zu dieser Annahme entspringt für uns aus unserer Auffassung der Rezeptivität für den mitogenen Reiz. Wir verknüpfen ja dieselbe mit dem Zustande der Zelloberfläche resp. mit einem bestimmten Oberflächenmosaik. Was liegt nun näher, als in der Deformation der Zelle auch eine solche des Oberflächenmosaiks zu erblicken, welche allerdings als restitutionsfähig gedacht werden muß? Wollen wir diesen Gedanken des näheren verfolgen, so ergeben sich Konsequenzen, die wohl, zum Teil wenigstens, einer empirischen ev. auch experimentellen Verifikation zugänglich sind.

So hätten wir vor allem zu erwarten, daß eine mehr weniger lebhafte amöboide Bewegung der Mesenchymzellen das Auftreten

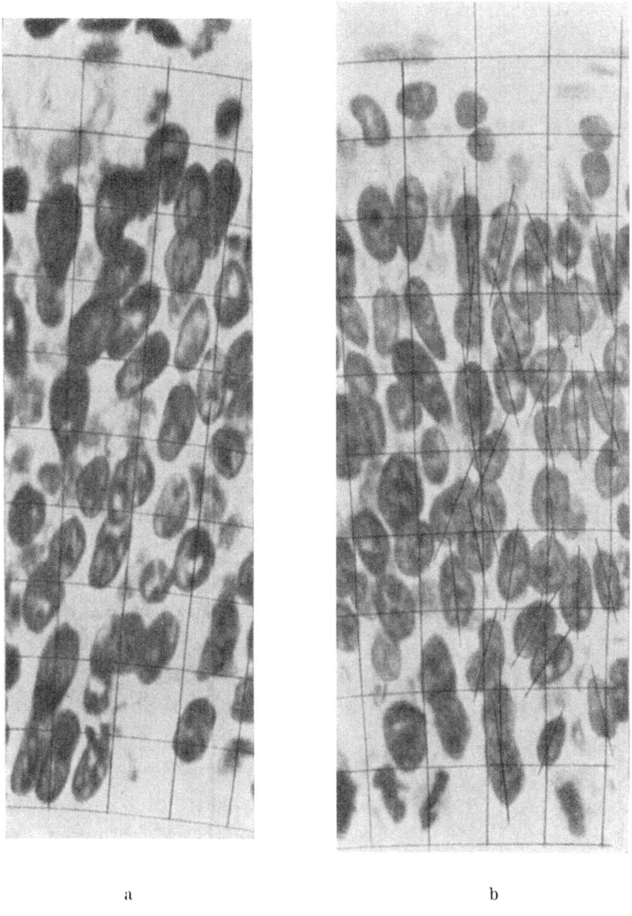

a b

Abb. 59a und b. Zwei Abschnitte einer Großhirnblase eines Selachierembryo. Senkrecht zur Innenkontur sind Lote aufgetragen, an denen beurteilt werden kann, ob die Kernachsen senkrecht oder schräg zur Innenkontur stehen.
(Nach Gurwitsch, Archiv für Entwicklungsmechanik 1914.)

einer Mitose in denselben ausschließt, was eine gewisse Analogie zum Satze Peters geboten hätte. Die allgemein bekannte Erfahrung, daß in Teilung begriffene Mesenchymzellen ihre Fortsätze einzuziehen pflegen und sich auch abrunden, läßt sich indes nicht ohne weiteres als Beweis für den vermuteten Zusammenhang betrachten, da hier ein post hoc und nicht ein propter hoc vorliegen kann. Es ließe sich immerhin dieser Zusammenhang des näheren eventuell am lebenden Material prüfen.

Im Sinne des gedachten Zusammenhanges müßte auch eine bedeutende und namentlich schnelle Volumzunahme resp. Formänderung einer embryonalen Zelle ihre Rezeptivität, d. h. die statistische Häufigkeit der Mitosen herabsetzen, da die Ausbildung eines adäquaten Mosaiks als Erreichung eines Gleichgewichtszustandes gedacht wird. Es ließen sich zugunsten dieser Konsequenz die bekannte, schon vor langem von R. Hertwig hervorgehobene Tatsache verwerten, daß die ungemein rege Zellteilung der eigentlichen Furchung zu einem relativen provisorischen Abschluß kommt, sobald das nachmitotische Wachstum der jungen Zellen auftritt, welches ja bekanntermaßen den eigentlichen Furchungszellen fehlt. Der eventuelle tiefere Zusammenhang zwischen Zellwachstum und Herabsetzung der Teilungsintensität, der von so kapitaler Wichtigkeit in den pflanzlichen Zellen mit ihrem Streckungswachstum sich erwies, ließe sich möglicherweise auch an tierischem embryonalen Material feststellen.

Es wäre in diesem Zusammenhange auch die schon mehrfach erwähnte Tatsache, die allerdings wiederum pflanzlichen Zellen entnommen wird, von Bedeutung. In den Antheren der Liliaceen sind wie bekannt, nur die beiden meiotischen Teilungen pandemisch resp. annähernd synchron, die Vermehrungsteilungen dagegen sporadisch. Zwischen den beiden Teilungsetappen liegt eine längere Ruhe- und hauptsächlich Wachstumsperiode, aus der die sporogenen Zellen von auffallend gleicher Größe und regelmäßiger Gestalt hervorgehen. Es läßt sich dieser Zusammenhang wohl so deuten, daß die Gleichheit und Regelmäßigkeit des Mosaiks, welche durch wiederholte Teilungen und das postmitotische Wachstum vielfach gestört wurden, während der langen Ruhe- und Wachstumsperiode sich restituierten resp. in vollendeterer Form ausbildeten. Es sei in diesem Zusammenhange nochmals auf die vorhin des näheren ausgeführten Zusammenhänge zwischen Epitheldeformation und Spätauftreten der Mitosen bei Regeneration nach Wundsetzung hingewiesen (S. 98 ff.).

Wir ersehen aus der kurzen vorangehenden Übersicht, daß auf dem von uns in diesem Abschnitte behandelten Gebiete — der

Frage über den kausalen Zusammenhang zwischen morphogenem Felde und Verteilung der Rezeptivität für den mitogenen Reiz — vorderhand nur mehr weniger begründete Vermutungen vorliegen und jede tatsächliche Kenntnis fehlt. Es erscheint uns aber von besonderer Wichtigkeit, daß die Aussichten auf ein synthetisches Bild für beide Grundfaktoren der embryonalen Formbildung durch unsere Betrachtung dem Verständnisse etwas näher gerückt sind und eine empirische Bestätigung unserer Vermutungen nicht ganz so aussichtslos erscheint.

# III. Der Ablauf der Mitose.

Die Einsicht, die wir in den vorangehenden Kapiteln über den rein reaktiven Charakter der Zellteilungen gewannen, kann natürlich keinesfalls ohne Einfluß auf unsere Auffassung des Teilungsmechanismus resp. der Formulierung konkreter Fragestellungen auf diesem Gebiete bleiben. Haben wir uns einmal alle Konsequenzen der kapitalen Tatsache klargemacht, daß ein gewisser Bereitschaftszustand für einen so tief in das ganze Lebensgetriebe der Zelle eingreifenden Prozeß, wie es die Teilung ist, längere Zeit bestehen kann, ohne zur unbedingten Verwirklichung zu gelangen, so muß uns strenggenommen nicht nur die Zellteilung selbst, sondern auch die Gesamtheit der Zellabläufe im allgemeinen in einem neuen Lichte erscheinen.

Wir haben die Berechtigung erlangt, sowohl den genuinen Teilungsreiz als den Reizperzeptionsakt und Apparat in engste Parallele zu allbekannten Sinnesreizen resp. Sinnesorganen (oder auch Muskelzellen) zu setzen. Auch der absolute Energiebetrag der mitogenetischen Strahlen dürfte wohl von derselben Größenordnung, wie bei adäquater Reizung der Sinnesorgane sein. Aus dieser Analogie dürften wir wohl einige Anhaltspunkte zur Beurteilung der Beziehungen zwischen dem Teilungsmechanismus und dem Lebensgetriebe der Zelle im „Ruhezustande“ schöpfen. Die normale „Reaktionsbereitschaft“ einer Sinneszelle (resp. Muskelzelle) ist für uns nur unter der Bedingung faßbar, daß der ganze Reaktionsablauf ein einheitlicher Vorgang ist, d. h. ein gewissermaßen festgefügter Mechanismus zugrunde liegt, der durch einen Auslösungsvorgang in Gang gesetzt wird. Dieser Mechanismus (das Wort gilt natürlich nicht im „mechanischen“ Sinne, sondern nur als kurzer Ausdruck für einen festgefügten Faktorenkomplex) muß natürlich einen Äquivalent auch im Ruhestande der Sinnes- resp. Muskelzelle besitzen. Es muß dasselbe unbedingt so weit erforscht werden, daß aus seiner Kenntnis der Reaktionsvorgang selbst in seiner Eigenart gewissermaßen zwangsmäßig abgeleitet werden könne. Das gleiche Postulat muß im

Prinzip auch für die Zellteilung gelten. Es muß in den teilungsfähigen Zellen ein Äquivalent im Ruhezustande postuliert werden, dessen reversible Ablenkung dem Komplexe der Teilungsprozesse gleichkommt. Es wäre indes verkehrt, von einem eigentlichen „Teilungsmechanismus" zu sprechen, der gewissermaßen als ein von den übrigen Zellenbestandteilen abgesonderter Apparat in derselben Platz fände, da wir ja zunächst von einer kausalen Problemstellung absehen und rein phänomenal genommen, kein einziger Zellbestandteil von dem Teilungsvorgange unberührt bleibt, demnach die ganze Zelle in ihrer Totalität der gesuchte Teilungsmechanismus ist.

Je enger sich das Ruheäquivalent des Teilungsvorganges den Einzelheiten desselben anschließt, desto tiefer kann unsere Einsicht werden. Das Ideal, das hier der Forschung vorschwebt, ließe sich etwa so ausmalen, daß, wenn die Ruheabläufe der Zelle etwa durch eine bestimmte Gleichung

$$R = f(a, b, c, \ldots X, Y, Z, \ldots)$$

ihren analytischen Ausdruck fänden, eine Gleichung von der Form

$$T = f(a', b', c, \ldots X, Y, Z, \ldots)$$

die von der vorangehenden nur durch einige konstante Parameter unterschieden wäre, für den Teilungsablauf gelte. Es hieße dies mit anderen Worten, daß die den Teilungsvorgang ausmachenden Abläufe eine relativ unbedeutende, und zwar entweder konstant bleibende oder langsam evolutionierende Ablenkung der Ruheabläufe darstellen. Wollen wir unsere Symbolik der „Zellbahnen" von denen schon mehrfach im vorangehenden die Rede gewesen, gebrauchen, so hätten wir zu folgern, daß es relativ unbedeutende reversible Ablenkungen der Bahnen sind, die dem Teilungsvorgange zugrunde liegen.

Von diesem Gesichtspunkte aus wollen wir die Ruheäquivalente des Teilungsprozesses in der Zelle analysieren. Es muß allerdings vorweggenommen werden, daß diese Analyse gegenwärtig nur fragmentarisch sein kann, und es voraussichtlich noch lange bleiben wird.

Es wird sich demnach für uns in erster Linie darum handeln, die Ruheäquivalente einiger hervorstechender Hauptzüge der Mitose nachzuweisen resp. in ihren Haupteigenschaften darzustellen. Manche Komponenten des Teilungsvorganges, die an sich natürlich von enormer Bedeutung sind, mögen dabei unbesprochen bleiben, hauptsächlich weil sie eine intensivere Behandlung in der neuesten Literatur erfahren haben und im Lichte der hier vertretenen Anschauungen keine Weiterförderung erfahren können.

Das Problem läßt sich auch von einer anderen Seite fassen, indem man von dem Postulate der Einheitlichkeit des ganzen Teilungsvorganges ausgeht, und darauf hinausgeht, einige Hauptzüge desselben herauszuschälen, die diesem Postulate wenigstens annähernd, in groben Zügen gerecht werden könnten. Es kann natürlich zur Zeit nicht ernstlich daran gedacht werden, auf die Formmannigfaltigkeit der Mitosen von diesen Gesichtspunkten aus einzugehen. Wir wollen uns daher auf die Analyse derjenigen Hauptzüge des Vorganges beschränken, die gewissermaßen zum ehernen Bestande jeder Mitose gehören. Die verwirrende Mannigfaltigkeit des morphologischen Bildes der Mitose rührt hauptsächlich von der Ausbildungshöhe der achromatischen Figur, die sowohl mit Zentrosomen und Polstrahlungen versehen sein oder auch ihrer völlig entbehren kann. Es erscheint daher zweckmäßig, wenn wir unsere Betrachtung den offenbar einfacheren Fällen einer möglichst rudimentären achromatischen Figur anpassen, wie sie namentlich in den Blütenpflanzen vertreten ist. Wir müssen dabei vorwegnehmen, daß die Übertragung der gewonnenen Ergebnisse auf den centrosomalen Typus auf große, wenn auch wie wir glauben, nicht unüberwindliche Schwierigkeiten stoßen wird. Es genügt aber, wenn wir mit unseren Aufstellungen nicht in direkte Widersprüche mit den Tatsachen, die dem letzteren Typus entnommen werden können, geraten, um unseren Standpunkt aufrechterhalten zu können.

Sofern wir uns an den Typus der Blütenpflanzen halten, glauben wir ein gutes Stück weiter als es bisher geschah, in der Vereinheitlichung der Darstellung des ganzen Mitoseablaufes tun zu können.

Wenn wir uns an Zellen des embryonalen Typus, ohne intracelluläre Differenzierungen halten, so dürfen wir behaupten, daß der Zustand der Teilung durch die reiche Entfaltung scharf definierter intracellulärer Strukturen von dem Ruhe- resp. Arbeitszustande der Zellen unterschieden ist. Diese temporären Strukturen vereinigen in sich ein gewisses Maß von mechanischer Stabilität (was durch direkte experimentelle Beanspruchungen mechanischer Art nachgewiesen wird) mit stetiger unaufhörlicher Evolution und vollständiger Reversibilität. Sie entstammen bestimmten Konstellationen der Plasmasubstanz im Ruhezustande und kehren in dieselben zurück. Eine gewisse Kontinuität muß hier unbedingt postuliert werden. Hier liegt unser erstes konkretes Problem.

Der Gang der Evolution der Teilungsstrukturen bildet den Gegenstand des zweiten allgemeinen Problems. Da dieselbe einen ausgesprochen polaren Charakter trägt, werden wir kurz von dem Problem der Polarität sprechen. Von einer Analyse der Polarität wollen wir ausgehen.

1. Kapitel.

## Die Polarität der Zelle im Ruhezustande und in der Mitose.

Die mitotische Figur hat einen ausgesprochen polaren (in der Regel bipolaren) Charakter, und der ganze Ablauf der Mitose läuft dahin hinaus, die polaren Gegensätze zu verschärfen und das Zellmaterial auf beide Pole zu verteilen.

In morphologisch reich gegliederten Mitosen ist diese Bipolarität optisch durch die achromatische Figur ausgedrückt und in manchen tierischen Zellen möglicherweise schon in der Interkinese durch die Achse des Diplosoms angedeutet. Es entsteht nun die grundlegende Frage: sind die eben erwähnten morphologischen Strukturen als aktive Träger der Polarität zu betrachten, oder handelt es sich hier um bloße optische Korrelate eines bipolaren Feldes, dessen Anwesenheit unabhängig und eventuell auch vor dem Auftreten der ersteren nachweisbar wäre?

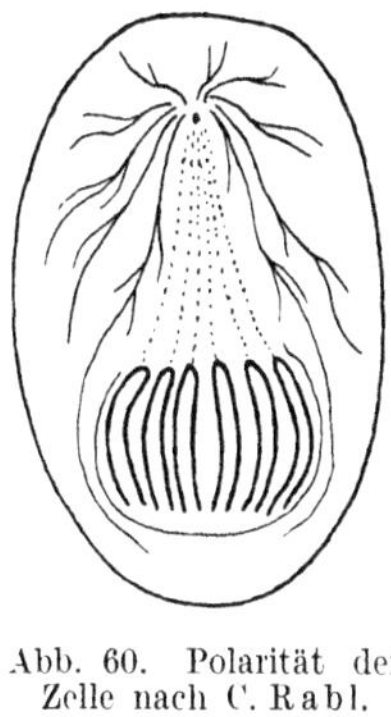

Abb. 60. Polarität der Zelle nach C. Rabl.

Die Polarität der Zelle hat in der älteren Literatur eine nicht unwesentliche Rolle gespielt, wobei aber wohl stets auf morphologische Zellstrukturen bezug genommen wurde.

C. Rabl gehört wohl das Verdienst, als erster gewisse Vorstellungen über Zellachsen in der ruhenden Zelle formuliert zu haben, in denen man die mitotische Figur gewissermaßen in nuce sich denken sollte. Die Achse wäre als Verbindungslinie des Zentrosoms mit der Kernmitte zu denken. In analoger Weise hat sich auch Heidenhain geäußert, wobei er allerdings Gewicht auf die Richtung der Verbindungslinie der beiden Centriolen legte.

Es fällt schwer, sich eine genaue Vorstellung darüber zu machen, wieweit die genannten und ihnen nachfolgenden Autoren diese rein formellen Vorstellungen in Beziehung zur Dynamik des mitotischen Prozesses brachten.

Die ganze Betrachtung lief jedenfalls dahin hinaus, in der Zelle präformierte Mechanismen zu setzen, die sich in den Teilungspausen gewissermaßen in Ruhe befänden und im nötigen Zeitpunkt in Gang gesetzt werden könnten. Diese Ruhemechanismen waren im Geiste der betreffenden Forscher so getreu den während der Mitose sichtbaren nachgebildet, daß sich z. B. M. Heidenhain und Kostanecki dazu verleiten ließen, in den ruhenden Zellen sog. organische Radien anzunehmen, in denen vorgebildete Polstrahlen der achromatischen Figur erblickt werden sollten. Diese unhaltbare Lehre scheint keinen dauernden Anklang gefunden zu haben.

Die von uns eingangs aufgeworfene Frage hat demnach in der klassischen Forschung keinerlei wesentliche Klärung erfahren. Von enormen Werte für das Nachfolgende sind die experimentellen Ermittelungen über die Beeinflußbarkeit der Richtung der Polarität der mitotischen Figur[1]). Sie haben aber keine direkten Beziehungen zu unserem unmittelbaren Problem.

Wir wollen daher dasselbe in ganz unhistorischer Weise in Angriff nehmen, indem wir zunächst den für uns in Betracht kommenden Begriff der Polarität erläutern.

Da karyokinetische Kernteilungen ohne Zellteilungen möglich sind, können wir zunächst unser Augenmerk auf diesen engeren Vorgang richten. Die Polarität, um die es sich handelt, bezieht sich auf die Festsetzung der Ebene der Äquatorialplatte, da mit derselben auch die weitere Orientierung des ganzen Ablaufes festgesetzt wird.

Diese Ebene steht im ausgebildeten Zustande senkrecht zur Achse der achromatischen Figur. Die Frage lautet: wie früh im Laufe der Mitose resp. in welchem Vorbereitungsstadium der-

[1]) Z. B. die berühmten Ermittelungen Strahls über Beeinflussung der Teilungsrichtung der Equisetumsporen durch Belichtung.

selben sind Spuren der Tätigkeit des Faktors erkennbar, dem die spätere unmittelbar wahrnehmbare Bedeutung der Festsetzung der Äquatorialebene zukommen wird?

Wir legen dabei von vornherein darauf Gewicht, daß wir auf der Suche nicht nach Strukturen, sondern nach Prozessen ausgehen. Wir können in die Lage kommen, einen Faktor einführen zu müssen, dessen Existenz nur aus einem bestimmten Ablaufe an einem wahrnehmbaren Organe erschlossen werden kann. Diese Erkenntnis kann u. a. um vieles der weiteren Frage über den Mechanismus dieser Wirkungsweise über deren „Träger" usw. vorangehen.

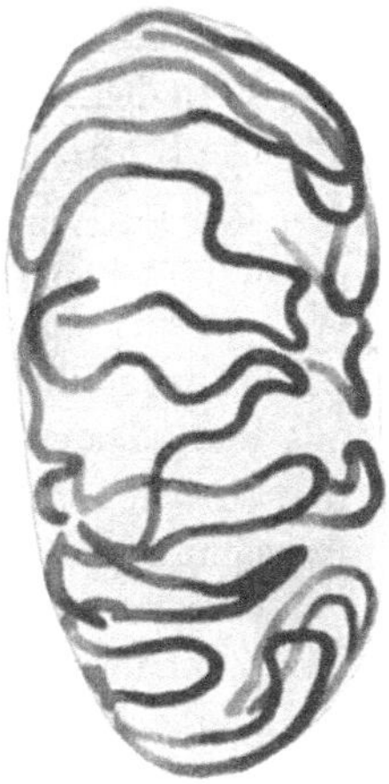

Abb. 61. Spirem mit deutlich ausgesprochenem Polfeld (Rabl). (Nabel nach unserer Bezeichnung.) Epithelzelle der Salamanderlarve. (Nach Rabl, Morph. Jahrb. 1888.)

Konkret gefaßt wäre das Problem etwa wie folgt:

Da wir die mitotische Polarität an der Äquatorialplatte erkennen und bestimmen wollen, so handelt es sich darum, das Äquivalent derselben, wenn nicht im Ruhezustande, so doch wenigstens möglichst frühzeitig in den Prophasen nachzuweisen und an der Hand desselben die Evolution der Polarität zu analysieren.

Es ist schon den älteren Forschern nicht entgangen, und wurde namentlich von C. Rabl genauer geschildert, daß an geeigneten Objekten, namentlich Mitosen in Salamandergeweben, die Anordnung des Spiremfadens eine Eigentümlichkeit aufweist, die auf die spätere Äquatorialplatte bezogen werden kann. Der kontinuierliche Spiremfaden bildet eine Anzahl scharfgebogener Schleifen, die mit ihren Scheiteln einen kleinen frei bleibenden Bezirk der Kernoberfläche umgeben, indem die Schleifenschenkel annähernd radial gegen das Zentrum desselben gerichtet sind. Es läßt sich durch lückenlose Verfolgung der Stadien der Nachweis erbringen, daß die dermaßen entstehende, durch Schleifenscheitel gebildete Sternfigur der Anlage der späteren Äquatorialplatte (des Muttersterns) entspricht.

Als sehr günstiges Objekt zum genaueren Studium dieses Bezirkes. der von Rabl als „Polfeld" bezeichnet wurde (bei uns im weiteren „Nabel“ heißen soll), erweisen sich auch Zwiebelwurzeln. Ein detailliertes Studium dieses Objektes, welches von meiner Frau durchgeführt wurde[1]), ergab, daß er schon von den allerfrühesten Spiremstadien erkennbar ist, worauf auch noch im weiteren eingegangen werden soll. Es wurde aber vor allem die Frage aufgeworfen, ob die Orientierung des Nabels schon von vornherein der definitiven Polarität entspricht. Eine flüchtige Betrachtung ergibt sofort, daß es durchaus nicht der Fall ist, da der Nabel an eine bestimmte Region des meist regelmäßig ellipsoid gestalteten Kernes keinesfalls gebunden ist. Eine genauere Analyse der Verhältnisse führte auf interessante Beziehungen folgender Art:

Die Kerne können je nach der Orientierung ihrer Längsachsen zur Zell- oder Wurzelachse als Längskerne, Schrägkerne (Neigungswinkel zwischen 30—60°) und Querkerne unterschieden werden. Wir denken uns die Kernoberflächen in 10 Querzonen von gleicher Höhe eingeteilt. Die beiden dem Kernäquator anliegenden mögen als erste Zonen, die beiderseits polarwärts gelegenen als zweite Zonen usw., die beiden Polkalotten schließlich als fünfte Zonen bezeichnet werden.

Werden nun die Nabelstellungen nach ihrer Zugehörigkeit zu den Zonen registriert, so gelangen wir zu folgenden Verhältnissen:

1. Die Nabel sind gleich oft an beiden Hemisphären (der apikalen und der basalen) anzutreffen.

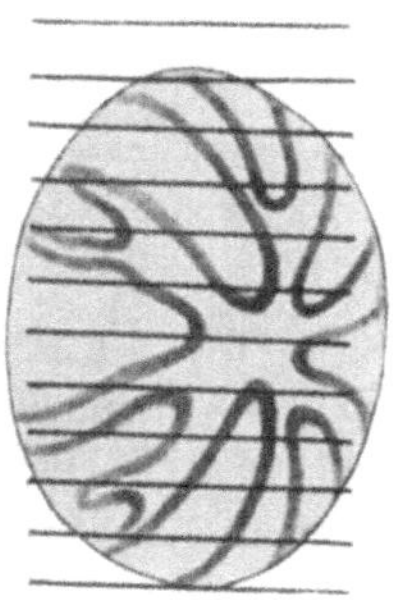
Abb. 62. Lagebestimmung des Nabels mittels des Okularmikrometers. (Nach Lydia Gurwitsch.)

2. Die Verteilung derselben über die verschiedenen Zonen hängt ganz offenbar mit der Orientierung der Kernachse zur Zellachse zusammen, was aus der Tabelle ohne weiteres zu ersehen ist.

| | Längskerne % | Schrägkerne % | Querkerne % |
|---|---|---|---|
| Äquatorialzonen . . . | 42 | 72 | 87 |
| Zweite Zonen . . . . | 30 | 23 | 13 |
| Dritte Zonen . . . . | 19 | 5 | 0 |
| Vierte Zonen . . . . | 5 | 0 | 0 |
| Fünfte Zonen . . . . | 4 | 0 | 0 |

Reine Polstellungen kommen demnach, wie wir sehen, sehr selten und nur in Längskernen vor.

[1]) Bisher nicht veröffentlicht.

Das wichtige Ergebnis dieser einfachen Ermittelungen ist nun dies, daß schon in den frühesten Etappen, richtiger in den Vorbereitungsstadien zur Mitose gewisse Achsenverhältnisse, oder wenn man will — eine Polarität der Zelle besteht und mächtig bei der Orientierung des Nabels mitspielt. Es braucht wohl kaum hervorgehoben zu werden, daß das morphologische Korrelat der Polarität der mitotischen Figur, — deren achromatische Bestandteile — erst viel später auftreten. Es läßt sich aber noch weiteres über diese, morphologisch noch nicht angedeutete Polarität aussagen, oder richtiger eine echte Polarität als Bipolarität begründen, da das bisher dargebrachte nur auf das Bestehen einer dynamischtätigen, richtenden Zellachse hinweist.

Wenn wir die oben angeführten Zahlen in dynamischem Sinne zu interprätieren versuchen, so erscheint uns nur folgende Möglichkeit denkbar: die jeweilige Lage des Nabels auf der Kernoberfläche ist eine Resultante zweier Tendenzen: durch die Kernbeschaffenheit selbst wird offenbar die Äquatorialstellung, allerdings mit einem nicht unbedeutenden Streuungsmaß angestrebt. Es kommt aber eine Komponente des Zellfeldes hinzu, die in jedem Punkt der Kernoberfläche als ein der Zellachse paralleler, gegen den Pol gerichteter Vektor angreift, und folglich der äquatorialen autochthonen Kerntendenz entgegenarbeitet.

Die Gegenüberstellung der Streuungsverhältnisse der Nabelstellungen in den Längs- und Querkernen und der intermediären Verhältnisse der Schrägkerne, bezeugt ja in eindeutiger Weise, daß jeweils seine zum betreffenden Kernpunkt tangentiale Komponente des betreffenden Vektors in Betracht kommt. Diese Komponente, die in direktem Verhältnis zu dem Cosinus zur Kernoberfläche des Winkels zwischen der Vektorrichtung und der Tangente steht, hat natürlich ihr Maximum bei Längskernen und ist gleich 0 bei Querkernen. Diese Konstruktion findet ihre Bestätigung auch in einem weiteren Umstande: in Schrägkernen sind stets nur in denjenigen Hälften der Kernoberfläche anzutreffen, die der Richtung des Vektors nach a u ß e n entsprechen, wodurch die Bipolarität des Zellfeldes in besonders prägnanter Weise angedeutet wird.

Es wurden bei Schrägkernen entsprechende Stellungen der Polfelder in 69 Fällen, reine Äquatorstellungen in 13 Fällen und abweichende Stellungen nur 5 mal gefunden.

Es kann nach dem ausgeführten kein Zweifel darüber bestehen, daß, zumal in den pflanzlichen Zellen sich ein bipolares dynamisches Feld durch seine Wirkung auf den Kern zu erkennen gibt, noch ehe ein morphologisch erkennbares Correlat für dasselbe auftritt. Es steht natürlich jedem frei, einen hypothetischen, unsichtbaren „Apparat" dafür zu konstruieren, eine bestimmte Veranlassung dazu scheint allerdings nicht vorzuliegen. Um so eher dürfen wir dagegen bis auf weiteres setzen, daß die achromatische Figur, deren erste Anlage in Form von kleinen Kalotten aus „Kinoplasma" bereits in Spätstadien des Spirems, oder richtiger gegen Abschluß desselben erkennbar wird, in engem Zusammenhange mit dem bipolaren Zellfelde steht, oder, wenn man will, ebenfalls ein Erzeugnis seiner Tätigkeit ist. Diese Schlußfolgerung wird vor allem durch den Umstand veranlaßt, daß keinerlei feste topographische Beziehungen zwischen den Kernachsen und der Spindelachse in ihren Frühstadien, wohl aber zwischen letzterer und der Richtung des bipolaren Feldes nachgewiesen werden können. Diese Tatsache ist von besonderem Interesse, wenn man die sich daraus ergebenden Folgen für die ursprünglichen Beziehungen zwischen chromatischer und achromatischer Figur berücksichtigt. Da der Nabel, der ja dem Zentrum des Muttersternes gleichkommt, ganz vorwiegend die Äquatorialzone resp. gemäßigte Breiten, aber nur ausnahmsweise die Polkalotten der Kernoberfläche einnimmt, die Verbindungsachse der beiden Kinoplasmakalotten dagegen stets mit der Zellachse zusammenfällt, so resultieren alle möglichen schiefen Verzerrungen der mitotischen Figuren.

Wir haben den Begriff der Frühpolarität als einen Ausdruck der Tatsache gebraucht, daß ein bipolares Feld sich zu erkennen gibt, noch ehe sichtbare Korrelate der achromatischen bipolaren Figur auftreten.

Der Nachweis der Frühpolarität, für den wir in den Wurzelzellen relativ günstige Umstände antreffen, dürfte in den übrigen, namentlich in tierischen Geweben nur schwer gelingen. Die Sachlage kompliziert sich letzterenfalls namentlich durch die Anwesenheit des präformierten, ebenfalls polar gebauten zentrosomalen Apparates. Es ist schon eine alte Erfahrung, daß die Richtung der Spindellage bei ihrer ersten Entstehung und noch mehr die der sog. Centrodesmose in keinem bestimmten Verhältnis zu den

Kernachsen und zur eben angedeuteten Polarität des Spirems steht. Es fehlen hier leider genauere statistische Angaben und Messungen, die wohl ebenso klärend, wie unsere Ermittelungen an den Zwiebelzellen sein könnten. Die vorliegenden Erfahrungen reichen aber jedenfalls aus, um die definitive Spindelstellung der ursprünglicheren Zellpolarität und nicht umgekehrt, letztere der ersteren unterzuordnen. Zugunsten dieser Auffassung lassen sich wohl die bekannten T-Figuren bei Ascaris anführen. Dieselben entstehen beim zweiten Furchungsschritt, indem die Spindelachsen in beiden Blastomeren sich senkrecht zueinander stellen. Die richtige Einstellung in den Prophasen des 2. Teilungsschnittes erfolgt aber erst sekundär, da die ursprüngliche Orientierung der Spindelanlagen eine ganz regellose ist. Das feste Anliegen der beiden Blastomeren mit ihren breiten Flächen, schließt aber wohl jeden Gedanken an eine eventuelle Drehung des ganzen Zellinhaltes aus, es kann sich vielmehr ausschließlich um eine solche der Spindel selbst handeln. Die definitive Lage der Spindel wird ihr folglich durch bestimmte Verhältnisse des Zelleibes, evtl. des Kernes aufgedrückt.

Bei der Zusammenstellung des von uns des näheren analysierten, mit anderen pflanzlichen und namentlich mit tierischen Typen der Mitosen, stoßen wir sofort auf eine Antithese, die nur schwer überwunden werden kann. In den Wurzelzellen haben wir es mit Frühpolarität zu tun, deren erstes Auftreten gar nicht zurückverfolgt werden kann, da sie sich schon von den allerfrühsten morphologischen Korrelaten der Mitose geltend macht. Überlegen wir uns dagegen, wie die Prophasen des in seiner ersten Anlage multipolaren pflanzlichen und tierischen Typus einhergehen, so bleiben wir zunächst in voller Ungewißheit darüber, was wir hier der von uns im vorangehenden abgeleiteten Frühpolarität gleichsetzen können. So treten z. B. Spindelfasern in vielen pflanzlichen Zellen zunächst in völlig ungeordneter Orientierung auf und werden erst sekundär, ganz allmählich bipolar geordnet (Abb. 63). In den centrosomalen, bipolaren Spindeln des tierischen Typus vermissen wir dagegen vielfach, wie wir bereits sahen, eine fixe primäre Orientierung resp. Bezugnahme auf bestimmte Zellachsen. Die Anregung zur Mitose und die ersten Schritte derselben erfolgen demnach in manchen Fällen bevor ein bipolares Feld definitiv festgesetzt ist, in anderen wiederum liegt das bipolare Feld offenbar schon vor, wenn die allerfrühsten Stadien der Mitose auftreten. Um hier das Prinzip der Einheitlichkeit zu retten, bleibt uns nur ein einziger Weg: wir wollen setzen, daß das bipolare Feld auch in den Fällen ersterer Kategorie, wo die definitive Einstellung erst

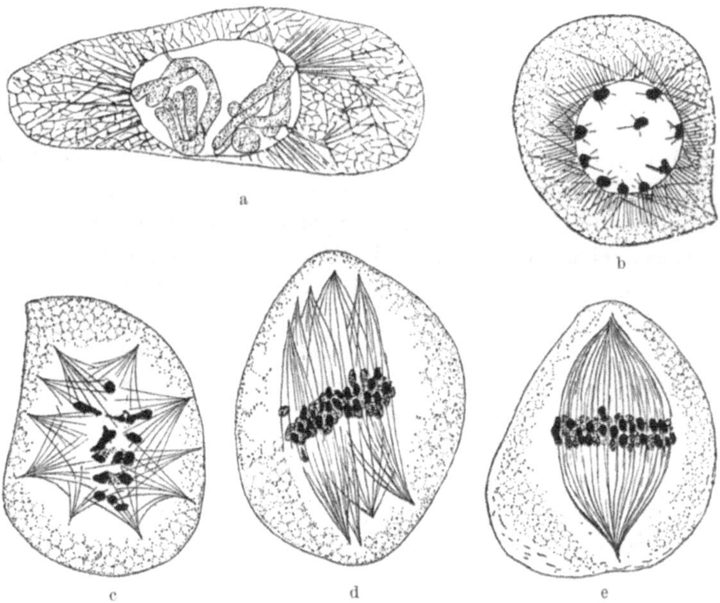


Abb. 63. Entstehung der achromatischen Figur in einigen pflanzlichen Zellen. *a* Pollenmutterzelle von Lilium. (Nach Mottier.) *b—e* Sporenmutterzellen von Equisetum. (Nach Osterhout.) Die Spindel entstehen durch ganz allmähliche Einordnung und Zusammenfügen der im Beginn unregelmäßig im Plasma „zerstreuten" Kinoplasmafäden.

sekundär erfolgt, bereits von Anbeginn der Mitose gegeben ist, die Einordnung der Strukturen aber offenbar auf bedeutende Widerstände stößt, langsam erfolgt und daher deutliche morphologische Residuen aller Zwischenstadien hinterläßt.

Wir wollen folglich von der Annahme ausgehen, daß die achromatische Figur keinesfalls als der eigentliche Träger der Polarität angesehen werden kann, daß sie vielmehr innerhalb eines bipolaren Feldes entsteht resp. in ihrer Orientierung vom selben bestimmt wird. Das bipolare Feld erscheint aber gleichzeitig als der umfassendere Begriff, da wir seine Betätigung am Kerne schon in den allerfrühsten Stadien erkennen konnten. An diese letztere Tatsache anknüpfend, wollen wir nun die Frage aufwerfen, welches Ruheäquivalent wir für die dynamische Polarität der Mitose, sei es auch rein hypothetisch, setzen können?

Was soll eigentlich darunter verstanden werden? Es handelt sich für uns nicht um eine bestimmte Struktur, auch nicht um polar gerichtete Substanzströme, sondern bloß um eine bestimmte vektorielle Komponente, die offenbar den verschiedenen, bei der Mitose einherlaufenden Prozessen hinzukommt. Wir kommen damit auf den Begriff einer „Ladung", die schon vielen Theoretikern der Mitose vorschwebte, von uns aber wesentlich anders, als bisher gefaßt wird.

Es ist wohlbekannt, daß die elektromagnetische Theorie der mitotischen Figur zu den ältesten Erklärungsversuchen derselben gehört und wohl schon auf Fol zurückgeführt werden kann. Neue Nahrung hat sie in der Entdeckung der elektrischen Ladungen der Kolloide gefunden (z. B. bei Gallardo u. a.).

Sie wurde wohl ausnahmslos dem centrosomalen Typus der Mitose zugeschnitten, die Centrosomen mit den entsprechenden Ladungen versehen, und die achromatische Figur als das sichtbare Korrelat des Feldes, als durch geladene Kolloidteilchen sichtbar gemachte Kraftlinien aufgefaßt.

Der Begriff der „Ladung" bleibt für uns zunächst nicht näher präzisiert. Ob es sich um elektrische Ladungen oder um solche noch unbekannter Art handelt, mag bis auf weiteres dahingestellt bleiben. Es wird auch gar nicht daran gedacht, die Ladung an bestimmte Zellorgane, namentlich an Centrosomen zu binden. Die ganze Zelle wird vielmehr als ein Feld gesetzt. Welcher konkrete Inhalt diesem Begriffe zukommt, wird uns die Evolution der chromatischen Figur ergeben.

## 2. Kapitel.

# Der Evolutionszyklus der mitotischen Figur.

Die Entstehung der mitotischen Figur ist strenggenommen ein Problem der Histogenese, da die auftauchenden Strukturen, abgesehen von ihrer kurzen Existenz in keiner prinzipiellen Hinsicht von sonstigen intracellulären Differenzierungen und Organellen unterschieden werden können. Wir müssen daher für eine adäquate Analyse derselben einige allgemeine Gesichtspunkte entwickeln, die für Probleme der Histogenese im allgemeinen ebenfalls maßgebend sein müssen.

Es kann wohl keinem Zweifel unterliegen, daß dasjenige, was uns im fixierten Präparat als scharf umschriebene, regelmäßig geformte intrazelluläre Strukturen imponiert, in lebender Zelle die Beschaffenheit von Gelen hatte. Für viele Fälle läßt sich ein Beweis dafür auf dem Wege direkter experimenteller Prüfung, z. B. mechanischer Beanspruchung erbringen. So ergeben z. B. die interessanten Ermittelungen von Chambers mit seiner Mikromanipulatornadel eine gallertige Konsistenz der Zentralspindel, ein bedeutendes Maß von Zugfestigkeit der Chromosomen, die sich mit der Mikronadel dehnen lassen.

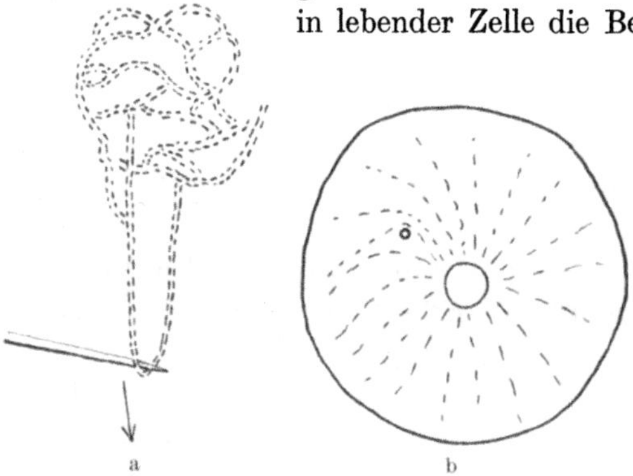


Abb. 64. Dehnung der Chromosomen (*a*) im Spermatocyt einer Heuschrecke (Dissosteira Carolina) und Verbiegung der Strahlungen (im Echinodermei) mit der Mikromanipulatornadel. (Nach Chambers.) In *b* Nadel im optischen Querschnitt als Kreis.

Wenn die schönen Versuche Chambers nicht frei von jedem Bedenken sind, da eine Gelifikation durch das gewaltsame Trauma des Eingriffes immerhin nicht ausgeschlossen ist, so dürfen die Experimente von Heilbrunn, der die bedeutende Zunahme der Viscosität des Zellplasmas und in der Mitose und namentlich der mitotischen Strahlungen ohne Eindringen ins Zellinnere nachwies, in diesem Sinne ganz einwandsfrei sein. Auch habe ich bereits vor Jahren die Beobachtung gemacht, die in der

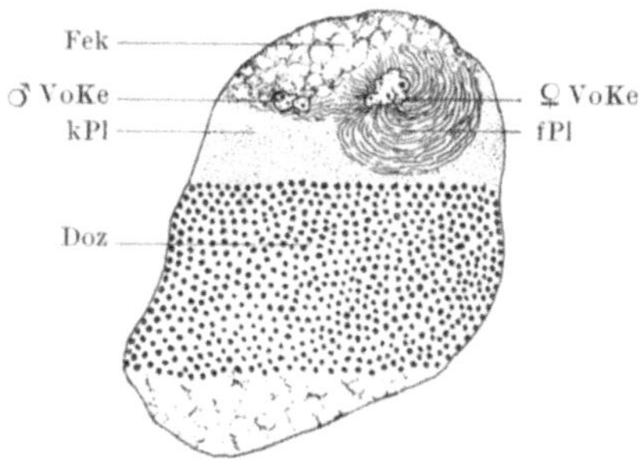


Abb. 65. Zentrifugiertes, eben befruchtetes Ei von Tubifex mit getrennten Vorkernen. Schnitt parallel zur Eiachse. (Archiv für Entwicklungsmechanik Bd. 50.)
(Nach Parseval.)
*Fek* Fettansammlung, *VoKe* weiblicher und männlicher Vorkern, *kPl* dotterfreie Plasmaschicht, *fPl* gequirlte Spermastrahlung, *Doz* Dotter.

neueren Zeit auch in der Arbeit von Parceval wiederkehrt (Abb. 65), daß Polstrahlungen durch gewaltsames Zentrifugieren sich hochgradig deformieren und torquieren lassen, sich mit anderen Worten wie zugfeste Gebilde verhalten. Es soll damit natürlich nicht behauptet werden, daß die lineär scharfen, geschlängelten Fäden unserer fixierten Präparate in dieser Beschaffenheit bereits in vivo präformiert sind. Die Beobachtungen und Versuche von Chambers scheinen vielmehr zu ergeben, daß die Elemente selbst der Strahlung eher als enge Straßen von flüssiger Beschaffenheit zwischen keilförmigen gelatinierten Bezirken bestehen. Sollte sich diese Beobachtung im weiteren bestätigen und verallgemeinern lassen, so heißt es immerhin so viel, daß die Polstrahlungsfigur als Ganzes betrachtet von gelatinöser Beschaffenheit ist. Wenn wir auch die offenbar noch viel festere Beschaffenheit der Chromosomen in Betracht ziehen, so können wir den allgemeinen Satz vertreten, die Mitose gehe auf dem Wege einer hochgradigen, wohl fast durchgehenden Gelatinisation der ganzen Zelle einher.

Die Konsequenzen dieses einfachen Satzes erscheinen uns von grundlegender Bedeutung und daher einer näheren Analyse wert.

Wir haben uns bereits in der Einleitung auf den Standpunkt gestellt, daß das Postulat, es müsse das Plasma als „Lebensträgerin" gewisse Strukturen besitzen, nicht in dem Sinne, daß es sich um sichtbare Strukturen oder um diejenigen jedes Kolloids handelt, verstanden werden darf. Es wurde vielmehr des näheren ausgeführt, daß „rein dynamische Strukturen" in dem Sinne postuliert werden müssen, daß gewisse, voraussichtlich kolloide Bestandteile des Plasmas sich in eigenartig geordneter Bewegung befinden, bestimmt konfigurierte Bahnen zurücklegen. Dieses Bild bezieht sich natürlich wesentlich auf den Solzustand des Plasmas resp. der Kernsubstanz. Das Fazit der zahlreichen älteren und neueren Untersuchungen über den Aggregatzustand des Kernes (oder richtiger vieler Kernarten) scheint in dem Satze zu gipfeln, daß „lo stato di aggregazione del nucleo si può considerare come posto al limite fra un liquido e il solido, cioè il nucleo ha le proprietà di un liquido a viscosità altissima" (Della-Valle[1]). Dieser

[1] Struttura del chromatino dal punto di visto usw. Arch. ital. Zool. 1912.

Satz braucht natürlich keinesfalls unbeschränkt zu gelten, es kommt für uns vielmehr nur seine beschränkte Form in Betracht, indem wir die Behauptung aufstellen, es befände sich stets in einer teilungsfähigen Zelle wenigstens ein Teil ihrer Plasma- und Kernbestandteile in einem Solzustande, und dieser Anteil soll eben der Sitz der dynamischen Strukturen in unserem Sinne resp. der spezifischen Bahnen sein.

Die „dynamischen" Strukturen können selbstredend laut Definition kein statisches Gleichgewicht resp. Eigenstabilität besitzen. Sobald sie der Beherrschung der Bahnen entrückt sind, müssen sie natürlich den allgemein geltenden Gesetzlichkeiten der Substanzverteilungen in Solen anheimfallen. Es können aus demselben Grunde auch keine Stoffkumulationen durch Summierung mehrerer durch dieselbe oder durch benachbarte Bahnen kreisenden Substanzströme entstehen. Damit eine solche überhaupt stattfinde, müssen gewisse Stoffmengen aus der Zirkulation innerhalb der Bahnen heraustreten und außerhalb derselben „deponiert" werden. Sofern eine Akkumulation sich nicht in den durch hydrostatische Gesetze vorgeschriebenen Formen hält, kann es sich natürlich nur um eine Deposition von Gelen handeln.

Wir können uns aber den Hergang auch so denken, daß wir den jeweiligen Inhalt einer Bahn erstarren lassen. Erfolgt nun eine Apposition immer neuer Stoffmengen durch Zufuhr durch die gleichen Bahnen, so können Gelconfigurationen entstehen, die mit denjenigen der erzeugenden Bahnen natürlich keinerlei Ähnlichkeit haben. Man kann den Sachverhalt nachahmen, indem man durch Zusammenlegen einer Anzahl gleichgeformter Schablonenmuster mannigfache neue Figuren entstehen läßt.

In dem soeben entworfenen Bilde liegt u. E. eine Möglichkeit, den ganzen Hergang der Histogenese in seiner Mannigfaltigkeit einem einheitlichen Prinzip zu unterordnen und in der Zukunft als stetigen Vorgang resp. als stetige Funktion bestimmter aufgegebener Faktoren und Bedingungen darzustellen. Wir gewinnen aber vor allem die Möglichkeit, die Ruheabläufe der Zelle durch stetige Übergänge mit einem Prozeß perturbatorischer Art zu verknüpfen, was sowohl für irreversible echte histogenetische Vorgänge, als für reversible Prozesse, die als Reaktionen konventionell ins physiologische Gebiet fallen und denen wir auch die Zellteilung zuordnen, gilt[1]).

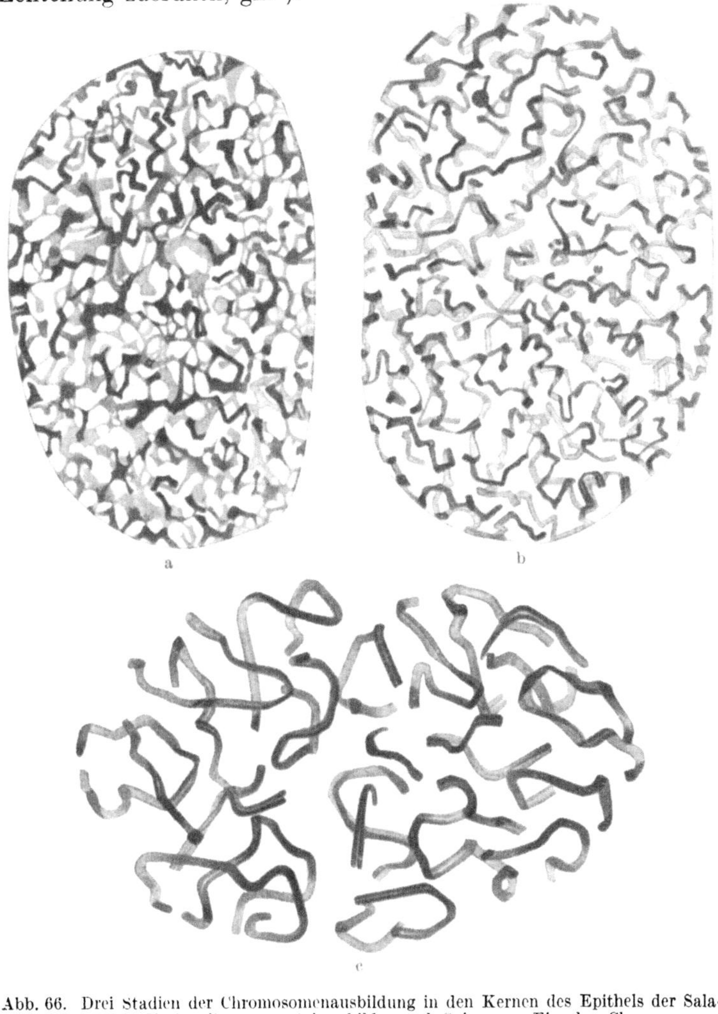

Abb. 66. Drei Stadien der Chromosomenausbildung in den Kernen des Epithels der Salamanderlarven. *a* Vorbereitung zur Spirembildung. *b* Spirem. *c* Einzelne Chromosomen. (Nach M. Heidenhain.) Die Gelatinisation beginnt wohl im Stadium *a* und dürfte in *b* perfekt sein.

[1]) Es ist wohl unbestreitbar, daß die histologische Fixierung im allgemeinen einigermaßen naturgetreue Bilder nur für Gelgebilde, nicht aber für Sole ergibt, was sich an den Fixationsbildern der Ruhekerne mit ihren ganz unverwertbaren Artefakten einerseits und der im allgemeinen naturgetreuen Fixierung der Chromosomen ergibt (Abb. 66).

Es sei nunmehr der Versuch gewagt, die vorangehenden Konstruktionen zur Analyse des Evolutionszyklus der chromatischen Figur auszunützen.

Unsere Vorstellungen über die Beschaffenheit der Ruhekerne bewegen sich gegenwärtig innerhalb einer gewissen Antithese. Über die Homogeneität seines Inhaltes und über dessen im allgemeinen, sofern man von speziellen Formen absieht, flüssige Beschaffenheit scheint man nicht mehr im Zweifel zu sein. Die Gesamtheit unserer Erfahrungen über Chromosomen drängt dagegen mit jedem Tage immer stärker, innerhalb des homogenen Kernraumes mikroskopisch unsichtbare Strukturen zu postulieren, die für die Ausbildung der chromatischen Struktur verantwortlich gemacht werden könnte.

Einen prägnanten Ausdruck für diese Anschauung gibt z. B. Morgan, der mit Bezugnahme auf seine „Crossing-over"-Erfahrungen, zum Schlusse kommt, „The linkage can be accounted for, provided the chromosomes remain to a certain degree intact through succesive cell generations" (General Cytology, S. 697).

Das in einer Polemik gegen Fick von Boveri gebrauchte Wort, das Chromosom außerhalb der Mitose bestehe innerhalb des Kernes fort, wie eine Perlenschnur ohne Perlen, gibt noch heute den treffendsten Ausdruck für die wohl herrschenden Anschauungen.

Schließen wir uns zunächst der Anschauung an, es bestünden im Ruhekern achromatische Fäden, die sich in den Prophasen mit chromatischen Partikeln beladen, so hätten wir in dem für Morgan in Betracht kommenden Sinne eine echte Neubildung des Chromosoms bei jeder Mitose vor uns, da ja die richtigen Chromatinpartikel jedesmal ihre richtigen Orte auf dem achromatischen Stützfaden aufzusuchen hätten.

Die Hauptschwierigkeit für das Morgansche Postulat scheint uns aber darin zu liegen, daß zwischen den zahlreichen Generationen des somatischen Teilungstypus, die dem Reduktionstypus vorangehen, und letzterem selbst eine gewisse, zuweilen weitgehende Diskontinuität vorliegt, die dahin präzisiert werden kann, daß eine Anordnung oder Seriation der Chromatinpartikel, die für die somatischen Mitosen verwirklicht wird, für Reifeteilungen vielfach nicht mehr gelten können. Wir haben hier vor allem die Verhältnisse beim Wachstum und Reifung meroblastischer Eier im Auge, auf die schon vielfach in diesem Zusammenhange schon

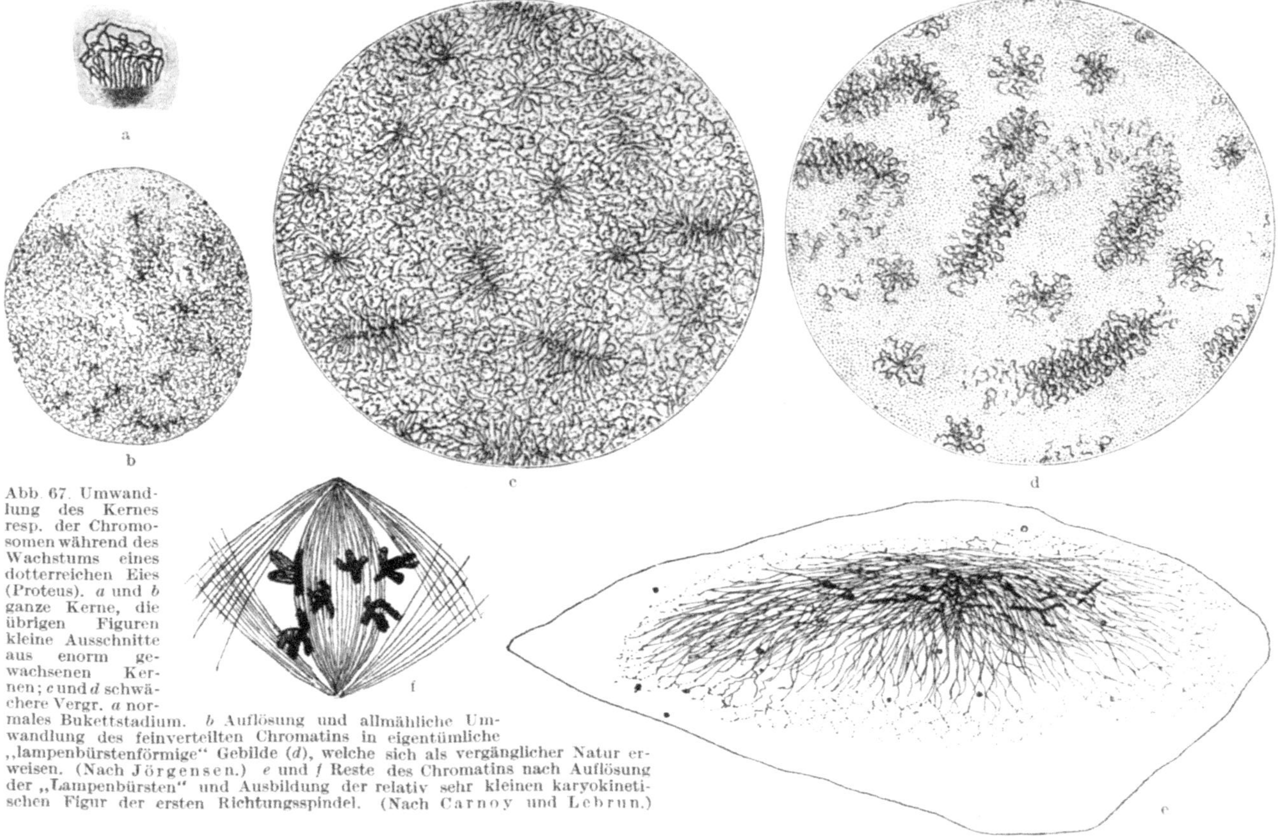


Abb. 67. Umwandlung des Kernes resp. der Chromosomen während des Wachstums eines dotterreichen Eies (Proteus). *a* und *b* ganze Kerne, die übrigen Figuren kleine Ausschnitte aus enorm gewachsenen Kernen; *c* und *d* schwächere Vergr. *a* normales Bukettstadium. *b* Auflösung und allmähliche Umwandlung des feinverteilten Chromatins in eigentümliche „lampenbürstenförmige" Gebilde (*d*), welche sich als vergänglicher Natur erweisen. (Nach Jörgensen.) *e* und *f* Reste des Chromatins nach Auflösung der „Lampenbürsten" und Ausbildung der relativ sehr kleinen karyokinetischen Figur der ersten Richtungsspindel. (Nach Carnoy und Lebrun.)

hingewiesen wurde (Abb. 67). Es ist bekannt, daß die Chromatinprozesse, die man als den eigentlichen Konstituierungsprozeß der Tetraden auffaßt (Buketstadium resp. Konjugation, demnach auch evtl. Crossing-over der Chromosomen) sich in ganz jungen Ovocyten abspielen, daraufhin aber die große Wachstumsperiode des Eies einsetzt, die mit dermaßen gewaltigen Umwälzungen des ganzen Kerngefüges, mit kolossalen Anhäufungen von Chromatin und wiederholten Ausstoßungen großer Chromatinmengen einhergeht, daß man das Unwahrscheinlichste anrufen muß, um eine stoffliche Kontinuität der chromatischen Gebilde des Ausgangsstadiums und der fertigen Tetraden einigermaßen plausibel machen zu können.

Die Beweisführung Boveris, die hauptsächlich an der Hand der Analyse der Ascarisfurchung geführt wurde, ist allzu bekannt, um hier einer Schilderung zu bedürfen. Will man dieses Objekt als Sonderfall betrachten, da die Interkinese nur kurz und möglicherweise unvollständig ist, so reichen auch unzählige andersartige, ebenfalls bekannte Erfahrungen hin, um einen zureichenden Grund im Ruhekerne zu postulieren, der die Konstanz nicht nur der Chromosomenzahl, sondern auch ihrer Größen, Konfiguration usw. bedingt. Es ist ein trauriges Zeichen der überhandnehmenden Verflachung unseres wissenschaftlichen Denkens, die unter dem Schlagwort der Kolloidchemie einhergeht, wenn man diese kapitale Tatsache verkennt und die Entstehung der Chromosomen aus dem angeblich homogenen colloidalen Kerninhalte als einen einfachen colloidalen Vorgang hinstellt.

Es kann vielmehr mit Bestimmtheit behauptet werden, daß die Eigenart der Kongelate (das Wort soll an Stelle der Koagulate zur Anwendung kommen, um den reversiblen Charakter des Vorganges anzudeuten), die wir als Chromosomen bezeichnen, nicht durch die Eigenschaften des gelatinierenden Faktors, sondern durch die Systembedingungen des Substrates, d. h. gegebenenfalls des Ruhekernes bestimmt wird.

Aus der Antithese, flüssige, homogene Beschaffenheit des Ruhekernes und komplizierte eigenartige innere Systembedingungen innerhalb desselben — gibt es wohl nur einen Ausweg: die postulierte Anomogeneität des Ruhekernes nicht als etwas statisches, mit seinem flüssigen Aggregatzustande unverträgliches zu denken, sondern eine dynamische Anomogeneität zu konstruieren, oder was auf dasselbe hinauskommt, innerhalb des Kernraumes bestimmt configurierte Bahnen für in denselben kreisende Stoffe zu setzen. Zahlreiche ältere Beobachter [zitiert bei Della-Valle[1])] haben meist langsame Strömungen im Ruhekerne geschildert. Etwas präziser ist die Schilderung Gaidukows auf Grund ultramikroskopischer Untersuchungen[2]). Die Bewegung der Teilchen innerhalb der Kerne der Tradescantiastauhaare ist sehr mannigfaltig. Sie sammeln sich in Klümpchen und gehen wieder auseinander. Die Richtungen der Strömungen verändern sich beständig. Gaidukows Schilderung wurde allerdings vielfach beanstandet [namentlich von Arthur Meyer, 1920[3])].

Diese Beobachtungen können natürlich, trotz ihres Interesses keine besondere Bedeutung für unsere Zwecke beanspruchen, da es sich bei den von uns postulierten Bahnen wohl hauptsächlich um Amikronen handeln dürfte. Daß aber die Bedingungen für eine derartige Annahme durch das eben Mitgeteilte jedenfalls gegeben sind, dürfte nicht zu bestreiten sein.

Wie dürfen nun die Bahnen innerhalb der Ruhekerne gedacht werden? Da wir eine nur stetige Ablenkung derselben durch den mitotischen Impuls resp. durch das auftretende bipolare Feld setzen, so ist es folgerichtig, die Ruheabläufe möglichst eng mit den allerfrühsten Bildern der Prophase zu verknüpfen. Die scheinbare Kluft, die hier an unseren fixierten Präparaten auftritt, dürfte keine besonderen Schwierigkeiten machen, falls wir uns nochmals überlegen, daß Partikelströme innerhalb echter Sole (namentlich solche von Submikronen oder Amikronen) sich keinesfalls naturgetreu fixieren lassen können, was aber wohl der Fall bei fortschreitender Gelatinisation derselben (die laut Voraussetzung mit Stoffkumulierung einhergeht) der Fall sein kann. Wenn wir daher bei Fixierung der Ruhekerne eine unregelmäßige Verteilung des Chromatins in Körnchen und Klumpen, daneben aber ein „Gerüst von Linin" antreffen, so dürften diese groben Artefacte natürlich keinesfalls als Vorstufen zu einem Stadium aufgefaßt werden, wie ein solches z. B. in unübertroffen naturgetreuer Weise von Heidenhain gegeben wurde (Abb. 66). Eine Anreihung

[1]) Struttura del chromatino dal punto di visto usw. Arch. ital. zool. 1912.

[2]) Ber. d. dtsch. botan. Ges. 1906.

[3]) Analyse der Zelle. Jena: G. Fischer 1920.

von bis dahin chaotisch zerstreuten Chromatinpartikeln auf das Liningerüst braucht daher keinesfalls gesetzt zu werden, da man ebensogut geordnete Ströme innerhalb vorgezeichneter Bahnen von chromatischen Submikronen resp. Amikronen setzen darf.

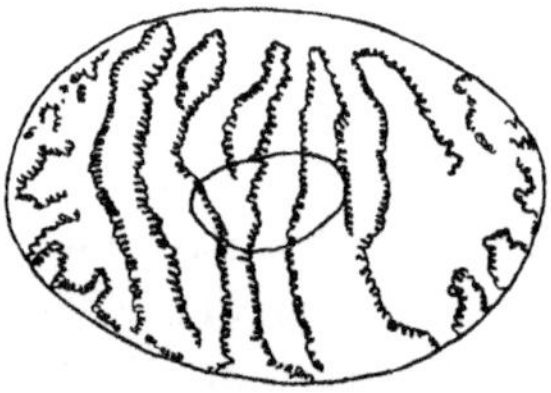

Abb. 68.

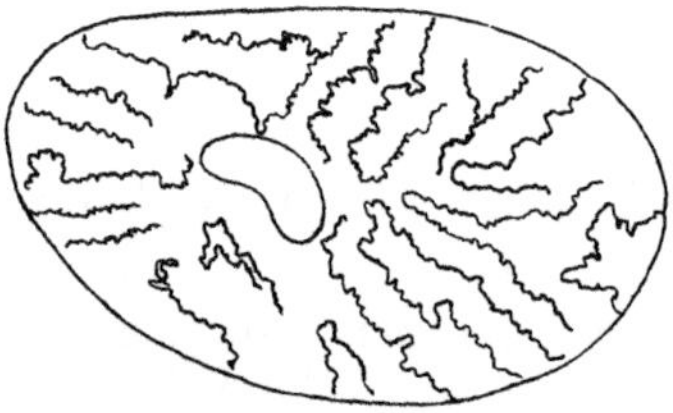

Abb. 69.

Abb. 68 und 69. Früheste Andeutungen des Nabels in der Zwiebelwurzel. (Nach L. Gurwitsch.)

Es würde durch diese Vorstellung die Genetik einer großen Schwierigkeit enthoben, da ihrem Hauptpostulate, es müsse das Chromosom in der Interkinese „to a certain degree intact" bleiben (Morgan), bis zu einem gewissen Grade Genüge getan werden könnte.

Die frühsten Prophasen in den Zwiebelwurzeln, die unserer Betrachtung speziell zu Grunde gelegt wurden, lassen in unzweideutiger Weise die Beziehungen des Fadengewirrs zum Nucleolus erkennen: es ist stets eine dermaßen große Anzahl der Chromatinfäden gegen den letzteren zentriert, daß der vage Eindruck des späteren „Nabels" (des Rablschen Polfeldes) sich schon frühzeitig aufdrängt, wenn man sich den nach dem bekannten Schwund des Nucleolus freibleibenden Bezirk als solchen denkt.

Wir werden daher die Vermutung wagen, es mögen auch die Ruhebahnen innerhalb des Kernes eine allgemeine Zentrierung gegen den Nucleolus besitzen. Die weitere Evolution der chromatischen Figur wird von uns, was bereits aus dem Vorangehenden hervorgeht, auf zwei Grundfaktoren zurückgeführt. Es sind dieses die progressierende Kongelation der Zellsubstanzen und das Auftreten eines bipolaren Feldes. Das Zusammenspiel beider Faktoren hätte sich in den allgemeinen Zügen aus folgenden Erwägungen ergeben: Sofern der Inhalt bestimmter Bahnen gelatiniert ist, bleibt er natürlich im weiteren von den Bahnfaktoren unbeeinflußt. Dieses primordiale Kongelat kann aber durch Apposition der durch weitere Bahnturni zugeführten Stoffmengen wachsen.

Da das Chromatin, einerlei ob es in Form eines Suspensoides als Sol im Kernraum verteilt, oder als Bestandteil der Chromosomen auftritt, laut Voraussetzung der Feldwirkung ausgesetzt ist, so läßt sich zweierlei setzen: 1. Daß das Chromatin, welches in den Bahnen kreist, durch das Feld eine Komponente erhält, resp. aus den Bahnen progressiv abgelenkt wird. 2. Daß die gelatinierten Chromatinbestände, d. h. wachsende oder fertige Chromosomen, die der Beeinflussung der Bahnen entrückt sind, in toto seitens des bipolaren Feldes gewisse Bewegungskomponenten erhalten.

3. Kapitel.

# Die Feldleistungen bei der Mitose.

Es sollen nach unserer Ansicht die kinetischen Vorgänge der Karyokinese nach Möglichkeit als Leistungen eines Feldes dargestellt werden, von dem vorderhand nur das Eine gesetzt wird: die Feldwirkung wird in jedem Punkt der Zelle durch einen Vektor dargestellt. Die Richtungen der Vektoren scheinen im allgemeinen auf die beiden respektiven Pole der Zelle hinzuweisen, demnach beiderseits vom Äquator entgegengesetzt zu sein.

Das Feld und seine eben gegebene Charakteristik wurde im vorangehenden aus den bei der Analyse der Prophase (der Nabelstellungen) gewonnenen Ergebnissen provisorisch abgeleitet. Es gilt nun die Leistungsfähigkeit der ganzen Konzeption in ihrer Anwendung auf den weiteren Ablauf der Mitose zu prüfen. Es soll aber gleichzeitig nicht außer Acht gelassen werden, daß Hand in Hand mit der Entfaltung der Feldleistungen auch die Kongelation der Zellbestandteile einhergeht und die Interpretation der aus der Kombination beider Faktoren resultierenden Bilder dadurch ungemein kompliziert wird.

## A. Die präsumierten mechanischen Leistungen der achromatischen Figur.

Es wird wie bekannt, vielfach gesetzt, daß die an den Chromosomenbiegungsstellen sich anheftenden dicken, zuweilen undeutlich faserigen Plasmastreifen — Zugfasern genannt — einen Zug auf die Spalthälften der Chromosomen, resp. die einzelnen Segmente der Tetraden ausüben, der vom Äquator polwärts gerichtet gedacht wird. Als besonders beweisend in diesem Sinne werden mit Recht die Zugfasern in den meiotischen Teilungen des Urodelenhodens betrachtet (Abb. 70), die angeblich auch die wichtige und komplizierte Arbeit der Einordnung der Chromosomen aus dem Stadium der sog. Diakinese in dasjenige der Äquatorialplatte übernehmen sollen. Als Puncta fixa bei dieser Zugleistung kommen in dem von uns speziell besprochenen Objekte die mit Centrosomen versehenen Spindelpole in Betracht, als Widerlager, die die Pole zu dieser Leistung befähigt, die Spindel selbst.

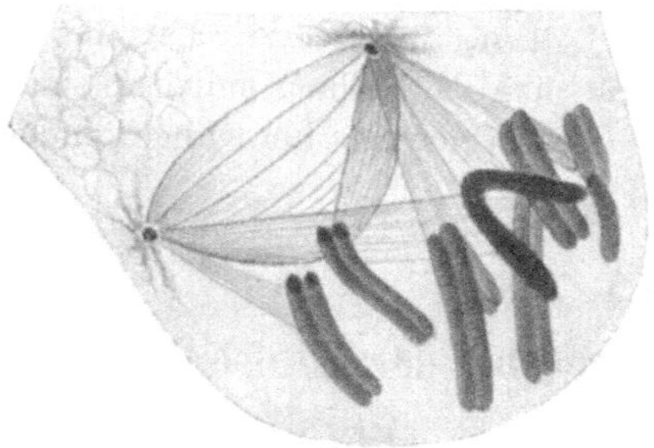

Abb. 70. Spermatocyt des Salamanders. (Nach Drüner. 1894.)

Sofern letztere während der Einordnung der Chromosomen in die Äquatorialplatte an Länge zunimmt, und die Centrosomen dadurch auseinandergeschoben werden, mag den Zugfasern ein bestimmter Grad von Zugfestigkeit genügen, um bei gleichbleibender Länge die Chromosomen aus der Äquatorialstellung in der Richtung der Pole auseinanderzubringen. Sobald aber die Spindel ihre definitive Länge erreicht hat, muß ein aktiver Verkürzungsvorgang der Zugfasern für die anaphatische Polwanderung der Chromosomen verantwortlich gemacht werden. Dies wären in ihren allgemeinsten Zügen die Prämissen für jede Art mechanischer Theorie der Leistungen der achromatischen Figur.

Was das eine Postulat — die entsprechende Festigkeit der Zentralspindel — betrifft, so muß zugegeben werden, daß eine sachgemäße, einigermaßen quantitative Behandlung der Frage bisher noch ausbleibt und übrigens ungemein schwierig sein dürfte. Von besonderem Werte sind in dieser Hinsicht die schon vorhin zitierten Ermittelungen von Chambers mit seiner Mikrovivisektionsmethode. In Übereinstimmung mit älteren Ermittelungen, die die Verschiebung der Spindel in toto bei intensiver Zentrifugierung ergeben, findet Chambers durch unmittelbare Berührung und sogar Herumrühren in der Spindel, daß sie (im Echinodermei) einen nicht unbedeutenden Grad von Viscosität besitzt, der sich noch während der ersten Anaphasestadien erhält. Sobald aber die Tochtersterne die Nähe der Pole erreicht haben und der Amphiaster die Höhe seiner Entfaltung erreicht hat, wird die Spindel „distinctly fluid". In Pollenmutterzellen von Tradescantia ist die Spindel durchgehend „jelly-like in consistency" und kann mit den Mikronadeln gedehnt werden, wobei sie sich, einmal freigelassen, wieder zusammenzieht. In Zusammenstellung mit diesen Angaben ist die weitere Tatsache von besonderem Interesse, daß in den Spermatozyten der Insekten die Spindel ebensogut wie das Cytoplasma „sehr flüssig" sind. Die Mikronadel kann in der Spindelsubstanz beliebig herumgerührt werden, ohne daß die darin gelegenen Chromosomen bis zur unmittelbaren Berührung mit der Nadel sich verschieben, was natürlich auf vollständiges Fehlen jeder Zugelastizität hinweist.

Wir sehen, daß die Konsistenz der Spindel im besten Falle derjenigen einer Gallerte gleichkommt — einem physikalischen Zustande, der die erforderlichen mechanischen Eigenschaften nur unter speziellen Bedingungen erlangen kann, die gegebenenfalls nicht vorliegen: man müßte an eine resistente, mit einer Eigenform versehene Hülle um die Spindel denken, der durch den gallertigen Inhalt, einen bestimmten Turgor desselben vorausgesetzt, ein gewisser Grad von Resistenz- bezw. Stemmfähigkeit verliehen werden könnte.

Die erste Prämisse der mechanischen Theorie der Betätigung der achromatischen Figur hält demnach auf Grund des Ausgeführten den Tatsachen nur schwerlich stand.

Was die präsumierte Bedeutung der „Zugfasern" als sich aktiv verkürzender Gebilde betrifft, so rufen schon die rein morphologischen Verhältnisse am fixierten Präparat bestimmte Bedenken wach. Es fehlt vor allem das optische Korrelat für einen der aktiven Verkürzung, d. h. der Kontraktion vergleichbaren Prozeß. Die Zugfasern werden nämlich, indem die Tochtersterne sich den Polen nähern, einfach kürzer, ohne merklich dicker zu werden, was von einem kontraktilen Faden, nach Analogie mit einer Muskelfibrille zu erwarten wäre. Gegen den Abschluß der Anaphase werden sie immer undeutlicher und sind in der Telophase, gleichzeitig mit dem Schwund der Polstrahlungen nur undeutlich oder überhaupt nicht mehr wahrnehmbar.

Die „Zugtheorie“ der achromatischen Figur wurde hauptsächlich in Ansehung tierischer Mitosen mit gut ausgebildeter Zentralspindel, Centrosomen und Polstrahlungen ausgebildet, wo wir unwillkürlich auf Analogien mit magnetischen Kraftlinien usw. geleitet werden. Die pflanzlichen Mitosen geben noch weniger Anhaltspunkte im besagten Sinne. Ganz besonders fallen hier u. E. die sehr bedeutenden individuellen Variationen in der Ausbildungshöhe der Spindel aus, die nicht selten in benachbarten Zellen bald mehr oder weniger wohlausgebildet in spitze, mehr weniger scharf umschriebene Pole ausläuft, aber ebenso häufig, vielleicht noch häufiger ganz stumpf abschneidet, oder sich ohne jede scharfe Grenze im umgebenden Zytoplasma verliert. Daß wir auch „Spindeln“ kennen, die nicht einmal die Andeutung von Spindelfigur besitzen und aus einem vage gestrichelten, annähernd zylindrischen zentralen Felde bestehen, innerhalb dessen die chromatische Figur evolutioniert, mag als wohlbekannt nur kurz erwähnt werden.

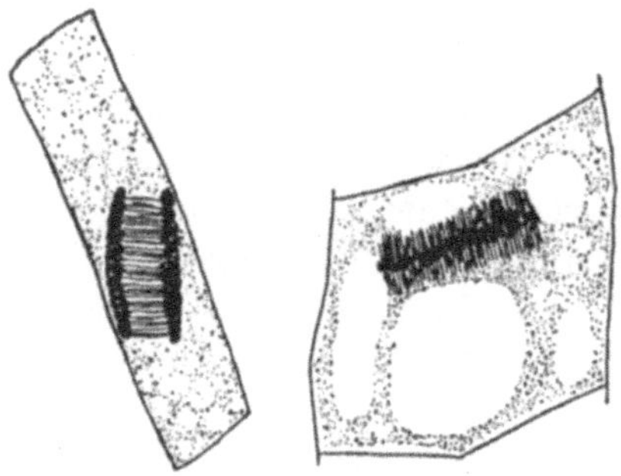

Abb. 71. Verschiedene Formen der achromatischen Figur. Zellen aus dem Vegetationskegel von Equisetum mit rudimentärer achromatischer Figur.

Es ist recht auffallend, daß dicke, an die Chromosomenmittelpunkte inserierende Plasmazüge, die völlig den Zugfasern tierischer Mitosen entsprechen, vielfach gerade in denjenigen pflanzlichen Mitosentypen oder Variationen (speziell meiotischer Art) vorkommen, die nur ganz rudimentäre Spindeln besitzen. Sie sind in diesen Fällen sehr kurz und laufen wie kurze, zur Äquatorialebene senkrecht stehende Zipfel aus.

Die kurz berührten Tatsachen, denen sich noch analoge andere anreihen ließen, müssen uns veranlassen, die mechanische Theorie der achromatischen Figur als durchaus unwahrscheinlich aufzugeben. Ihre Schwäche bei der Interpretation der Durchschnürungsvorgänge des Zelleibes liegt noch klarer zu Tage und wurde bereits in älteren Schriften von uns, auch von anderer Seite, hervorgehoben.

Wir müssen aber weiter gehen, und mit der Absicht brechen, die achromatische Figur sei dazu da, um die Kern- resp. Zellteilung zu bewerkstelligen. Es soll im weiteren der Versuch gemacht werden, dieselbe als Folge der Feldwirkung des ganzen Zelleibes darzustellen, deren Bedeutung in ganz anderem als dem bisherigen Sinne zu erblicken wäre.

## B. Die Evolution der chromatischen Figur.

Die erste Etappe in der Ausbildung der chromatischen Figur schließt mit ihrer vollendeten Kongelation ab. Die Entstehung der Chromosomen ist der letzte Akt, der in direkter Beziehung zu den Bahnen gebracht wird. Für die weitere Evolution der chromatischen Figur müssen neue Gesetzlichkeiten in Anspruch genommen werden.

Ein gewisser Wendepunkt in der Evolution der chromatischen Figur muß in dem Zeitpunkt des Schwundes der Kernmembran erblickt werden, da die Chromosomen nicht nur in ein neues Medium, das Cytoplasma, gelangen, sondern auch eines bestimmten Haltes in der Gestalt der Kernmembran beraubt werden. Es entsteht nun die erste Frage von kapitaler Bedeutung, die merkwürdigerweise, soweit ersichtlich, nie ernstlich erwogen wurde.

Bilden die Chromosomen ein Aggregat von vollständig von einander unabhängigen Einheiten, oder ein einheitliches System mit einem oder mehreren Gleichgewichtszuständen? Konkreter gefaßt, lautet die Frage wie folgt: Sind die Chromosomen in ihrer jeweiligen Stellung innerhalb der chromatischen Figur von einander unabhängig oder besteht eine gewisse gegenseitige Orientierung derselben, und falls ja, durch welche Faktoren dieselbe bedingt wird?

### a) Typische Äquatorialplatten.

Eine typische Anordnung von Chromosomen in ausgebildeten Äquatorialplatten ist längst bekannt. Als klassisches Beispiel werden in der Regel die namentlich seit Boveri bekannten chromatischen Figuren bei Ascaris angeführt, die, wie bekannt, sich innerhalb einiger, für die Varietät univalens von Boveri auf 8 gezählter Typen halten.

Ebenso typisch scheinen auch die Äquatorialplatten der Drosophila zu sein, und es dürften sich wohl noch zahlreiche andere Beispiele aus der Literatur anführen lassen.

Über die Faktoren, die eine derart typische Orientierung der Chromosomen verursachen, wurden bisher keine bestimmteren Anschauungen ausgesprochen. Die Verhältnisse bei Ascaris und Drosophila lassen sich nicht ohne weiteres einander gegenüberstellen, da wir ersterenfalls eine Garnitur vor uns haben, die namentlich bei der ersten Furchungsteilung unmittelbar aus zwei unabhängigen, eben aneinander gefügten Hälften hervorging, der Drosophilakomplex dagegen von längst-möglichem Bestande ist, da der Reifeteilung eine große Reihe diploider Teilungen vorangeht. Wir stehen hier vor einem interessanten, der empirischen Forschung zugänglichen Problem, wie sich die väterlichen Chromosomen, die ja eigentlich ortsfremd sind, innerhalb des Eies verhalten, d. h. ob sie sich sofort oder erst allmählich „akklimatisieren", worunter natürlich zu verstehen ist, ob die chromatische Figur der ersten Furchungsstadien bereits den gleichen Grad von Regelmäßigkeit und Konstanz, wie diejenige der viel späteren Zellgenerationen besitzt? Es ist sehr zu bedauern, daß gerade bei Ascaris somatische Mitosen der Forschung völlig unzugänglich bleiben. Lohnend wäre es jedenfalls, die ovo- resp. spermatogonialen Mitosen von Ascaris darauf zu untersuchen, ob auch hier die verschiedenen von Boveri für die frühen Entwicklungsstadien aufgestellten Typen gelten.

In den beiden, hier analysierten Beispielen kommen für die Ausgestaltung der typischen Äquatorialplatte sowohl die Anordnung, als in nicht geringerem Maße auch die typischen Form- resp. Größendifferenzen der einzelnen Chromosomen in Betracht. Es ist aber für uns nur der erste Umstand von Interesse.

Über die Ursachen resp. Mechanismus der typischen gegenseitigen Anordnung der Chromosomen wurden bisher keine näheren Untersuchungen oder Erwägungen angestellt. Boveris Objekt bietet ganz spezielle Verhältnisse, da, wie der Autor hervorhebt, zwischen den beiden aufeinanderfolgenden Mitosen die Kernruhe resp. die Auflösung der Chromosomen keine vollständige ist.

Das Problem spitzt sich in eine folgende Alternative zu: Die typische Chromosomenanordnung ist entweder einer gegebenen Architektur des Kernes zu verdanken, oder als Folge resp. als sichtbarer Ausdruck einer gegenseitigen Beeinflussung der Chromosomen zu betrachten, die einer gewissen Gleichgewichtslage zustreben, mithin ein System bilden. Die Frage ist einer empirischen, wohl auch einer experimentellen Lösung zugänglich. Erstere wird in ihren Hauptzügen im nächsten Abschnitte versucht.

### b) Die chromatische Figur als System.

Die Untersuchungen meiner Frau über die karyokinetische Figur in den Zwiebelwurzelzellen führten in dieser Frage zu Ergebnissen, die, wie uns dünkt, von großer Bedeutung werden sollen.

Das Nabelstadium, welches im vorangehenden bereits geschildert wurde, schließt in einem Bilde von außerordentlicher Klarheit ab (Abb. 72 *a*), das uns zum Teil bereits aus den älteren Schilderungen der Knäuelbildung in den Epithelzellen der Salamanderlarven von Rabl u. a. bekannt ist.

Die dem „Nabel", einem nicht unbedeutenden kahlen Bezirk der Kernoberfläche unmittelbar angrenzenden Kernschleifen lassen sich in günstigen Fällen abzählen und deren Zahl auf 6 oder 8 feststellen (die diploide Chromosomenzahl von Allium ist wohl 12). Zwischen den Schenkeln dieser langen, den Nabelbezirk erreichenden Schleifen sind aber in einer, näher schwer bestimmbaren Anzahl kürzere Schleifen sichtbar, und man gewinnt den sicheren Eindruck, daß in diesem, noch kontinuierlichen Knäuel die definitive, oder jedenfalls derselben sehr nahekommende Chromosomenzahl bereits präformiert ist.

Soweit man die Sachlage an Schnitten beurteilen kann, ist der Spiremfaden nicht geschlossen. Sollte dieses der Fall sein, so müßte, wie entsprechende Modelle zeigten, bei gegebenem Verlaufe der Kernschleifen am Gegenpole ein zweiter Nabel resultieren, was aber an einem sehr großen Material kein einziges Mal beobachtet wurde.

Je weiter das Knäuelstadium fortschreitet, resp. der chromatische Faden sich verkürzt und dicker wird, desto breiter wird die Nabelregion, indem die Kernschleifenscheitel immer mehr auseinandergespreizt werden. Es ist bezeichnend, daß an fixierten Präparaten die Nabelkalotte deutlich abgeflacht, resp. sogar leicht eingedrückt erscheint, was wohl nur so gedeutet werden kann, daß die Chromosomen einen nicht unbedeutenden Festigkeitsgrad besitzen und bei der vorliegenden Anordnung der Kernschleifen

a

b

c

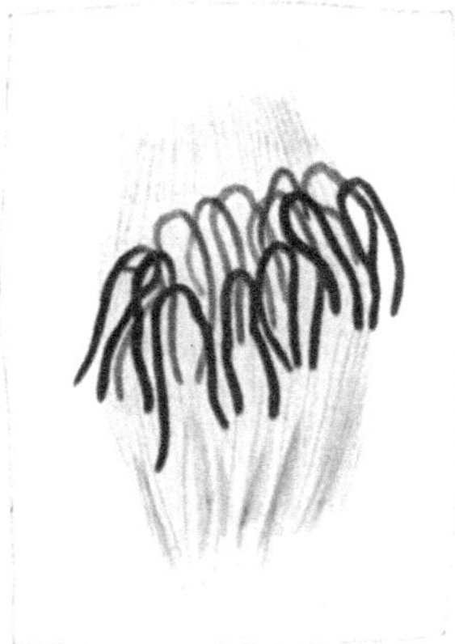

d

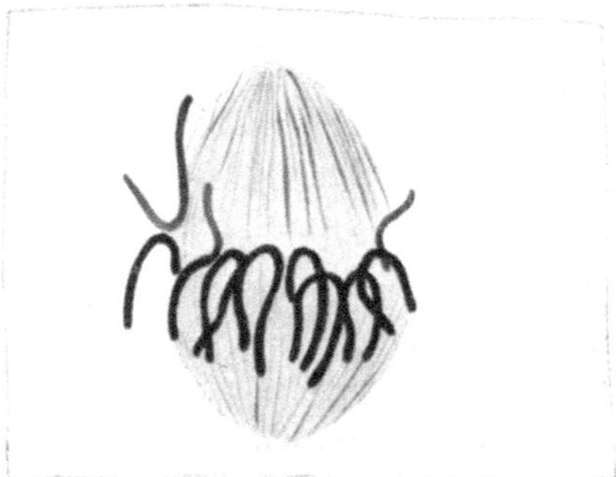

$e_1$

$e_2$

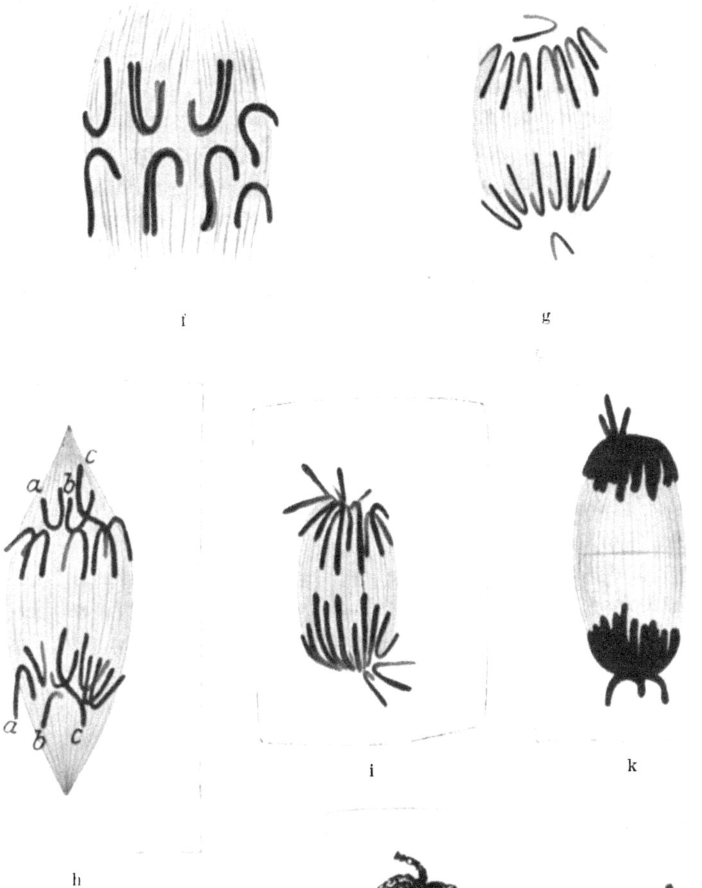


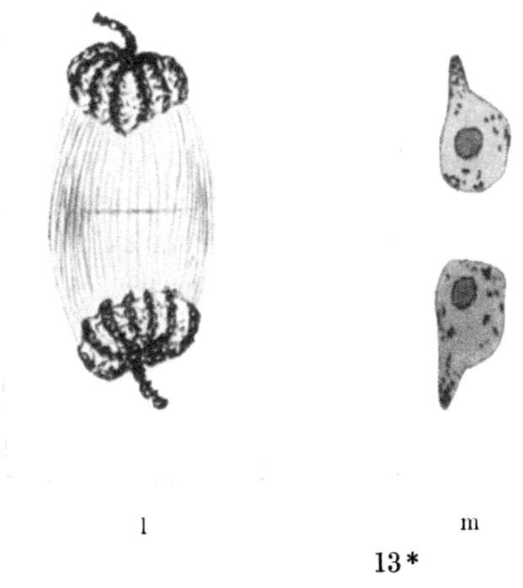


Abb. 72. Der mitotische Zyklus in den Zwiebelwurzelzellen. $e_1$ und $e_2$ eine „Äquatorialplatte" auf 2 Schnitte verteilt. *f* Anschnitt einer ausgebildeten „Äquatorialplatte". In *h* sind mit *a*, *b*, *c* korrespondierende, aber offenbar nicht homologe Chromosomen bezeichnet. (Nach Lydia Gurwitsch.)

gewissermaßen ein Widerlager für die nachgiebige Kernmembran bilden (Abb. 72a).

Wenn wir uns den ganzen Hergang der Spirembildung vergegenwärtigen, d. h. an die allmähliche Verkürzung und gewissermaßen Versteifung des ursprünglich geschlängelten Fadens denken, so ist nicht ohne weiteres einzusehen, warum bei Verkürzung des frei endenden, der Innenfläche der Membran anliegenden Fadens, nicht die freien Enden, sondern die Schleifenpole gespreizt werden. Es ist so, als ob die Gegend des Gegenpols ein Punctum fixum bilde, was bei Verkürzung des Fadens naturgemäß zu einer Spreizung der Nabelschleifen führen müßte.

Man kann sich aber auch eine andere Vorstellung machen, nämlich, daß die Schleifenspitzen einander bis zu einem gewissen Grade abstoßen, und dadurch die Nabelregion sich ausdehnt. Beide Möglichkeiten bleiben natürlich bis auf weiteres problematisch.

Die Sachlage gewährt aber einen tieferen Einblick in die Verhältnisse, sobald die Kernmembran schwindet, was zeitlich, soweit ersichtlich, mit der Segmentierung des Knäuelfadens zusammentrifft.

Obwohl die Verhältnisse der Spätknäuel, wie sie vorhin geschildert wurden, den bestimmten Eindruck einer Spannung der Kernmembran durch die gespreizten Kernschleifen des kontinuierlichen Fadens machte, und man erwarten sollte, daß nach der Segmentierung des Fadens und Schwund der Kernmembran, die die Chromosomen in ihrer gegenseitigen Lage festhielt, die in der Nähe des Nabels durch Spreizung bestehende Spannung aufgehoben werde, geschieht nichts dergleichen. Die Nabelregion wird in ihrer ursprünglichen Gestalt erhalten, dagegen die freien Chromosomenenden mehr oder weniger weitgehend auseinandergespreizt (Abb. 72*b* u. *c*). Es gewinnt demnach den Anschein, als ob die Spannung gar nicht am Nabelpol, sondern am Gegenpol bei Anwesenheit der Kernmembran bestanden hätte, was aber wiederum mit der Tatsache der zunehmenden Spreizung der Nabelgegend nach Maßgabe der Heranreifung des Knäuelstadiums schlecht verträglich wäre. Der Ausweg, der aus diesem Widerspruch uns am plausibelsten erschien, war folgender: Es handele sich bei der Nabelausbildung nicht um rein elastische Stemmung- und Spreizungsverhältnisse des Systems, sondern um ein eigenartiges gegenseitiges Gleichgewichts- oder Beziehungsverhältnis zwischen den Schleifenscheiteln, das man rein formell als einen quasielastischen Gleichgewichtszustand bezeichnen könnte, was so zu verstehen wäre, daß sowohl eine übermäßige Spreizung der Schleifenscheitel, als eine zu große Annäherung derselben, d. h. eine Verstreichung des Nabels dem Gleichgewichtszustande widersprochen hätte. Diese Vorstellung wird namentlich in denjenigen Fällen plausibel, wo die freien Enden der Chromosomen schon sehr früh weit auseinander gespreizt werden, oder mit anderen Worten wo schon frühzeitig eine typische, allerdings ganz abnorm gelagerte Äquatorialplatte entsteht (Abb. 72*c*).

Wie der geschilderte Gleichgewichtszustand entsteht und erhalten wird, soll im weiteren erörtert werden. Es mag nicht unerwähnt bleiben, daß die von uns ausführlicher beschriebenen, unmittelbar nach Auflösung der Kernmembran entstehenden Chromosomengarnituren, die das Prototyp der Äquatorialplatten bilden, schon längst bekannt und vielfach abgebildet wurden. Wenn wir daher hier auf diese elementaren Verhältnisse zu sprechen kommen, so geschieht es, weil ihre große theoretische Bedeutung bisher, wie wir glauben, nicht genügend gewürdigt wurde. Der erste wesentliche Punkt, von dem wir ausgehen wollen, bezieht sich auf die Lageänderungen der „Prääquatorialplatte", wie das eben geschilderte Stadium bezeichnet werden mag.

Wir wissen bereits aus den vorhergehenden Zahlenangaben, daß die Lage des Nabels, vor Auflösung der Kernmembran, und wie wir jetzt hinzufügen können, unmittelbar nach Auflösung derselben, nur ausnahmsweise ihrer definitiven Orientierung — in der Äquatorialebene — entspricht. Kommt ja eine Polstellung des Nabels in den am häufigsten vertretenen „Längskernen" nur sehr selten, in den Schrägkernen gar nicht vor. Die Prääquatorialplatte muß sich demnach in die Äquatorialebene erst sekundär einstellen, indem sie eine Drehung senkrecht zur Zellachse und zur Eigenebene ausführt. An einer größeren Anzahl von Präparaten läßt sich dieser Drehungsvorgang lückenlos verfolgen, wobei die erste Tatsache von grundlegender Bedeutung zum Vorschein kommt: 1. Die Drehung wird von dem ganzen Chromosomenkomplex als von einem einheitlichen Gebilde vollzogen (Abb. 72*d*).

Es gelangt demnach die Prääquatorialplatte als solche in die Äquatorialebene, wobei sie sich hier von einer definitiven Äquatorialplatte dadurch unterscheiden läßt, daß sämtliche Schleifenscheitel nur einen Pol zugewendet sind, die mitotische Figur als Ganzes demnach vorderhand noch asymmetrisch ist. Die definitive „Äquatorialplatte" entsteht durch sekundäre Drehung einer Anzahl, in der Regel der Hälfte der Chromosomen (Abb. 72 $e_1$, $e_2$ u. $f$).

Unsere Annahme, daß der Chromosomenkomplex ein, durch einen gewissen Gleichgewichtszustand zusammengehaltenes einheitliches System bilde, scheint sich durch diese Drehung in toto in vollem Maße zu bewähren. Es darf aber nicht verkannt werden, daß diese feste Zusammenfügung der einzelnen Chromosomen sich eventuell auch dadurch erklären ließe, daß entweder feine, bisher nicht nachweisbare materielle Bindungen (Fibrillen) zwischen denselben bestehen, oder, daß die ganze Prääquatorialplatte in ein gelartiges Medium eingebettet ist, welches den nötigen Halt gewährt. Es müßte natürlich aber dann auch dieses Medium selbst die entsprechende Drehung mitmachen, was schwerlich ohne sichtbare Korrelate geblieben wäre, da, was nicht unbeachtet bleiben mag, die ganze Region, die ja der mittleren Region der Zentralspindel entspricht, am fixierten Präparat ein gestreiftes Aussehen besitzt, und die entsprechende, etwa 90 Grad erreichende Torsion keinesfalls der Wahrnehmung entgehen könnte. Es erscheint demnach, wie wir glauben, beinahe unabweisbar, die Konsistenz des Mediums als höchstens viskös zu setzen, was übrigens im besten Einklange mit Chambers Ermittelungen steht. Der strikte bewahrte Zusammenhang zwischen den einzelnen Chromosomen während der Drehung der Prääquatorialplatte kann daher mit größter Wahrscheinlichkeit nur auf wirkliche Wechselbeziehungen zwischen den einzelnen Chromosomen zurückgeführt werden. Dieser Zusammenhang, oder anders gesagt, der Gleichgewichtszustand des Chromosomensystems ist in den bisher betrachteten Stadien, wenn man so sagen darf, statischen Charakters. Man kann, strenggenommen, ebensogut Wechselbeziehungen zwischen den Chromosomen leugnen und die Bewahrung des Zusammenhanges zwischen denselben auf eine „präformierte Organisation des Kernes" beziehen — ein zwar wenig aufklärender, aber formal einwandsfreier Satz. Die Sachlage wird aber ungleich komplizierter, aber gleichzeitig auch interessanter, sobald die weiteren Umgestaltungen der Prääquatorialplatte daran kommen.

Es ist bekannt, daß eine Äquatorialplatte im strengen Sinne des Wortes, wie etwa in der Ascarisblastomeren, in den meisten Zellen mit zahlreichen und voluminösen Chromosomen nicht zustande kommt. Die Chromosomen ordnen sich vielmehr in einer mehr weniger regelmäßigen Schicht, die Schleifenscheitel meist äquatorwärts, die Schleifenspitzen polwärts gerichtet. Entsprechende Bilder sind z. B. in den somatischen Mitosen von Salamander zu finden, erreichen aber ihren höchsten Grad bei

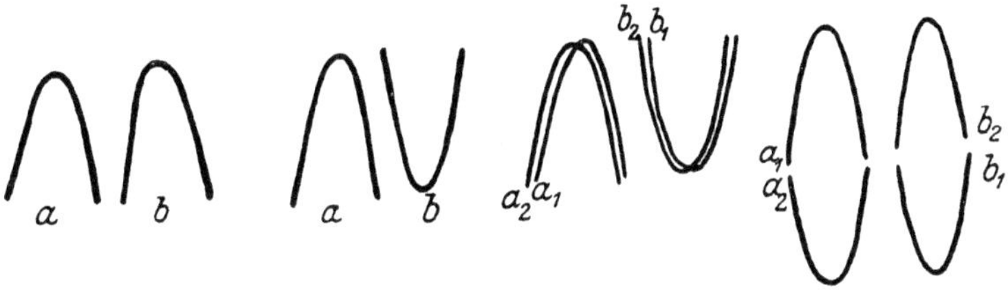


Abb. 73. Schema der Umordnung und Drehungen der Chromosomen in der „Äquatorialplatte" der Zwiebelmitosen.

vielen Pflanzenzellen, speziell den Liliaceen. Die meisten Chromosomen stehen hier in Vollentwicklung der „Äquatorialplatte" mit ihren Längsachsen parallel zur Zellachse (Abb. 72 *f*). In dieses Stadium fällt auch die Längsspaltung der Chromosomen, deren Spalthälften, wie bekannt, nicht selten einander wenigstens andeutungsweise umschlingen.

Wir sehen demnach, daß die einseitig ausgebildete Prääquatorialplatte durch eine Reihe von eingreifenden Umgestaltungen von der definitiven Äquatorialplatte der eigentlichen Metaphase geschieden wird. Sehen wir uns nun die sich dabei abspielenden Verhältnisse etwas genauer an. Sämtliche Chromosomen der Prääquatorialplatte sind mit ihren Scheiteln nach einem der Pole gerichtet. Es müssen demnach bei der nun kommenden Umgestaltung des ganzen Komplexes die Hälfte der Chromosomen eine Drehung um 180° um ihre durch den Scheitel gehende Querachse ausführen, die andere Hälfte verbleibt dagegen in ihrer ursprünglichen Stellung. Es kommt nun das Auseinanderweichen der Chromosomen nach stattgefundener Längsspaltung. Da die Tochterchromosomen polwärts wandern, wobei sie ihre Scheitel gegen die Pole richten, so wird sich folgendes ereignen müssen:

je ein der Schwesterchromosomen wird seine Polwanderung ohne vorherige Drehung um 180° (Abb. 73 $a_1$) antreten können, das andere dagegen vorher die besagte Drehung ausführen müssen (Abb. 73 $a_2$). Zieht man aber auch die vorangegangenen Drehungen bei der Umgestaltung der Prääquatorialplatte in Betracht, so gelangen wir zu folgendem Gesamtergebnis:

Die verschiedenen Chromosomen der Tochtersterne hatten, bevor sie sich in dieselben einstellten, eine verschiedene Anzahl von Drehungen durchzumachen, wobei das Verhältnis in beiden Tochtersternen, der ursprünglichen Assymetrie der Prääquatorialplatte entsprechend, ein verschiedenes ist. In derjenigen Zellhälfte, der die Chromosomenspitzen der Prääquatorialplatte zugekehrt waren, mußten alle Chromosomen des Tochtersternes je eine Drehung, und zwar die Hälfte vor der Längsspaltung ($b$), die andere nach derselben ($a_2$) durchgemacht haben. Die Chromosomen des anderen Tochtersternes hatten ein wesentlich anderes Schicksal: die eine Hälfte derselben kam ohne jede Winkeldrehung aus ($a$, $a_1$), die andere Hälfte mußte dagegen eine zweifache Drehung durchmachen ($b_2$). Wir ersehen aus diesen Betrachtungen, wie gründlich mit der ursprünglichen gegenseitigen Orientierung der Chromosomen im Stadium der Prääquatorialplatte aufgeräumt wird. Es wird nur der Nabel selbst, im engeren Sinne des Wortes, d. h. der freie Bezirk im Zentrum der Sternfigur verschont.

Die komplizierten Umbiegungen und Drehungen der Chromosomen bilden ein Problem, welches trotz seiner großen Kompliziertheit uns eine gewisse Handhabe zum tieferen Eindringen in den ganzen Hergang des chromatischen Zyklus liefert. Es ist vor allem zu beachten, daß homologe, d. h. Schwesterchromosomen sich durchaus nicht symmetrisch verhalten, indem die eine Schwester eine Drehung durchmacht, die andere dagegen nicht. Aber auch die primären Drehungen (wie solche der Mutterchromosomen bei Übergang aus der prääquatorialen Platte bezeichnet werden mögen), erfolgen in einer Weise, die jede Symmetrie auszuschließen scheint, da jedenfalls der Zeitpunkt des Umbiegens eines Chromosoms nach dem entgegengesetzten Pole ein rein individuelles Gepräge trägt.

Es kann aber bei Berücksichtigung des Ausgeführten gar nicht bezweifelt werden, daß gewisse Gruppierungsgesetzlichkeiten der Chromosomen in den Tochtersternen, sollten solche überhaupt nachweisbar sein, keinesfalls von denjenigen der prääquatoriellen oder der typischen Äquatorialplatte stammen können sondern jedenfalls ein Novum darstellen. Diese Feststellung ist um so bedeutungsvoller, als in den meisten bevorzugten Objekten mitotischer Forschung gerade ersteres der Fall ist. Wir brauchen uns einerseits der Ascarisblastomeren, andererseits verschiedener Teilungen meitotischen Typus zu entsinnen.

Nun bestehen aber solche Gesetzlichkeiten in den Tochtersternen, und zwar von außerordentlich präziser Art. Das Studium derselben tut uns in ganz unzweideutiger Weise dar, daß die Anordnung der Chromosomen in einem Komplex (gegebenenfalls einem Tochterstern) nur ein Ausfluß eines „dynamischen Gleichgewichtes“ eines wirklichen Systems sein kann und keinesfalls durch außerhalb desselben stehende Faktoren erzeugt oder induziert wird.

Obwohl die Untersuchung an Schnittpräparaten (zumal an Längsschnitten, Querschnitte sind für unsere Zwecke unverwertbar) das Studium der Chromosomenverteilung bedeutend beeinträchtigt, ließen sich mit aller Bestimmtheit und Klarheit folgende Gesetzlichkeiten herausschälen: 1. Es fügen sich dem gewöhnlichen Orientierungstypus (Scheitel polwärts, beide Schenkel äquatorwärts) alle Chromosomen bis auf zwei (oder seltener drei [vgl. Abb. 72 *h*]), die in umgekehrter Stellung, d. h. mit Scheiteln äquatorwärts, verbleiben (Abb. 72 *g*—*k*). Diese inverse Stellung wird nicht nur vorübergehend, in gewissen Anaphasestadien, sondern außerordentlich zähe bis zum Abschluß der Mitose eingehalten. Bei der Rekonstruktion der Tochterkerne ragen noch eine Zeitlang aus dem unregelmäßig gestalteten Kern zwei Zipfel polwärts hervor, die erst allmählich bei der Abrundung des Kernes verstreichen (Abb. 72 *l*, *m*).

Es versteht sich von selbst, daß an Schnittpräparaten eine vollständige Konstanz oder Ausnahmslosigkeit dieser Befunde nicht mit Sicherheit festgestellt werden kann. Das Bild tritt aber so häufig und bei vollständig durch den Schnitt getroffenen Mitosen so konstant auf, daß ein eventuelles Fehlen desselben jedenfalls zur seltenen Ausnahme gehören müßte.

Schwieriger ist der weitere Nachweis, nämlich daß das eine dieser Chromosomen nicht haarnadelförmig gestaltet ist, sondern eine davon abweichende Form besitzt (Abb. 72 *h*). Aber auch diese Befunde sind so häufig, daß sie zum mindesten einen bestimmten Typus vertreten.

2. Die abweichenden Stellungen werden in der Regel nicht von homologen, d. h. nicht von Schwesterchromosomen eingenommen. Diese Feststellung erscheint uns von besonderer Bedeutung und ist von absoluter Zuverlässigkeit. Die beiden Tochtersterne, die durch die abweichenden Chromosomen gewissermaßen verunstaltet werden, sind nur ausnahmsweise, d. h. nicht häufiger als der Zufall erheischt, spiegelbildlich gegeneinander orientiert. Denkt man sie in toto um die Spindelachse gedreht, so läßt sich sagen, daß jede Winkelverschiebung der Tochtersterne gegeneinander statisch genommen gleich häufig vorkommt. Daß es sich aber nicht um eine tatsächliche sekundäre Drehung der Tochtersterne aus ihrer ursprünglichen symmetrischen Spiegelstellung handelt, läßt sich durch manche Erwägungen und direkte Beobachtungen widerlegen. Es wäre nämlich schwerlich eine derart häufige und ausgiebige Winkeldrehung der ganzen Platte ohne entsprechende Torsionsresiduen an der Spindel denkbar. Solche sind aber in keinem Falle und auf keinem Stadium der Ana- oder Telophase beobachtet worden. Aber auch die direkte Beobachtung günstig getroffener Tochtersterne, in welchen Schwesterchromosomen durch ihre Lage, Länge, sonstige Symmetrieverhältnisse oder gar durch zufällig erhaltene Verbindungen (Abb. 72 *i*) sicher kenntlich werden, zeigen mit Sicherheit, daß die auf dem Kopf stehenden Chromosomen im allgemeinen nicht Schwesterchromosomen sind.

Die Bedeutung dieser Feststellung liegt auf der Hand.

Eine bestimmte, in ihren Hauptzügen artspezifische Konfiguration des Chromosomensystems wird auf dem Wege komplizierter Drehungen und Umlagerung einzelner Chromosomen zweimal in jeder Zelle hergestellt, ohne daß diese Gleichartigkeit und Konstanz der Ergebnisse durch Bezugnahme auf übereinstimmende Herkunft der beteiligten Chromosomen oder auf übereinstimmende Beziehungen zu gewissen Achsen zurückführbar wäre. Die Bedingungen für die Herstellung der gegebenen Konfiguration, die u. a. die eigentümliche umgekehrte Lage zweier Chromosomen involviert, sind demnach dem Chromosomenkomplex selbst als solchen inhärent. Die Tochtersterne bilden demnach gewisse, mehr weniger autonome Systeme, die bestimmten Gleichgewichtszuständen zustreben, wobei das in beiden Schwestersternen im allgemeinen übereinstimmende Ergebnis hie und da auf verschiedenem Wege erreicht wird.

Folgende Konsequenzen aus diesem Tatbestande sind unabweisbar.

1. Die Chromosomen beeinflussen einander in ihrer Lage.

2. In dieser gegenseitigen Beeinflussung sind die Chromosomen untereinander gleichartig, da in analogen Stellungen nichthomologe Chromosomen sich vertreten können.

3. Die s. g. Chromosomengarnituren bilden einheitliche, bestimmten Gleichgewichtszuständen zustrebende Systeme.

### c) Die Polarität der Zelle und der einheitliche Mechanismus der Mitose.

Der Zusammenhang der Chromosomen als eines einheitlichen Systems kann unsere Auffassung der Teilungsmechanismus keinesfalls unbeeinflußt lassen. Nicht die einzelnen Chromosomen, sondern das ganze System wird offenbar als solches bewegt. Diese Einsicht wird auch eine Rückwirkung auf unsere Auffassung des bewegenden, d. h. des „Teilungsapparates“ haben müssen.

Wir brauchen nicht noch einmal die Gründe anzuführen, die uns dazu bewogen, der achromatischen Figur die Bedeutung eines Zugorgans für die chromatische Figur abzusprechen. Im Lichte der neuesten Ermittelungen über den Aggregatzustand der ersteren und unserer Erkenntnis der Einheitlichkeit der chromatischen Figur, können wir indes ein Bild von dem Hergange des ganzen Prozesses aufstellen, welches uns möglicherweise einen Schritt weiter bringt und allenfalls einen gewissen heuristischen Wert beanspruchen dürfte.

Die Zentralspindel, die in den verschiedensten Graden ihrer Ausbildung als allein konstanter Bestandteil der mitotischen Figur auftritt, ist vom übrigen Cytoplasma jedenfalls durch zwei Eigenschaften unterschieden: ihren höheren Viscositätsgrad und ihre Homogeneität, d. h. Fehlen gröberer, mikroskopisch wahrnehmbarer Einflüsse usw. Es kommt ihr aber außerdem eine weitere

Eigenschaft hinzu, mit der jedenfalls so oder anders gerechnet werden muß: im fixierten Zustande erscheint sie stets mehr oder weniger deutlich faserig, was ja wohl nur so gedeutet werden kann, daß eine vektorielle, der Zellachse parallele Komponente vorliegt, die wohl am ehesten als ein entsprechend gerichteter Spannungszustand derselben gedeutet werden kann.

Da uns der Nachweis der Polarität vor dem Sichtbarwerden der Spindel gelang, müssen wir den Spannungszustand derselben auf erstere zurückführen. Es scheint uns verfrüht, den Begriff der Polarität schon jetzt in ein bestimmtes physikalisches Gewand zu kleiden, um so mehr, als wir derselben eine nicht zu unterschätzende Bedeutung auch für die Ausbildung der chromatischen Figur von ihren Uranfängen an beimessen müssen. Es genügt daher, wenn wir vorläufig den zentralen Zellbezirken, wo die Spindel sichtbar wird und die chromatische Figur evolutioniert, ein bestimmtes Maß von Anisotropie beimessen.

Ob diese Polarität den Chromosomen auch bestimmte Ladungen mitteilt, die ihre im vorangehenden besprochene gegenseitige Beeinflußbarkeit bedingt, mag ebenfalls in Erwägung, als naheliegende Möglichkeit gebracht werden.

Wir können uns auf Grund des Vorangehenden denken, daß, indem die Chromosomen, einander beeinflussend, bestimmten Gleichgewichtszuständen des Systems zustreben, letzteres als Ganzes eine Einwirkung des anisotropen Feldes erfährt, die wesentlich konstant bleibt und vom Anfang bis zum Abschluß des ganzen Ablaufes durch stets gleichbleibende, resp. gleich gerichtete Vektoren zum Ausdruck gebracht werden kann.

Die Evolution der chromatischen Figur zerfällt in bezug auf die Feldrichtung in zwei Etappen: das Verhältnis ist bis zur vollen Ausbildung der Äquatorialplatte unsymmetrisch, von da ab wird es symmetrisch. Die Verschiebungen und Bewegungen derselben in der ersten Etappe äußern sich dementsprechend in Drehungen, die zur Erreichung der Symmetrie ihrer Lage führen.

Es fällt zur Zeit sehr schwer, sich bestimmtere Vorstellungen über den eigentlichen Angriffspunkt der Feldwirkung in bezug auf die chromatische Figur zu machen. Es sieht so aus, als ob die eigentliche Scheitelplatte des Nabels, d. h. der von den Chromosomenschleifen begrenzte, freibleibende Bezirk, ein Etwas wäre, was für die Chromosomen eine Richtungsebene darstelle, um die sie sich gruppieren, seinerseits aber der Feldwirkung ausgesetzt ist, und zwar in dem Sinne, wie etwa eine geladene Platte in einem elektrischen Felde sich senkrecht zu dessen Kraftlinien einstellt [Abb. 74[1])]. Es kann ja in der Tat nur das Verhalten dieser gewissermaßen virtuellen Scheitelplatte als ein Etwas während der ganzen Evolution der achromatischen Figur einheitliches dargestellt werden, die Chromosomenverschiebungen sind an sich zu mannigfaltig, um in plausibler Weise schon jetzt aus der Feldwirkung ableitbar zu sein, wobei ja die Sachlage sich durch gegenseitige Beeinflussung derselben schier ins Unendliche komplizieren muß. Es sei mit diesem Bilde natürlich durchaus nicht gemeint, es stelle diese Scheitelplatte ein etwas Materielles dar. Wir glauben vielmehr, daß es sich bei Ausbildung des letzteren um einen Ausdruck eigentümlicher Gleichgewichtsverhältnisse zwischen den Chromosomen, von denen schon mehrfach die Rede gewesen, handelt.

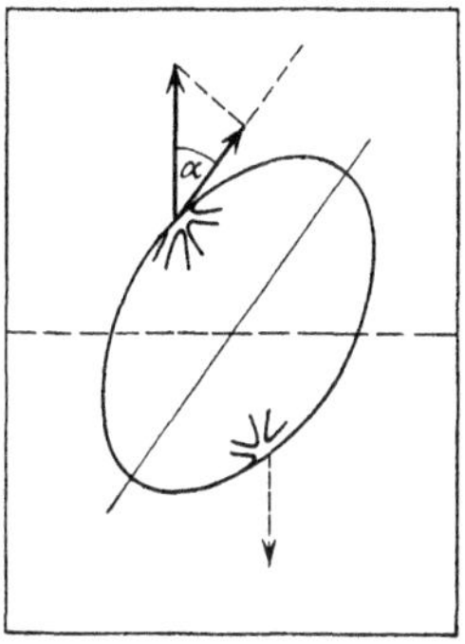


Abb. 74. Schema des präsumierten Feldes. Der Feldvektor (Pfeil) ist stets nach außen (in bezug auf den Kern) gerichtet, für die Lage des Nabels (mit Chromosomen schematisch angedeutet) kommt die Kosinuskomponente in Betracht (vgl. auch S. 173).

Am schwierigsten fügt sich in unser Schema, wie übrigens auch in jeden bisherigen Versuch dem schwierigen Problem beizukommen, der Prozeß der Längsspaltung der Chromosomen.

Man darf noch am ehesten daran denken, daß eine Duplizität derselben primär, in den frühesten Spiremstadien besteht, wie sie vielfach in etwas älteren Stadien tatsächlich zur Beobachtung kommt. Das genauere Studium der frühsten Stadien gibt allerdings keine Anhaltspunkte dazu, die Verhältnisse sind indes zu schwierig, um eine eindeutige Intepratation schon jetzt zu gestatten. Es ist nämlich durchaus nicht ausgeschlossen, daß die feinsten, spitaligen Chromatinfäden sich umeinanderwinden resp. aneinanderlagern.

[1]) Vgl. auch die Ausführungen S. 173.

4. Kapitel.

## Die Chromosomen als Individuen und die Genlehre.

Die großartige Verwertung der Chromosomen, die wir hauptsächlich dem Aufblühen des Mendelismus und namentlich den Ermittelungen von Morgan und seiner Schule verdanken, die aber bereits in der Keimplasmalehre Weismanns wurzelt, kann natürlich die Schilderung und Analyse der Prozesse der Mitose nicht unbeeinflußt lassen. Es erwächst derselben eine Reihe schwierigster Probleme, die z. T. schon in eingehendster Weise studiert und erörtert wurden. Andere, nicht minder wichtige, fanden allerdings bisher nur wenig Berücksichtigung.

Die schönste Frucht der cytologischen Forschung aus der neuesten Zeit ist unbestritten Morgans Crossing-over Lehre, an der vor allem der kühne Gedanke und die außerordentlich strenge Methodik so außerordentlich anziehend wirken. Eine Lehre, die nicht nur große Tatsachenkomplexe zu erklären vermag, sondern auch eine große Prädikationskraft besitzt, muß unbestritten einen bedeutenden Wahrheitskern enthalten. Wir dürfen aber andererseits auch nicht übersehen, daß ihr bedeutende Schwierigkeiten nicht nur dadurch erwachsen, daß sie enorme Anforderungen an die Feinheit und Kompliziertheit des mitotischen Mechanismus stellt, sondern, und vor allem, weil sie den Zusammenhang zwischen Chromosomen und dem eigentlichen Verwirklichungsmechanismus der erblichen Eigenschaften rein formell erfaßt. So reserviert man auch in der Formulierung der Genlehre sein mag — und einen derartigen Standpunkt nimmt eben die Morgansche Schule ein — so haften doch der Grundvorstellung einige Postulate in einer gewissermaßen immanenten Weise an.

Die Gene sind einmal diskrete, an ein bestimmtes materielles Substrat — die Chromatinpartikel gebundene Einheiten, die einen bedeutenden Grad von Autonomie besitzen, d. h. einzeln (resp. gruppenweise) räumlich übertragen evtl. eliminiert werden können. Werden einmal Gene gesetzt, so muß gleich eine sehr große Anzahl derselben gesetzt werden. Diese Einheiten sind im allgemeinen hochgradig konservativ in ihren Eigenschaften, strenggenommen der einzige Hort der Art- resp. Spezieseigenschaften. Ihre eventuellen Mutationen können für eine allgemeine Betrachtung sogar unverwertet werden.

Dasjenige, was von jeder Genlehre verlangt und vorausgesetzt wird, ist nun folgendes:

1. Die Gene bleiben im allgemeinen von den Einwirkungen der Umwelt (Außenwelt sowohl, als auch die Abläufe innerhalb des Organismus selbst) unbeeinflußt (Genotyp im Gegensatz zum Phänotyp).

2. Sie lassen sich in toto als solche unverändert von einem Ort auf einen anderen übertragen.

3. Sie sind stets zur richtigen Zeit am richtigen Orte anwesend.

Zu diesen drei allgemeinen Voraussetzungen kommt noch die speziellere, durch die Morganscshe Schule vertretene hinzu:

4. Als richtiger Ort (Punkt 3) sind genau definierte Punkte in eindeutig bestimmten Chromosomen zu verstehen.

Die aufgezählten Geneigenschaften, mit denen die ganze Lehre steht und fällt, bedeuten ebenso viele Postulate, denen die Cytologie so oder anders gerecht werden muß. Wir wollen dieselben einzeln prüfen, ohne daß wir uns durch polemische Tendenzen von der einen oder anderen speziellen Formulierung des Gengedankens leiten lassen; denn die Schwäche einer solchen sagt noch sehr wenig über die prinzipielle Untauglichkeit der ganzen Lehre aus.

## A. Die Verknüpfung der Gene mit Chromatin.

Wir glauben im Geiste einer geklärten Auffassung der Gene zu sprechen, wenn wir dieselben nicht etwa schlechtweg mit dem Chromatin identifizieren, sondern an ein bestimmtes, erst näher zu definierendes Verhältnis zwischen beiden denken. Die konkrete Form, in der die Frage nach diesem Verhältnis gestellt werden kann, ist m. E. folgende:

Ist das Verhältnis zwischen einem Gen und seinem „Träger“ ein eindeutiges? oder anders ausgedrückt: Entspricht jedem Gen eine spezielle Konstitution des betreffenden Chromatins und ist die Eigenart des ersteren durch eine solche des letzteren eindeutig bestimmt? Das Wort „Konstitution“ kann hier zunächst in verschiedenem Sinne gefaßt werden, da es sich sowohl an verschiedene chemische Konstitutionen (im einfachsten Falle an verschiedene Isomeren des Chromatins), als auch an Differenzen höherer Größenordnung, gewisse architektonische Spezifitäten der Genträger denken ließe.

Es darf keinen Augenblick verkannt werden, daß die Behauptung, das Chromatin sei der immanente Genträger, nur in dieser Form einen faßbaren Sinn hat.

Nun läßt sich die Sachlage auch etwas anders fassen, indem man die Verknüpfung Gen-Chromatin ihres immanenten Charakters entkleidet.

Es ließe sich der Zusammenhang auch etwa so denken, daß die Gene — für sich bestehende Entitäten — das an sich indifferente Chromatin zeitweilig als Träger beanspruchen, indem sie den einzelnen Chromatinpartikeln bestimmte „Ladungen“ aufdrücken. Dermaßen „geladene“ Chromatinpartikel hätten demnach gewisse Faktoren an bestimmte Orte zu „übertragen“, um sich dann, nach Entledigung dieses Aktes resp. ihrer Ladung, wiederum als indifferentes nur chemisch definiertes Material zu benehmen.

Die maßgebenden Cytologen scheinen alle nur mit der ersten Eventualität zu rechnen. Wir wollen daher dieselbe vom Standpunkte des Mechanismus der Mitose prüfen.

Es bestehen demnach in den Kernen (ob in allen Kernen, bliebe dahingestellt) eines Individuums sehr zahlreiche (bis auf mehrere Hundert) Modifikationen (evtl. Isomeren) des Chromatins, welche in der Interkinese in einem hohen Dispersionsgrad im Kernraume verteilt sind. Es kann natürlich nicht ernstlich daran gedacht werden, daß dieselben dem Stoffwechsel entrückt sein sollten. Das Bestehen der Isomeren ist vielmehr so zu verstehen, daß immer und ununterbrochen neue Mengen derselben gebildet werden. Ob wir hier den an sich sehr vagen Begriff der Assimilation resp. Selbstassimilation zur Anwendung bringen, oder nicht, bleibt natürlich an sich irrelevant. Damit aber eine solche unaufhörliche Anreicherung erfolge, muß wohl gesetzt werden, daß die Verteilung derselben im Ruhekerne nicht ganz regellos, d. h. rein molekulär sei. Am ehesten wäre hier als rein äußerliche Analogie das Krystallwachstum aus einer Mutterlauge zu nehmen.

Nun müssen sich diese isomeren Chromatinpartikel in den Frühstadien der Reifeteilungen gesetzmäßig in chromatische Fäden einreihen resp. jedes ihren richtigen Ort aufsuchen. Und nun entsteht naturgemäß die Frage: Wie mag der wundervoll komplizierte Mechanismus beschaffen sein, der diese Einordnung besorgt? Es versteht sich von selbst, daß dieses Problem zur Zeit nur in seinen Hauptzügen erörtert werden kann. Es ist aber die Frage, ob unsere cytologischen Kenntnisse einen Fingerzeig zugunsten dieses Postulates geben, oder umgekehrt, dessen Unwahrscheinlichkeit oder gar Unmöglichkeit klar zutage legen?

Das Problem einer richtigen Einstellung der chromatischen Genvertreter läßt sich demnach keinesfalls aus der Welt schaffen. Es muß zu der jedenfalls sehr schwierigen Vorstellung einer gegenseitigen streng spezifischen Affinität resp. Anziehung zwischen den Chromatinisomeren, die gerade benachbart sein sollen, Zuflucht genommen werden, falls man es nicht vorzieht, sämtliche Isomeren einem höheren gemeinsamen Prinzip unterzuordnen, daß aber dann die ganze Konstruktion ihres Hauptinteresses berauben würde. Die Schwierigkeiten für die Morgansche Auffassung sind dabei ganz anderer Art als bei der herkömmlichen Vorstellung von der Genverteilung in den Chromosomen, wo ihre Anreihung in den konjugierenden Chromatinfäden im allgemeinen dem Zufall überlassen werden kann, mit der alleinigen Forderung, daß Allelomorphe, nicht in den gleichen chromatischen Faden kommen und in den umeinander geschlungenen konjugierenden Fäden eine Art vis-à-vis bilden. Es soll aber aus dieser Bemerkung natürlich nicht gefolgert werden, daß wir den älteren und allgemeineren Vorstellungen über die an das Chromatin gebundenen Gene den Vorzug vor Morgans Auffassung geben. Der enorme Fortschritt, der in letzterer liegt, ist unverkennbar und die große Leistungsfähigkeit der Morganschen Hypothese, sobald man sich überhaupt auf den von uns angezweifelten konventionellen Standpunkt stellt, nicht genug zu bewundern.

Die enormen Schwierigkeiten, die der Genlehre in dem notwendig werdenden Mechanismus der richtigen Anreihung der Chromatinpartikel erwachsen, können noch bei weitem nicht als eine wirkliche Widerlegung derselben gelten, da es ja geradezu naiv wäre, von dem Vererbungsmechanismus Einfachheit zu verlangen. Es scheint, daß zur Zeit keine zweite Hypothese der Morganschen zur Seite gestellt werden kann, die dem enormen an Drosophila gewonnenen Tatsachenkomplex in ähnlicher Weise gerecht wird. Es wäre aber immerhin denkbar, daß bei einer streng konsequenten Weiterbildung der Morganschen Lehre unlösbare Widersprüche auftauchen, die die positive Bilanz derselben zum mindesten aufwiegen. Es müßte dann ganz unbedingt ein Bedürfnis nach einem neuen theoretischen Bilde entstehen.

Wir wollen hier nur einige Fragen kurz zur Sprache bringen, die aus dem Problem der Zellteilung direkt hervorgehen und möglicherweise als eine der Grundlagen für eine weitere Diskussion nicht ohne Wert sein dürften.

Die lineäre Seriation der Gene innerhalb der Chromosomen kommt für die Mendelsche Vererbungslehre unmittelbar nur für die Verhältnisse der Zygoten und Gameten in Betracht. Die Chromosomen der Geschlechtszellen müssen soundso gedacht werden, damit die und die Vererbungsgesetzlichkeiten herauskommen. Der Zusammenhang, der in dieser Grundthese ausgedrückt wird, ist zunächst rein formaler Art. Über Zeitpunkt und Ort der Betätigung, die eigentliche Arbeitsperiode der Gene wird damit noch nicht ausgesagt. Es ist aber in dieser Frage ein konkretes Problem von grundlegender Bedeutung für die eigentliche Zellteilungsforschung enthalten. Bleibt die für die Geschlechtszellen postulierte komplizierte Zusammensetzung der Chromosomen auch für alle, oder wenigstens für eine bestimmte Anzahl von Generationen der somatischen Zellen erhalten? Es müßte dieses der Fall sein, falls die mit den Genen verknüpften Mendelfaktoren erst relativ spät im Laufe der Embryogenese in Tätigkeit treten.

Diese wichtige Frage wurde bisher, soweit ersichtlich, nie des genaueren geprüft, obwohl gelegentliche Äußerungen hie und da zu verzeichnen sind.

Abgesehen von den älteren Versuchen Boveris, wo bei Befruchtung kernloser Eifragmente mit fremdartigem Sperma, die Plutei vom väterlichen Charakter waren, sind auch die neueren Versuche von Tennent von Interesse, wo bei Kreuzbefruchtung zwischen zwei Seeigelarten — Cidaris Tribuloides und Toxopneustes Variegatus — bereits ein so früher Entwicklungsprozeß, wie Ort und Zeit der Mesenchymentwicklung beeinflußt wurde.

Es läßt sich im Sinne einer frühen Beteiligung der Gene auch die von mehreren Autoren, z. B. neuerdings von Davenport geäußerte Anschauung anführen, es stellen die Gene „Packages of enzymes which activate the metabolic processes of the early stages of development just as the hormones of the endocrine glands control metabolism in later Stages."

Diese Tatsachen lassen sich natürlich keinesfalls ohne weiteres extrapolieren, es wären aber immerhin folgende Alternativen zu erwägen:

1. Die Mendelfaktoren treten in den aktiven Zustand erst unmittelbar vor dem Manifestwerden der von ihnen mitbestimmten Entwicklungsprozesse. Es wäre dieses so zu verstehen, daß falls es sich z. B. um die Mendelbestimmung eines Pigmentes eines gegebenen Organs handelt, für dessen Bestimmung zwei Allelomorphe in Betracht kommen, die Entscheidung in der Alternative nicht schon in den frühen Vorstadien der Embryogenese, sondern erst im letzten Augenblick, da wo es sich um unmittelbare Erzeugung des einen oder anderen Pigmentes aus einem Chromogen handelt, gefällt wird.

Es hätte dieses offenbar der vorhin zitierten Anschauung Davenports entsprochen und wäre damit gleichbedeutend, daß die Chromosomen auch in den Spätstadien der Entwicklung (z. B. da, wo bereits die Flügelzeichnung eines Insekten in ihren Einzelheiten zur Ausbildung kommt), die gesetzmäßige Anordnung der Gene besitzen.

Es wäre aber natürlich auch eine andere Möglichkeit denkbar:

2. Die Chromosomen „entladen", wenn man so sagen darf, die mit ihnen verknüpften Erbpotenzen an das eigentliche Entwicklungssubstrat — resp. das befruchtete Ei als Ganzes, unmittelbar nach vollendeter Befruchtung resp. mit den ersten Furchungsschritten. Dasjenige, was die Mendelfaktoren überhaupt zu sagen haben, wäre damit gesagt. Wenn das eine oder andere Mendelmerkmal phänomenologisch erst sehr spät im Laufe der Embryogenese auftritt, so ist damit noch gar nicht gesagt, daß die eindeutige Bestimmung des Entwicklungsganges, die mit dem Inkrafttreten des einen oder anderen Allelomorphen einhergeht, auf sich lange warten läßt resp. nicht unmittelbar in Kraft tritt. Das Auftreten des einen oder anderen Merkmals wäre mit anderen Worten zwangsmäßig mit der Gesamtheit der vorangehenden Entwicklungsvorgänge verknüpft, die rein phänomenologisch mit demselben nichts Gemeinsames hätten.

Trifft diese Alternative zu, so hätte sie die wichtige Konsequenz zur Folge, daß nur für die Chromosomen der Geschlechts-, nicht aber der somatischen Zellen der komplizierte, von Morgan aufgestellte Bau zu postulieren wäre.

Es hätte uns zu weit geführt, wollten wir hier alle Gründe, die man zugunsten der einen oder anderen Eventualität anführen könnte, des weiteren diskutieren. Wir wollen vielmehr nur einige Punkte des Problems kurz berühren, dafür aber etwas ausführlicher die Konsequenzen besprechen, die sich aus der zweiten Alternative ergeben, die uns als die bei weitem wahrscheinlichere erscheint. Stellen wir uns zunächst probeweise auf den Standpunkt der ersten Alternative, so ergibt sich ungefähr etwa folgendes:

Nehmen wir als Beispiel den einfachen von Morgan angegebenen Fall der Allelomorphen Gelb-Grau für Flügel und Weiß-Rot für die Augen, die dem gleichen Chromosom zugewiesen sind, das natürlich auch zahlreiche andere Gene trägt. In den Zellkomplexen, die für die Flügelanlage bestimmt sind, müßte dann das Gen für Gelb oder Grau, in den Augenanlagen für Weiß oder Rot . . . usw. tätig auftreten, die anderen Gene dagegen im untätigen Zustande verweilen.

Es werden demnach, je nach der Körperregion, die an sich laut Voraussetzung identische Chromosomen bald das eine bald das andere Gen mobilisieren. Wie ist nun dieses zu verstehen? Sind die Gründe zu diesem differentiellem Verhalten in die Chromosomen selbst oder in deren Umgebung (zunächst ganz allgemein gesprochen) zu verlegen?

Sollte ersteres zutreffen, so hätten wir jedem Chromosom außer seinem Genmosaik noch einen speziellen „Verteilungsfaktor" anzuweisen. Das Verhältnis zwischen letzterem und ersterem könnte dabei nur im Sinne einer gewissen Hierarchie oder Unterordnung der Gene gedacht werden.

Wird von dieser Annahme abgesehen, so müßte die maßgebende Rolle bei der Genmobilisierung entweder dem Plasma der betreffenden, das Chromosom beherbergenden Zellen, oder anderen, hier nicht näher definierten, mit den Körperachsen irgendwie zusammenhängenden Faktoren zufallen.

Es ist schlechterdings nicht zu ersehen, wie man dieser Alternative entgehen könnte. Diese Erkenntnis ist aber gleichbedeutend mit dem Geständnis, daß die maßgebende Rolle bei der Verwirklichung der Vererbungspotenzen doch nicht den Genen resp. dem Chromosom allein zukommen kann.

Es soll damit gar nicht gesagt sein, es käme den Genen jede Bedeutung ab. Das Verhältnis könnte vielmehr etwa wie folgt gedacht werden: Der Grund für die Entstehung aus bestimmten Zellkomplexen einer bestimmten Organanlage wird ja gar nicht in den betreffenden Chromosomen resp. ihre Gene verlegt. Ist aber einmal eine bestimmte Anlage da, so wäre das Wie ihrer näheren Ausführung von einem bestimmten Entwicklungspunkte aus von den Genen bestimmt. Es hat daher an sich nichts Ungereimtes, wenn man jedes Gen mit einer bestimmten spezifischen Affinität zu ganz bestimmten Zellzuständen versieht, und zwar etwa derart, daß z. B. in den Zellkomplexen der Augenanlagen das Gen für „Weiß“ oder „Rot“, nicht aber die anderen in einen Erregungszustand versetzt oder mobilisiert wird usw. Man hätte sich bildlich das gegenseitige Verhältnis zwischen einer Zelle und den für dieselbe adäquaten Genen etwa so zu denken, als ob die Zelle an das Gen die Frage richte, wie sie weiter zu verfahren hätte, diese Zellanfrage aber nur bei einem bestimmten Gen Gehör fände. Dieses gegenseitige Verhältnis, welches uns als einzig mögliche Rettung bei der Setzung einer Spätbetätigung der Gene erscheint, setzt allerdings ein völlig neues Prinzip einer gewissermaßen prästabilisierten Harmonie zwischen den einzelnen Genen und gewissen Plasmaeigenschaften voraus. Diese Harmonie, oder das gegenseitige Ansprechen bestimmter Gene und bestimmter Zell- resp. Plasmaarten bezieht sich in der Regel nicht auf einzelne Gene, sondern auf kleinere oder auch größere Gengruppen, die allelomorph sind resp. sich gegenseitig vertreten.

Soweit wäre die Sachlage, wenn nicht sehr einfach, so doch jedenfalls als widerspruchsfrei zu betrachten. Bei näherer Betrachtung stoßen wir indes auf prinzipielle Schwierigkeiten. Wenn wir noch in präziser Weise den Begriff eines Gens für Gelb, oder evtl. für „Klein“ usw. fassen können, da ja ersteres eine Anregung zur Ausbildung eines Pigmentes bei allen beteiligten Zellen, letzteres etwa eine Herabsetzung der Zellproliferation der betreffenden Anlage usw. bedeutet, so werden ja unbestritten die Überschriften, die der Mehrzahl der Gene zukommen, derartige sein, daß von den unter ihrer angeblichen Beherrschung stehenden Zellen sowohl sehr verschiedenartige, als auch nicht nur rein binnenzellige, sondern auf andere Zellen bezogene Leistungen verlangt werden müssen. Damit ein Organ die eine oder die andere typische Gestalt und innere Ausbildung erhalte, müssen ja die verschiedenen es zusammensetzenden Zellarten die verschiedensten dabei streng miteinander koordinierten Leistungen ausführen, damit das der Überschrift der entsprechenden Varietät resp. des verantwortlichen Gens entsprechende Resultat entstünde. Das Gen, welches in jeder Zelle der betreffenden Anlage im entsprechenden Chromosom steckt, muß demnach immer etwas anderes als in einer anderen, eventuell sogar benachbarten Zelle leisten, wobei seine Leistungen nicht einmal stetige Funktionen der Zellkoordinaten sein werden. Damit das Genbild hier erhalten bleibe, müßte nun gesetzt werden, daß bei all diesen phänomenologisch verschiedenartigen Leistungen, die dem Gen zugemutet werden, vom selben in Wirklichkeit nur bestimmte Geschehenskomponenten ausgehen, die an sich für alle Zellen des betreffenden Komplexes gleich, in jeder Zelle, in Verknüpfung mit den individuell verschiedenen Eigenschaften derselben, zu den allerverschiedensten Ablenkungen resp. Resultaten führen müßten. Man denke sich zwei Allelomorphe für die Flügelzeichnung, die auf die Anwesenheit des Genes A resp. a in jeder Zelle der entsprechenden Anlagen zurückführbar wären. Es müßte nun gesetzt werden, daß die ganz verschiedenartigen Entwicklungsprozesse, die insgesamt zur Ausbildung eines bestimmten Zeichnungsmusters gehören, sich sämtlich auf respektive Beeinflussungen verschiedenartigster Zellgruppen seitens der betreffenden Gene A und a zurückführen ließen, die für alle Zellen jeder Anlage gleich lauten, d. h. sich durch eine gleichbleibende Formel ausdrücken ließen. Die Möglichkeit einer derartigen Konstruktion wäre zwar nicht a limine von der Hand zu weisen, erscheint aber so wenig plausibel, daß man nur unter entschiedenem Tatsachenzwange sich zum selben bequemen könnte.

Es erscheint uns daher unabweisbar, uns auf den Boden der zweiten Alternative zu stellen. Als eigentliches Objekt der Betätigung der Mendelfaktoren sei das eben befruchtete Ei gedacht, und die sich aus dieser Setzung ergebenden Konsequenzen geprüft.

## B. Die Vererbungspotenzen im Ei.

Die Aufgabe, die wir uns stellen, läßt sich etwa wie folgt formulieren: Es ist ein allgemeines Bild der Embryogenese zu entwerfen, unter der Voraussetzung, daß die Mendelfaktoren, die während der Reifung und Befruchtung der Eiorganisation noch als etwas Autonomes und Abgesondertes gegenüberstehen (und daß dem so ist, läßt sich ja schon aus der Tatsache der Befruchtung, d. h. der Einführung fremder [väterlicher] Chromosomen in das Ei schließen) schon unmittelbar vor Beginn der eigentlichen Embryonalentwicklung restlos in den einheitlichen Bestand des Vererbungsmechanismus aufgehen. Es hieße mit anderen Worten, daß die Mendelfaktoren schon vom ersten Beginn der Entwicklung ihren Beitrag zur Entwicklung beisteuern resp. dieselbe ihrer Eigenart entsprechend ablenken oder bestimmen. Sind diese Ablenkungen im Beginne infinitesimal, so wäre es nicht zu verwundern, daß sie unserer Aufmerksamkeit entgehen. Konkreter gefaßt hieße es, daß zwei in ihrem Eigenbestande identische, durch Allelomorphe befruchtete Eier schon sehr frühzeitig, evtl. von den ersten Furchungsschritten ab, verschiedene Entwicklungswege einschlagen, deren Divergenzwinkel allerdings sehr klein ist, und sich daher erst auf Spätstadien zu erkennen gibt.

Die Gesamtheit der im befruchteten Eie enthaltenen Gene (dieser Begriff soll vorläufig als bequemer Ausdruck ohne jede Präsumption gebraucht werden), müssen laut Annahme als praktisch gleichzeitig in Tätigkeit tretend gedacht werden. Die klassische Gen- resp. Chromosomenlehre hat aber umgekehrt ein Nacheinander der Genaktivierung, gewissermaßen eine isolierte Betätigung jedes einzelnen Genes oder gewisser Genverbände zur Voraussetzung.

Wir hätten demnach eine Simultanwirkung einer Mehrzahl von Faktoren auf ein als einheitlich zu nehmendes Substrat — das noch ungefurchte Ei resp. sein Feld — vor uns. Und nun stehen wir vor der kapitalen Frage: Ist das Gesamtergebnis des Mendelfeldes (als solches wird, wie leicht begreiflich, der Inbegriff der Wirkungen der Mendelfaktoren gesetzt) als additiv, d. h. als Summe der Einzelbeiträge oder als ein nach bestimmten Gesetzlichkeiten aufgebaute Resultante zu nehmen? Diese allgemeine, vag erscheinende Frage läßt sich in eine Anzahl konkreter Fragestellungen zergliedern, die uns am klarsten werden, falls wir die vorliegenden Möglichkeiten erwägen.

Als erstes ist folgendes zu erwägen: Bleiben die Beiträge, die von jedem Gen an das Feld geliefert werden, voneinander unabhängig, oder beeinflussen sich dieselben gegenseitig? Beide Möglichkeiten wären z. B. bei einem chemischen Felde möglich, erstere wäre bei Ausscheidung seitens der Gene von Stoffen der Fall, die miteinander nicht reagieren, letztere im umgekehrten Fall. Bei ersterer Eventualität hätte jeder chemische Stoff, um andere ganz unbekümmert, und alle sich gewissermaßen überkreuzend, ihre resp. Objekte aufzusuchen und entsprechend zu beeinflussen, letzterenfalls müßten nach resp. während des Ablaufes alle durch die Umstände ermöglichten Reaktionen zwischen den Genen ablaufen und ein Gesamtergebnis aus allen Genen resultieren, in welchem die ursprüngliche Eigenschaft jedes einzelnen gar nicht mehr zu erkennen wäre. Das Gesamtfeld wäre aber trotzdem als Funktion von jedem der Gene aufzufassen. In der Beantwortung dieser Frage liegt u. E. der Kernpunkt des Vererbungsproblems.

Wir wissen zur Zeit noch zu wenig, um irgendwie begründete Anschauungen über die wirkliche Betätigungsart der an das Chromatin gebundenen Gene zu bilden.

Das eine steht jedenfalls fest, daß die weitverbreitete Ansicht, es handle sich um Hormon- resp. Enzymwirkungen, vorläufig durch keinerlei direkte Erfahrungen gestützt werden kann. Es ist daher ebenso berechtigt, beliebige andere Wirkungsweisen zu konstruieren und jedenfalls angezeigt, die auf die Chromosomen bezüglichen theoretischen Konstruktionen derart zu gestalten, daß eine Gebundenheit derselben an eine oder andere speziellere Fassung nicht zu sehr in den Vordergrund trete. Wir können daher bis auf weiteres setzen, daß ein Chromosom, das im Ei seine Wirkung als Genträger entfaltet, um sich ein gewisses, zunächst nicht näher definiertes Feld schafft, das sich voraussichtlich, mit einem bestimmten Dekremente versehen, über das ganze Ei erstreckt. *Die von allen Chromosomen ausgehenden Felder müßten sich demnach überlagern, oder anders gesagt, eine Gesamtresultante ergeben.*

Sofern Feldquellen und Felder mit bestimmten Dekrementen gesetzt werden, leuchtet es ein, daß die Lage, Konfiguration und

Orientierung jedes Chromosoms, als Feldquelle, für die Feldbeschaffenheit von Belang werden. Aber auch das von allen Chromosomen gelieferte Gesamtfeld wird natürlich wesentlich von der gegenseitigen Orientierung der Chromosomen abhängen, oder genauer, deren Funktion sein. Ist eine Mehrheit der räumlichen Konstellationen der Chromosomen gegeben, so resultiert daraus eine Mannigfaltigkeit der Gesamtfelder.

Wir wissen bereits aus dem Vorhergehenden, daß die räumlichen Konstellationen der Chromosomen offenbar streng gesetzmäßig und als ein sichtbarer Ausdruck bestimmter, aus der gegenseitigen Beeinflussung derselben entspringenden Gleichgewichtszustände aufzufassen sind. Solcher Gleichgewichtszustände sind stets eine Mehrzahl möglich, z. B. in der Äquatorialplatte von Ascaris univalens nach Boveri offenbar acht. Jeder bestimmten Konstellation muß, laut Annahme, ein bestimmt beschaffenes Feld entsprechen. Ziehen wir aber außerdem, außer der möglichen Mannigfaltigkeit der gegenseitigen Lagerung der Chromosomen auch eventuelle Formvariationen jedes derselben in Betracht, so ist dadurch die Möglichkeit einer schier unbegrenzten Anzahl verschieden beschaffener Felder gegeben.

Wenn wir uns den ganzen Ideengang der Genlehren vergegenwärtigen, so können wir die Wurzel derselben in der Notwendigkeit erblicken, einen adäquaten Mechanismus für die Mannigfaltigkeit der Kombinationen der Vererbungsmerkmale zu konstruieren. Diesem Postulate zufolge sind die mannigfaltigen Vorstellungen über den komplizierten Bau der Chromosomen entsprungen. Ohne das Begründete von solchen bestreiten zu wollen, und bei voller Anerkennung der großen Leistungsfähigkeit der Morganschen Lehre, wollen wir mit den vorangehenden Zeilen auch auf Möglichkeiten hinweisen, die offenbar dem herrschenden Ideengange fernliegen.

In der Gesetzmäßigkeit und Mannigfaltigkeit der räumlichen Konstellationen der Chromosomen, die offenbar der gegenseitigen Beeinflussung der Chromosome entspringen, liegt möglicherweise ein zureichender Grund der postulierten Mannigfaltigkeit der Vererbungsmerkmale.

Es treten bei dieser Auffassung die Vorstellungen über die komplizierte Zusammensetzung der Chromosomen aus diskreten

Einheiten bis zu einem gewissen Grade in den Hintergrund, und lassen sich, zum Teil wenigstens, durch zwei der Beobachtung unmittelbar gegebene, bisher aber unberücksichtigte Momente ersetzen. Es sind dieses: die spezifischen Konfigurationen jedes Chromosoms und ihre gegenseitige Lagerung und Orientierung.

Dieser kurze Hinweis mag hier genügen. Weiteren Forschungen bleibt es vorbehalten zu zeigen, wie weit diese Auffassung sich bewähren kann.

# Sachverzeichnis.

**Monographien aus dem Gesamtgebiet der Physiologie der Pflanzen und der Tiere.** Herausgegeben von **M. Gildemeister**-Leipzig, **R. Goldschmidt**-Berlin, **C. Neuberg**-Berlin, **J. Parnas**-Lemberg, **W. Ruhland**-Leipzig.

Erster Band: **Die Wasserstoffionen-Konzentration,** ihre Bedeutung für die Biologie und die Methoden ihrer Messung. Von Dr. **Leonor Michaelis,** a. o. Professor an der Universität Berlin. Zweite, völlig umgearbeitete Auflage. In drei Teilen.

Teil I: **Die theoretischen Grundlagen.** Mit 32 Textabbildungen. (273 S.) 1922. Unveränderter Neudruck. 1923. Gebunden RM 11.—

Teil II: **Methodik.** In Vorbereitung

Teil III: **Physiologie.** In Vorbereitung

Zweiter Band: **Die Narkose** in ihrer Bedeutung für die allgemeine Physiologie. Von **Hans Winterstein,** Professor der Physiologie und Direktor des Physiologischen Instituts der Universität Rostock i. M. Zweite Auflage. Erscheint im Juni 1926

Dritter Band: **Die biogenen Amine** und ihre Bedeutung für die Physiologie und Pathologie des pflanzlichen und tierischen Stoffwechsels. Von **M. Guggenheim.** Zweite, umgearbeitete und vermehrte Auflage. (482 S.) 1924. RM 20.—; gebunden RM 21.—

Vierter Band: **Elektrophysiologie der Pflanzen.** Von Dr. **Kurt Stern** in Frankfurt a. M. Mit 32 Abbildungen. (226 S.) 1924. RM 11.—; gebunden RM 12.—

Fünfter Band: **Anatomie und Physiologie der Capillaren.** Von **August Krogh,** Professor der Zoophysiologie an der Universität Kopenhagen. In deutscher Übersetzung von Professor Dr. **U. Ebbecke** in Göttingen. Mit 51 Abbildungen. (244 S.) 1924. RM 12.—

Sechster Band: **Körperstellung.** Experimentell-physiologische Untersuchungen über die einzelnen bei der Körperstellung in Tätigkeit tretenden Reflexe, über ihr Zusammenwirken und ihre Störungen. Von **R. Magnus,** Professor an der Reichsuniversität Utrecht. Mit 263 Abbildungen. (753 S.) 1924. RM 27.—; gebunden RM 28.50

Siebenter Band: **Kolloidchemie des Protoplasmas.** Von Dr. **W. Lepeschkin,** früher Professor der Pflanzenphysiologie an der Universität Kasan, jetzt Professor in Prag. Mit 22 Abbildungen. (239 S.) 1924. RM 9.—

Achter Band: **Pflanzenatmung.** Von Dr. **S. Kostytschew,** ord. Mitglied der Russischen Akademie der Wissenschaft, Professor der Universität St. Petersburg. Mit 10 Abbildungen. (158 S.) 1924. RM 6.60; gebunden RM 7.50

Neunter Band: **Körper- und Keimzellen.** Von Professor Dr. **Jürgen W. Harms,** Tübingen. Zwei Teile. Erscheint im Mai 1926

Zehnter Band: **Die Regulationen der Pflanzen.** Ein System der ganzheitbezogenen Vorgänge in der Botanik. Von Dr. med. **Emil Ungerer,** Privatdozent an der Bad. Techn. Hochschule Karlsruhe. Zweite, erweiterte Auflage. Erscheint im Juni 1926

GPSR Compliance

*The European Union's (EU) General Product Safety Regulation (GPSR) is a set of rules that requires consumer products to be safe and our obligations to ensure this.*

*If you have any concerns about our products, you can contact us on ProductSafety@springernature.com*

In case Publisher is established outside the EU, the EU authorized representative is:

Springer Nature Customer Service Center GmbH
Europaplatz 3
69115 Heidelberg, Germany

**Batch number: 10682439**

Printed by Printforce, the Netherlands